FLUGZEUGE
Die Geschichte der Luftfahrt

BRITISH AEROSPACE/
AÉROSPATIALE CONCORDE

GRUMMAN F8F
BEARCAT

FLUGZEUGE

Die Geschichte der Luftfahrt

PHILIP JARRETT

coventgarden

coventgarden

BEI DORLING KINDERSLEY

Bildbetreuung Jamie Hanson
Projektbetreuung David Tombesi-Walton
Designassistenz Nigel Morris
DTP-Design Jason Little
Herstellung Elizabeth Cherry, Silvia La Greca
Bildrecherche Anna Grapes
Fotos Gary Ombler
Chefbildlektorat Nigel Duffield
Cheflektorat Jonathan Metcalf

Lektoratsassistenz
Reg Grant, Frank Ritter
für Grant Laing Partnership

Bibliografische Information Der Deutschen Bibliothek
Die Deutsche Bibliothek verzeichnet diese Publikation in
der Deutschen Nationalbibliografie;
detaillierte bibliografische Daten sind im Internet über
http://dnb.ddb.de abrufbar

Titel der englischen Originalausgabe:
Ultimate Aircraft

Übersetzung Georg Reichenau, Egbert Neumüller
Redaktion Michael Holtmann
Fachgutachter Dipl.-Ing. Rainer Kehrle,
Dipl.-Ing. Jan Pfaff, Dipl.-Ing. Thomas Keilig
Satz Verlagsbüro Michael Holtmann, Bayreuth

ISBN 3-8310-9039-4

Colour reproduction by GRO Editrice, Verona, Italy
Printed and bound by L. Rex Printing Company Limited, China

Besuchen Sie uns im Internet
www.dk.com

LOCKHEED T-33

GRUMMAN F7F TIGERCAT

INHALT

WESTLAND DRAGONFLY

INNENANSICHT EINER VICKERS VISCOUNT

TEIL EINS

DIE GESCHICHTE DES FLUGZEUGS

Bis zu jenem 17. Dezember 1903, dem Tag, als das erste Motorflugzeug der Brüder Wright zum ersten stabil gesteuerten Motorflug in der Geschichte der Menschheit startete, war die Entwicklung des Flugzeugs extrem langsam verlaufen. Seitdem aber vollzog sich der Fortschritt auf einzigartige Weise – keine Technologie veränderte das menschliche Leben so tiefgreifend wie die Luftfahrt. Unser Planet Erde ist dank der Luftfahrt kleiner geworden. Das folgende Kapitel beschreibt die Höhepunkte dieser Entwicklung.

DIE GESCHICHTE DES FLUGZEUGS

Die Erfolge der Luftfahrt im 20. Jahrhundert lassen uns leicht vergessen, wie bemerkenswert die Fähigkeit, zu fliegen, eigentlich ist. Der erste stabil gesteuerte Motorflug markiert das Ende eines Jahrhunderts mutiger Flugexperimente. Seitdem ist die rasante Entwicklung das Ergebnis der Erfindungsgabe der Ingenieure und der umgesetzten Erkenntnisse aus den Luftfahrtwissenschaften.

FLÜGE VOLLER FANTASIE

Die Radierung des englischen Erfinders W. S. Henson zeigt eine »Luftdampfkutsche« beim Flug über den Pyramiden. Solche künstlerischen Darstellungen wurden seit 1840 häufig veröffentlicht, obgleich das Flugzeug niemals in Originalgröße gebaut worden war. Henson konstruierte einen Eindecker mit zwei Druckpropellern, stoffbespannten Holzflügeln, einem dreirädrigen Fahrgestell sowie einer Gondel für den Piloten und die Passagiere.

Wie ein Vogel zu fliegen – dieses Bedürfnis entdecken wir bereits in frühesten Zeugnissen der geschriebenen Geschichte. Die Mythen der alten Völker enthalten phantasievolle Geschichten von Flügen. Die bekannteste ist vielleicht die griechische Sage von Dädalus und seinem Sohn Ikarus, der durch Wachs zusammengehaltene Flügel aus Federn benutzte, um seiner Gefangenschaft auf Kreta zu entfliehen. Ikarus aber starb, als er der Sonne zu nahe kam und ins Meer stürzte.

Der Künstler und Wissenschaftler Leonardo da Vinci (1452–1519) war vermutlich der Erste, der sich ernsthaft mit dem bemannten Flug beschäftigte. Seine Manuskripte, die Jahrhunderte lang der Öffentlichkeit verborgen blieben, enthalten vielfältige Beobachtungen des Fluges von Vögeln und Fledermäusen sowie Beschreibungen und Zeichnungen von mit Muskelkraft angetriebenen Fluggeräten, meistens mit beweglichen Schwingen wie ein Vogel (Schlagflügler) – und auch einen Entwurf für eine hubschrauberähnliche Flugmaschine.

BALLONE UND GLEITFLUGZEUGE

Beim ersten Aufstieg in den Himmel hingen die Luftfahrer noch unterhalb eines Ballons. François Pilâtre de Rozier wurde zum ersten Ballonfahrer der Geschichte, als er am 15. Oktober 1783 am französischen Königshof in Versailles einen Aufstieg in einer Montgolfiere am Halteseil unternahm. Einen Monat danach wagte de Rozier zusammen mit dem Marquis d'Arlandes einen ersten Flug ohne Halteseil. Noch viele Jahre verfügten die Ballonfahrer über keinerlei Kontrolle der Flugrichtung. Den ersten Motorflug in einem steuerbaren Ballon unternahm der Franzose Henri Giffard am 24. September 1852. Diese Entwicklungslinie führte schließlich zu den Luftschiffen, die Graf Zeppelin ab 1900 baute.

Luftfahrzeuge »schwerer als Luft« wurden erstmals Anfang des 19. Jahrhunderts entwickelt, nachdem der englische Baron von Yorkshire, Sir George Cayley, sich mit aerodynamischen Studien befasst hatte. 1804 baute er erstmalig das Modell eines Gleiters mit einer Länge von 1,6 m. Bis 1809 hatte er ein Gleitflugzeug in voller Größe gebaut, das erfolgreich unbemannt flog. 1809 und 1810 publizierte Cayley eine dreiteilige Abhandlung mit dem Titel *Über die Luftnavigation*, mit der er die moderne Aerodynamik begründete.

1842 konstruierte der englische Fabrikant William Samuel Henson seine Aufsehen erregende »Luftdampfkutsche«. Im folgenden Jahr ließ er sie patentieren und gründete die Aerial Transit Company, um ein weltweites Streckennetz aufzubauen. Unterstützt von John Stringfellow, der leichte Dampfmaschinen entwickelte, baute und testete Henson 1844–1847 ein motorisiertes Flugmodell mit einer Spannweite von 6 m, das aber langsam sinkend lediglich einen Gleitflug vollführen konnte.

Hensons Experimente regten 1849 Cayley zum Bau eines Dreideckers mit einem beweglichen Antriebssystem an. In diesem Flugzeug unternahm ein zehnjähriger Junge freie und seilgezogene Flüge von, wie berichtet wurde, »mehreren Metern«. Dieser Junge war der erste Mensch, der in einem Flugzeug »schwerer als Luft« flog. 1853 baute Cayley eine

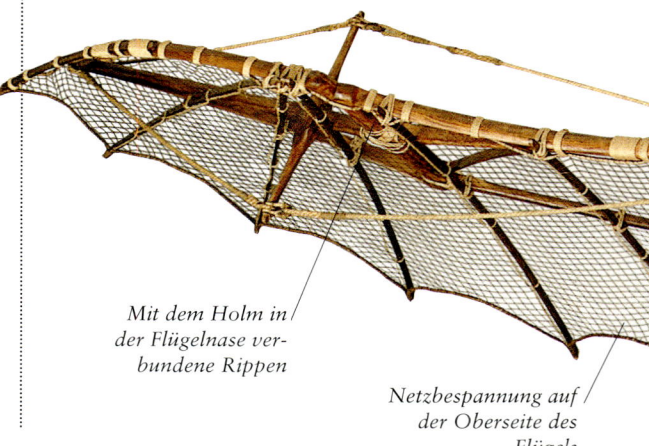

Mit dem Holm in der Flügelnase verbundene Rippen

Netzbespannung auf der Oberseite des Flügels

Stromlinienförmiger Behälter mit Traggas

Der mit Kohlengas gefüllte »steuerbare Ballon« von Henri Giffard aus dem Jahre 1852 bewies, dass ein Luftschiff, das nach dem »Leichter-als-Luft«-Prinzip fliegt, steuerbar war. Er erreichte mit seiner 3-PS-Dampfmaschine nur 9,6 km/h und war jedoch das erste Luftschiff, das einen motorisierten gesteuerten Flug ausführte.

weitere Flugmaschine, in der sein Chauffeur nur widerstrebend einen Gleitflug ohne Piloten über Cayleys Anwesen in Brompton unternehmen musste. Der französische Marineoffizier Félix du Temple de la Croix baute das erste Motorflugzeug, das sich in der Luft halten konnte. Der Eindecker mit nach vorne gerichteten Tragflächen, einziehbarem Fahrwerk und einem Heißluftmotor zum Antrieb einer Zugschraube erhob sich 1874 nach einer Abwärtsfahrt von einer Rampe kurz in die Luft.

DAMPFMASCHINEN

1884 startete in Russland Aleksandr Fjodorowitsch Moshaiskis großer, mit zwei Dampfmaschinen bestückter Eindecker mit einem Mechaniker als Steuermann von einer Rampe, machte jedoch nach einem kurzen Hüpfer eine Bruchlandung. Der französische Elektroingenieur Clément Ader ergriff 1890 die Initiative in Armainvilliers mit dem Test seines fledermausartigen Eindeckers Éole, der von einer 20-PS-Dampfmaschine angetrieben wurde. Obgleich plump und unpraktisch, konnte er damit trotzdem ca. 50 m weit fliegen. Der Flugapparat verfügte jedoch über kein geeignetes System zur Steuerung im Fluge. In England investierte der Erfinder Sir Hiram Maxim fast 20 000 £ in einen riesigen Versuchs-Mehrdecker, der von zwei völlig neuartigen 180-PS-Dampfmaschinen angetrieben wurde. Im Juli 1894 kam der nur ungenügend steuerbare Mehrdecker bei einem Großtest zu Schaden und weitere Flugversuche wurden eingestellt.

In dieser Zeit hatte sich eine andere Gruppe kühner Flugpioniere für ein ganz anderes Verfahren entschieden und war mit kleinen, einfachen Hanggleitern

in die Lüfte gestartet. Der deutsche Ingenieur Otto Lilienthal war der bedeutendste aus dieser Gruppe. 1891 gelang ihm der erste kontrollierte Menschenflug mit seinem manntragenden Segelapparat. Bis 1896, als er nach einem Absturz mit einem seiner Gleiter ums Leben kam, baute und flog er eine Serie von zwölf Ein- und Doppeldeckern. Vielfach publizierte Fotografien von Lilienthal zeigen ihn im Gleitflug hoch über den Köpfen der Zuschauer. Sein erfolgreichstes Modell, den mit einem richtigen Leitwerk versehenen Normal-Segelflug-Apparat Nr. 11, ließ er im Jahre 1894 patentieren und verkaufte ihn mehrfach an andere Flugpioniere, darunter der Engländer Percy Pilcher.

Bis 1890 hatte sich der leichtere Benzinmotor als Alternative zur Dampfmaschine etabliert. 1901 flog der amerikanische Astronom Samuel Pierpont Langley ein Modell im Maßstab 1:4, welches von einem Benzinmotor angetrieben wurde – das erste benzingetriebene Flugzeug der Welt. Das Flugzeug in voller Größe wurde von S. P. Langley zwei Jahre später fertig gestellt. Ausgerüstet mit einem Aufsehen erregenden Sternmotor startete es im Oktober und Dezember 1903 zweimal durch ein Katapult von einem Hausboot auf dem Potomac River in Washington D. C. In beiden Fällen führten jedoch Konstruktionsfehler zum Absturz ins Wasser.

Dieser moderne Nachbau basiert auf Leonardos Entwürfen für einen Schlagflügler. Der stoffbespannte Flügel ist mit einer Reihe von Klappen besetzt, die sich beim Abwärtsschlag gegen die netzbespannte Oberfläche schließen und so eine Auftriebsoberfläche bilden. Beim Aufwärtsschlag öffnen sie sich und lassen die Luft ungehindert durch.

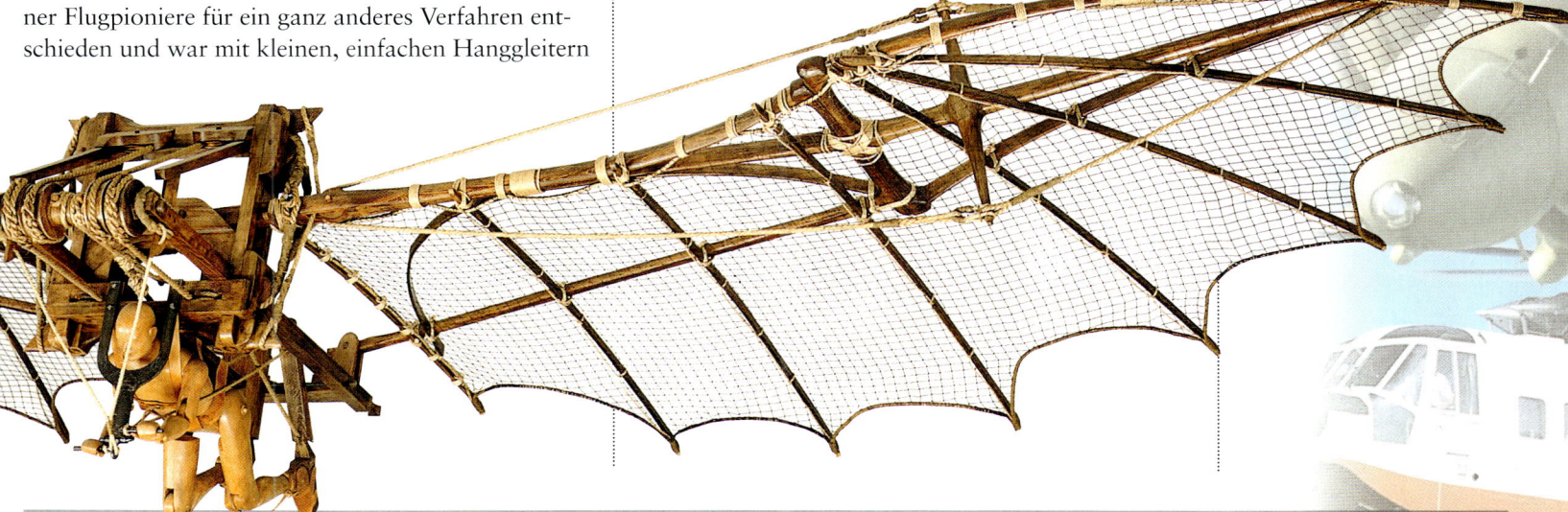

FLUGPUZZLE

Die Überquerung des Ärmelkanals durch Louis Blériot von Les Baraques aus in der Nähe von Calais in Frankreich nach Northfall Meadow in der Nähe von Dover in England am 25. Juli 1909 bildete den Anlass für dieses Puzzle und für eine Vielzahl von weiteren Souvenirs. Louis Blériot gewann einen mit 1000 £ dotierten Preis der *Daily Mail*; sein Eindecker Nr. XI wurde bis 1914 produziert.

DIE GEBRÜDER WRIGHT

Nur neun Tage nach dem zweiten spektakulären Misserfolg S. P. Langleys fanden unbeachtet die weltweit ersten stabil gesteuerten Motorflüge in einem entlegenen Teil von North Carolina statt. Im Jahre 1896 hatte die Nachricht von Lilienthals Tod die Brüder Wilbur und Orville Wright, die ein Fahrradgeschäft in Dayton, Ohio, betrieben, veranlasst, das Werk der frühen Flugpioniere und ihrer Zeitgenossen zu studieren. 1899 unternahmen sie eine beispiellose Serie von Versuchen und Experimenten. Neben Flugtests mit eigenen Gleitflugzeugen führten sie Windkanaltests durch und konstruierten die erste funktionstüchtige Dreiachssteuerung mit einem Seitenruder zur Kontrolle der Flugrichtung (Gierbewegung), einem Höhenruder zur Kontrolle des Anstellwinkels (Steig- und Sinkflug) sowie einer Quersteuerung über die Verwindung der Flügel (Rollbewegung).

Nachdem das System bei einer Reihe von bemannten Segelflügen von 1900 bis 1902 getestet worden war, entwickelten und bauten sie dann ein Motorflugzeug und konstruierten einen 12 PS starken Benzinmotor, der die beiden Druckpropeller antrieb. Am 17. Dezember 1903 wurden ihre Anstrengungen in Kitty Hawk, North Carolina, belohnt, als der *Flyer I* vier Flüge vom Boden aus mit einer Geschwindigkeit zwischen 32 und 43 km/h unternahm – im besonders erfolgreichen vierten Versuch wurde eine Strecke von 260 m in 59 Sekunden überflogen, die Fluggeschwindigkeit des Flugzeugs betrug dabei ungefähr 48 km/h.

Im Verlauf der nächsten beiden Jahre perfektionierten die Gebrüder Wright ihre Konstruktion. Ihr *Flyer III* von 1905 war das erste einsatzfähige Motorflugzeug, das lange und gesteuerte Flüge absolvieren konnte.

Statt ihre Schöpfung der Öffentlichkeit bekannt zu machen, hörten die Brüder Wright mit dem Fliegen auf und wollten die Erfindung verkaufen. Sie erkannten deren Potenzial als Erkundungsmaschine für die Armee, waren jedoch nicht geneigt, zu viele Details preiszugeben, um einen Diebstahl ihrer Ideen zu verhindern. Sie versicherten ihren Kunden zwar, dass wenn ein Flugzeug nicht die gewünschten Leistungen brächte, jeder Vertrag null und nichtig wäre, doch das öffentliche Scheitern so bedeutender Flugpioniere wie C. Ader und S. P. Langley und die angeberischen Behauptungen von Scharlatanen und Spekulanten führten zu Skepsis bei den Regierungsbehörden. Einen *Flyer* zu verkaufen sollte sich als schwieriger erweisen, als ihn zu bauen.

FRANZÖSISCHE ELEGANZ

Die Eindecker von Antoinette wurden von Léon Levavasseur konstruiert. Diese Version der Antoinette IV von 1908/09 hat Querruder. Andere Antoinettes wurden über eine Verwindung des Flügels gesteuert.

Gefedertes Stützrad

wicklung dann. In Frankreich konstruierten die Brüder Voisin einen Kastendrachen-Doppeldecker, der den Einfluss der Brüder Wright wie auch den des Kastendrachens des Australiers Lawrence Hargrave offenbarte. Unter Verwendung von veränderten Voisin-Doppeldeckern unternahmen Henry Farman und Léon Delagrange beachtliche, aber zugleich auch riskante Flüge. Auch die ersten Vorläufer der erfolgreichen Familie der Antoinette- und Blériot-Eindecker wurden entwickelt.

Ein weiteres bedeutendes Ereignis waren die Ende 1908 von den Brüdern Seguin in Frankreich entwickelten ersten Gnome-Umlaufmotoren. Bei diesen bemerkenswerten Motoren drehten sich Zylinder und Propeller um eine fest verschraubte Kurbelwelle. Die so erreichte Selbstkühlung ersparte die zusätzliche Last eines wassergefüllten Kühlers, was in den Anfangsjahren der Luftfahrt bis über den Ersten Weltkrieg hinaus von besonderer Bedeutung war.

All dies leitete 1909 endgültig die neue Epoche der Flugzeuge ein, Fluggeräte, die also schwerer als Luft sind. Zwei Ereignisse dieses Jahres sind besonders erwähnenswert: der sensationelle Flug von Louis Blériot über den Ärmelkanal am 25. Juli in seinem Eindecker Nr. XI sowie das erste Flugmeeting der Geschichte während der Luftfahrtwoche im französischen Reims im August dieses Jahres. Obgleich der Amerikaner Glenn Curtiss den Geschwindigkeitswettbewerb in Reims mit 69,8 km/h gewann, verloren die USA nun ihren Vorsprung in der neuen Technologie an Europa.

FLUGBEGEISTERUNG

Inzwischen gab es in Europa eine ganze Reihe von weiteren Flugexperimenten – die Nachrichten und Bilder von den Flügen der Brüder Wright hatten hektische Betriebsamkeit ausgelöst. Mehrere französische Flugpioniere wie Captain Ferdinand Ferber, Robert Esnault-Pelterie und Gabriel Voisin experimentierten mit unausgereiften Nachbauten. In Deutschland begann Karl Jatho 1903 mit Versuchsflügen, in Dänemark hatte Jacob Ellehammer mit Eindeckern, Doppeldeckern und von 1906 bis 1908 auch mit Dreideckern einigen Erfolg. In England entwickelten Alliott Verdon Roe und der aus den USA emigrierte Samuel Franklin Cody (eigentlich: Cowdery) in kleinen Schritten motorisierte Flugzeuge.

1906 unternahm der in Paris lebende Brasilianer Alberto Santos-Dumont den ersten anerkannten Motorflug in Europa in seinem 14bis-Doppeldecker, einem klobigen »Entenflugzeug«. Bei seinem Flug am 23. Oktober schaffte er nur 60 m, kam jedoch beim nächsten Flug am 12. November bereits auf 220 m.

Ab 1908 beschleunigte sich die Ent-

KONTINUIERLICHER FORTSCHRITT

Von 1910 bis 1914 entwickelte sich die Luftfahrttechnologie stetig weiter. Drei grundsätzliche Konstruktionen setzten sich durch: der Druckpropeller- und der Zugpropeller-Doppeldecker und der Zugpropeller-Eindecker. Die beliebtesten Typen, der Farman-Doppeldecker und Blériot-Eindecker wurden häufig exportiert und kopiert.

Als Konstruktionsmaterial diente bei den meisten Flugzeugen ein Rahmen aus Holz mit Stoffbespannung. Eine der bemerkenswertesten Ausnahmen waren die Deperdussin-Renn-Eindecker von 1912/13 mit ihren schönen stromlinienförmigen Schalenrümpfen aus geformtem Sperrholz.

Gebrauchsfähige Wasserflugzeuge und Flugboote wurden von Glenn Curtiss in den USA und den Brüdern Short in Großbritannien eingeführt. Zwischen 1910 und 1912 gelangen die ersten Flugzeugstarts von Schiffen, die auf See kreuzten bzw. vor Anker lagen. Der Wettbewerb der Wasserflugzeuge um die Schneider-Trophy wurde 1913 in Monaco ins Leben gerufen.

Flossen und Seitenruder über/unter dem Leitwerk

Doppelrad-Hauptfahrgestell

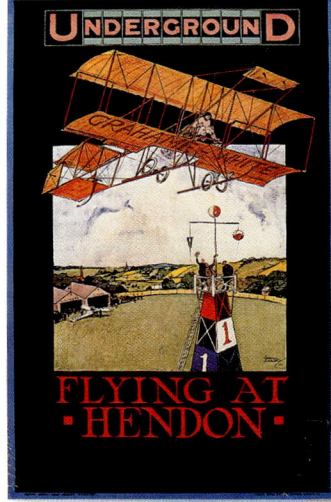

FLUGZEUG-KUNST

Die Zuschauer kamen zu tausenden auf die Flugfelder der Pionierzeit. Einer der bedeutendsten war der Londoner Flugplatz bei Hendon, der 1910 von dem Piloten und Unternehmer Claude Grahame-White errichtet worden war. Die Nähe zu zwei Bahnstationen an einer Hauptstrecke der Bahn machte ihn leicht erreichbar. Auch konnten die Besucher mit der unterirdischen Bahn (Underground), für die dieses historische Poster wirbt, nach Golden Green fahren und dann den Bus nehmen.

CIERVA AUTOGIRO

GRÜSSE AUS DEM KRIEG

Entworfen von dem Künstler und Flight Commander Roderic Hill vom Royal Flying Corps zeigt diese Grußkarte von der Westfront die Nieuport-17-Aufklärer des 60. Geschwaders. Das vorderste Flugzeug gehört Albert Ball, dem ersten britischen Fliegerass.

Als im August 1914 der Erste Weltkrieg ausbrach, waren die europäischen Mächte mit verschiedenen Flugzeugtypen ausgerüstet, von denen aber viele für Kampfhandlungen ungeeignet waren. Am 21. November flogen drei Avro 504 der britischen RNAS (Royal Naval Air Service) von Belfort nach Friedrichshafen, um dort die Zeppelin-Fabriken zu bombardieren. Am 19. Januar 1915 gab es den ersten deutschen Luftangriff mit Zeppelinen über englischem Territorium: Bomben fielen auf die Küstengebiete. Als die deutschen Luftschiffangriffe 1916 ihren Höhepunkt erreicht hatten, gewannen die Verteidigungsflugzeuge die Oberhand. Die entscheidenden Antiluftschiff-Waffen waren Leuchtspurmunition, Brandbomben und Explosivgeschosse. Sie kamen ab Mitte 1916 zum Einsatz.

ERFINDUNGEN DER KRIEGSZEIT

1915 wurde das erste Bombenzielgerät verwendet und das erste erfolgreiche MG-Unterbrechergetriebe eingeführt. Dieses ermöglichte, die MG-Schüsse direkt durch die Ebene des rotierenden Propellers abzufeuern. Von Fokker-Ingenieuren in Deutschland entwickelt, wurden die MGs auf die einsitzigen Fokker-Eindecker-Aufklärungsflugzeuge montiert und verursachten schwere Verluste bei den Alliierten. Als die erfolgreichen Druckpropeller-Aufklärer Airco D.H.2, die Royal Aircraft Factory F.E.8 und der Nieuport-Doppeldecker mit Waffen ausgestattet wurden, die auf dem oberen Flügel-mittelstück montiert waren, gelang es, das Gleichgewicht der Kräfte zwischen den Kriegsparteien wieder herzustellen. Zur Artilleriebeobachtung und Aufklärung setzte man den Piloten nach vorn und den

KÄMPFERISCHES KAMEL

Eines der besten Kampfflugzeuge im Ersten Weltkrieg war die Sopwith F.1 Camel. Aufgrund der Konzentration des Gewichtes vorne im Rumpf sowie wegen des großen Drehmomentes des 9-Zylinder-Umlaufmotors war sie schwierig zu fliegen, in der Hand eines erfahrenen Piloten aber dennoch sehr beweglich.

Beobachter nach hinten, damit er vom hinteren Cockpit aus das Flugzeug mit einem auf einem Ring montierten beweglichen Maschinengewehr besser gegen angreifende feindliche Kampfflugzeuge verteidigen konnte.

Die Bomber nahmen während des Krieges ständig an Größe zu – nächtliche Luftangriffe wurden zu Routineaktionen, was die technische Entwicklung der Kampfeinsätze bei Nacht beschleunigte. Der Gotha G. V., einer der größten deutschen Langstrecken-Bomber, konnte 1917 bei den Luftangriffen auf England sechs 50-kg-Bomben einsetzen. Deutschland hatte eine Reihe von schweren Flugzeugen wie etwa die vier-motorige Staaken R. VI. mit einer maximalen Bombenlast von 2000 kg entwickelt.

Das beste deutsche Kampfflugzeug bei Kriegsende war die einmotorige Fokker D. VII. mit Mercedes- bzw. BMW-Motoren. Großbritannien besaß die Sopwith Camel, angetrieben von einem Clerget-, Le Rhône- oder Gnome-Monosoupape-Umlaufmotor, und die Royal Aircraft Factory S.E.5a. Frankreich verfügte über die SPAD S.XIII mit einem Hispano-Suiza-Motor. Das RNAS setzte das zweimotorige Flugboot Felixstone F.2A wirksam für Anti-U-Boot-Patrouillen ein. Der erste Flugzeugträger war ab Oktober 1918 die britische HMS *Argus*, ausgerüstet mit Sopwith-Cuckoo-Torpedobombern.

Zwei 0,303-Inches-Vickers-Maschinen-gewehre

Gummigefedertes Fahrgestell

B6291

AERODROME DU BOURGET

Service régulier Paris-Londres " l'Aérobus Goliath " de la Cⁱᵉ des Grands Express Aériens

CHANNEL HOPPER

Am 18. September 1928 war dieser Cierva C.8L Autogiro das erste Drehflügelflugzeug, das den englischen Kanal überquerte, gesteuert von seinem Erfinder, dem Spanier Juan de la Cierva. Dieses Foto stammt von 1926.

VOM KRIEG ZUM FRIEDEN

Nachdem der Erste Weltkrieg 1918 beendet worden war, gingen Ausmaß und Größe von Luftfahrtindustrie und Luftwaffenherstellung zurück. Die Staaten nutzten weiterhin die Flugzeuge des Ersten Weltkrieges für militärische Zwecke, bauten sie aber auch für zivile Aufgaben um. In Frankreich wurde der Farman-Goliath-Bomber in ein Verkehrsflugzeug umgewandelt. Großbritannien baute den Bomber Vickers Vimy, der 1919 den ersten Nonstop-Transatlantikflug und den ersten England-Australien-Flug absolviert hatte, zum Vimy Commercial um. Auch die Handley-Page-Bomber erlebten eine Wandlung hin zu einer ganzen Verkehrsflugzeug-Familie. Bis in die 1920er-Jahre hinein bereiteten die ersten Langstrecken- und Routen-Aufklärungsflüge die Flugverbindungen zwischen den Metropolen der Welt vor, jedoch entwickelte sich die Verkehrsluftfahrt nur langsam und blieb überwiegend das Privileg der Reichen und Mächtigen.

Die meisten Flugzeuge bestanden in der Nachkriegszeit noch immer aus den üblichen drahtverstärkten Holz- und Stoffkonstruktionen, wobei für Fokker-Verkehrsmaschinen Rumpfkörper aus verschweißten Stahlrohren und bei Junkers-Flugzeugen Ganzmetallkörper mit Wellblechhaut verwendet wurden. In diesem Jahrzehnt vollzog sich eine wichtige Etappe in der Entwicklung des Helikopters: Der Spanier Juan de la Cierva entwickelte den Autogiro. Diese Maschine besaß zunächst einen passiven Rotor, der sich durch die Vorwärtsbewegung des Apparates windmühlenartig drehte. Dann entwickelte Cierva den angelenkten Rotorkopf, wodurch die einzelnen Rotorblätter sich in die vertikale oder horizontale Ebene drehen konnten – eine wichtige Voraussetzung für den Bau einsatzfähiger Helikopter.

Zu Sport- und Vergnügungszwecken für die Reichen entwickelte sich nun die Privatfliegerei. Kleine Ein- und Zweisitzer wie die de Havilland D.H.60 Moth sowie Ein- und Doppeldecker mit Kabinen für Flugreisen wurden in allen Industrienationen hergestellt. Einige Flugzeugbesitzer nutzten sie für beeindruckende Rekord-Langstreckenflüge, die durch die Medien viel Aufmerksamkeit fanden.

Die Schneider-Trophy-Wettbewerbe förderten die Entwicklung von leistungsstarken Motoren und aeerodynamischen Flugzeugzellen. Bis in die späten 1920er- und frühen 1930er-Jahre wurde das Holz in den Zellen zunehmend durch Metall ersetzt, obgleich auch dieses noch überwiegend mit Stoff bespannt wurde.

SANFTER RIESE

Ende des Ersten Weltkriegs ursprünglich als Bomber gebaut, entwickelte sich die Farman F.60 Goliath zu einem der wichtigsten frühen Passagierflugzeuge. Angetrieben von zwei Salmson-9-Zylinder-Sternmotoren beförderte sie acht Passagiere in der hinteren und vier in der vorderen Kabine; das offene Cockpit lag erhöht dazwischen.

POPULÄRE MOTTE

Die Flugzeuge der De-Havilland-D.H.60-Moth-Familie waren als Freizeitflugzeuge beliebt und durch die Langstrecken-Rekordversuche zwischen den Weltkriegen berühmt. Diese 1928 gebaute D.H.60X hatte einen 105-PS-Hermes-II-4-Zylinder-Motor.

Während der 1930er-Jahre erlangten die USA erneut eine führende Position. Das Erscheinen einer zweimotorigen, zehnsitzigen Boeing 247 im Jahre 1933 kündete von einer drastischen Veränderung. Als Ganzmetall-Tiefdecker mit einziehbarem Fahrwerk war die Boeing 247 fast doppelt so schnell wie ihre europäischen Gegenspieler. Wenig später folgten die Douglas DC-2 und ihr Nachfahre, die DST-Version (Douglas Sleeper Transport), eine Sichtflugversion der späteren weltbekannten DC-3.

1938 erschien die Boeing 307 Stratoliner, das erste Flugzeug der Welt mit Druckkabine. Die USA übernahmen auch bei den Flugbooten die Führung. Obgleich die Brüder Short in Großbritannien die eleganten Empire-Class-Eindecker entwickelt hatten, produzierten die Amerikaner so beeindruckende Maschinen wie die Martin Clippers und die Boeing 314 Clipper, mit der Pan American 1939 Linienflüge über den Atlantik und den Pazifischen Ozean aufnahm.

DER KAMPF UM DEN HIMMEL

In den 1930er-Jahren veränderte sich auch die militärische Luftfahrt. Ganzmetall-Eindecker wie Boeings P-26 und die französische D.500-Serie von Dewoitine wurden eingeführt. Der Jäger I-16 des russischen Konstrukteurs Nikolai Polikarpow, der während des Spanischen Bürgerkrieges zum Einsatz

kam, war der erste einsitzige, freitragende Tiefdecker mit Einziehfahrwerk. Ein Gegenspieler für ihn in Spanien war der von Willy Messerschmitt weiter entwickelte, noch modernere Bf 109, ein Tiefdecker mit einem Rumpf in Ganzmetall-Schalenbauweise. Der britische Hawker Hurricane machte noch ausgiebig Gebrauch von Holz und Stoffbespannung, doch war die Supermarine Spitfire, die 1938 ihren Dienst bei der RAF antrat, nur noch aus Metall und zeigte ein großes Entwicklungspotenzial. Großbritannien ließ sich Zeit mit der Einführung von Ganzmetall-Bombern. Die UdSSR war mit den ANT-6- und SB-Serien von Tupolew, Deutschland war mit seiner Heinkel He 111 und der Dornier Do 17 an der Spitze, die USA mit der Martin B-10 und der Boeing B-17.

Die Kampfflugzeuge im Zweiten Weltkrieg von 1939 bis 1945 verfügten über Bombenzieleinrichtung, Panzerung, Bord-Bord- und Bord-Boden-Funk sowie elektrische Stromkreise zur Bedienung der Ausrüstungs- und Hydrauliksysteme. Im Verlauf des Krieges

DEUTSCHER TRANSPORTER

Eines der weltweit bedeutendsten Transportflugzeuge war die dreimotorige Junkers Ju 52/3m, die seit 1932 im Einsatz war. In großer Stückzahl gebaut, wurde sie als Transportflugzeug, bei der Luftwaffe und für andere militärische Zwecke genutzt. Viele Maschinen dienten noch lange nach dem Zweiten Weltkrieg als Transporter. Dieses seltene Farbfoto zeigt eine Maschine der Lufthansa Ende der 1930er-Jahre auf dem Croydon Airport in England.

Drehbare Rahmenantenne für Funkpeilung

Wellblech aus Duraluminium

Ganzmetallflügel mit dickem Profil

MASSENPRODUKTION

Das schwer bewaffnete Erdkampf- und Panzerabwehrflugzeug Iljuschin Il-2/10 Schturmowik der UdSSR aus dem Zweiten Weltkrieg hält den Rekord für das in den höchsten Stückzahlen produzierte Flugzeug der Geschichte. Mindestens 40 492 Maschinen wurden gebaut.

wurden die Radarsysteme leichter und konnten in Flugzeuge eingebaut werden – die Besatzung musste sich bei Nachtflügen nun nicht mehr auf die eigene Sicht verlassen, um Ziele zu finden.

Die viermotorigen schweren Bomber Großbritanniens – die Avro Lancaster, Handley Page Halifax und die Short Stirling – entfesselten den Luftkrieg über Deutschland. Sie wurden unterstützt von der amerikanischen Boeing B-17 und dem Consolidated-B-24-Tagbomber. Die B-29 Superfortress von Boeing war das erste Serienflugzeug mit einer ferngesteuerten Verteidigungsbewaffnung. Von ihr wurden 1945 die Atombomben über Hiroshima und Nagasaki abgeworfen.

Das wohl vielseitigste Flugzeug des Zweiten Weltkrieges war die de Havilland Mosquito der RAF. Andere hervorragende Kampfflugzeuge waren die Focke-Wulf Fw 190, Russlands Jak-9 von Jakowlew sowie der North American Mustang und der Republic Thunderbolt der USA. Im Pazifik standen die vom

Spaltquerruder mit großer Spannweite (Junkers-Klappen)

Flugzeugträger startenden US-Navy-Jäger wie die Chance-Vought F4U Corsair, die Grumman F6 Hellcat sowie die Lookheed P-38 Lightning und Curtiss 9-40 der USAAF (US Army Air Force) den japanischen Abfangjägern Mitsubishi A6M Rei-sen (Zero) und den J2M-Raiden-Jägern gegenüber.

Der erste Düsenjäger, der an Kampfhandlungen teilnahm, war die Messerschmitt Me 163 Komet mit Raketenantrieb, die ab Mai 1944 eingesetzt wurde. Ab August 1944 fing der Gloster Meteor I der RAF die V1-Raketen ab; die zweimotorige Messerschmitt Me 262 wurde ab Dezember des Jahres eingesetzt.

Die ersten einsatzfähigen Helikopter flogen Ende der 1930er-Jahre und wurden für operative Zwecke von Deutschland genutzt. Die verbreitetsten Transportflugzeuge waren die Junkers Ju 52, die Douglas C-47, wobei die DC-4 und die Lockheed Constellation beide als Militärflugzeuge im Einsatz waren.

LINIENFLUGZEUGE HEBEN AB

Nach Kriegsende 1945 übernahmen die DC-4 und die Constellation ihre ursprünglich beabsichtigte Funktion als zivile Flugzeuge und wurden zu erfolgreichen Familien weiterentwickelt. Bis neue zivile Konstruktionen einsatzfähig waren, musste Großbritannien anfangs mit umgebauten Bombern wie der Avro York und der Lancastrian auskommen. Schnell entwickelten sich die ersten britischen Turboprop- und Düsenflugzeuge: die Vickers Viscount und die

EINE FRÜHE SIKORSKY

Einer der ersten einsatzfähigen Helikopter war der zweisitzige R-4 von Igor Sikorsky, der 1943 für Experimente auf einem Schiffsdeck mit Schwimmern ausgerüstet wurde. Ihr 7-Zylinder-185-PS-Warner-R-550-1-Sternmotor ermöglichte eine Reisegeschwindigkeit von 105 km/h.

VORSPRUNG DER BRITEN

Der Einband einer zeitgenössischen Werbebroschüre des Herstellers de Havilland zeigt eine D.H.106 Comet. Die Comet war 1952 das erste Verkehrsflugzeug der Welt mit Strahltriebwerken im Liniendienst.

THE DE HAVILLAND
COMET
The modern airliner of universal application

de Havilland Comet. Die Comet hob erstmals im Juli 1949 vom Boden ab und wurde 1952 in Dienst gestellt. In der UdSSR flog man seit 1955 die Tupolew Tu-104, eine Nachfahrin des Tu-16-Bombers; in Frankreich gab es die kleine Sud-Aviation Caravelle. Die Düsentriebwerke sorgten für ein schnelles Veralten ihrer Vorgänger mit Kolbentriebwerken. Die britische Comet verlor nach einem viel versprechenden Beginn wegen schwerwiegender Konstruktionsprobleme ihren Vorsprung an die Boeing 707, die ab 1958 ihren Dienst aufnahm.

ÜBERSCHALL-KAMPFFLUGZEUGE

Die mit Überschallflügen verbundenen Schwierigkeiten konnte man schließlich überwinden und es wurden Pfeilflügel-Kampfflugzeuge für höhere Fluggeschwindigkeiten in Serie gebaut. Erste Luftkämpfe zwischen Pfeilflügel-Jets fanden während des Koreakrieges (1950–1953) statt, als North American F-86 Sabres auf sowjetische MiG-15-Jäger trafen.

Als in den 1950er-Jahren die USA ihre 100er-Kampfflugzeuge wie die North American F-100 Super Sabre, Lookheed F-104 Starfighter und die Convair F-106 Delta Dart, entwickelten, produzierte die UdSSR die MiG-17 und MiG-19 und die äußerst erfolgreiche MiG-21, von der über 12 000 Stück gebaut wurden. Großbritannien verfügte über die Hawker Hunter, Gloster Javelin

Evakuierung von Verletzten erwiesen. Bald wurden Hubschrauber für die Feuerbekämpfung, Polizeiarbeit und Agrarfliegerei eingesetzt. Der amerikanische Bell AH-1S Cobra und der sowjetische Mil Mi-24 »Hind« dienten später auch als Kampfhubschrauber.

In den 1960er-Jahren wurde die Aufklärung, die zuvor von speziell modifizierten Kampfflugzeugen oder Bombern übernommen worden war, mit dem Erscheinen der Lockheed U-2 zu einem eigenen Spezialgebiet für die Konstrukteure. Die Nachfolgerin der U-2, die SR-71, hatte ein neues Konzept und war 1966 das erste

Je zwei Düsentriebwerke in einer Aufhängung unter der Tragfläche

Kolbenmotor zum Antrieb der Druckpropeller

DER GRÖSSTE BOMBER

Als der schwere strategische Bomber B-36 von der United States Air Force (USAF) 1947 in Dienst gestellt wurde, verfügte er über sechs Pratt-&-Whitney-R-4360-Kolbenmotoren. Spätere Varianten hatten vier General-Electric-J47-Düsentriebwerke unter der Tragfläche. Mit einer Spannweite von 70 m ist der B-36 der größte USAF-Bomber aller Zeiten.

und English Electric Lightning und in Frankreich baute Dassault die Super Mystère. Zu den Nachfolgemodellen in den 1960er-Jahren gehörten die vielen verschiedenen Typen der Dassault Mirage und der McDonnell F-4 Phantom II, die beide in sehr großer Zahl gebaut wurden. Die Bomber entwickelten sich von der schweren Convair B-36, die von sechs Kolbenmotoren und vier Düsentriebwerken angetrieben wurde, über die Boeing B-47 zur B-52 Stratofortress mit acht Düsentriebwerken hin zum ersten Überschallbomber Convair B-58 Hustler, der 1959 den Dienst aufnahm. In der UdSSR vollzog sich eine parallele Entwicklung mit der zweistrahligen Tupolew Tu-16, der viermotorigen Turboprop Tu-95 und der vierstrahligen Mjassischtschew M4 Bison.

Das bedeutende Potenzial von Hubschraubern wurde erstmalig während des Koreakrieges deutlich, da sich Typen wie die Bell 47 als unschätzbar bei der und einzige Mach-3-Flugzeug, das die US-Air Force in Dienst stellte.

Die beiden Neuerungen Ende der 1960er-Jahre waren die Schwenkflügler (mit variabler Flügelgeometrie) und die Senkrechtstarter (VTOL-Flugzeuge). Das Konzept der variablen Flügelgeometrie wurde später in Konstruktionen beiderseits des Eisernen Vorhangs verwirklicht: in der F-111 von General Dynamics, der Panavia Tornado, Sukhoi Su-24, der MiG-23 und -27, Rockwell B-1 und dem Tupolew-Tu-160-Bomber sowie der außerordentlichen Grumman F-14 Tomcat, einem trägergestützten Mehrzweck-Kampfflugzeug.

Die Tomcat war das erste Serienflugzeug mit »look-down-shoot-down«-Fähigkeit. Auch verfügte sie über ein »track-while-scan«-Radar, das es ihr ermöglichte, über 20 Ziele gleichzeitig zu erfassen und auf die sechs gefährlichsten von ihnen zu feuern.

Das lange Bemühen um die Konstruktion eines einsatzfähigen VTOL-Flugzeugs fand seinen Höhepunkt in dem außergewöhnlichen British-Aerospace-Harrier-Erdkampfflugzeug, das später als McDonnell Douglas AV-8B weiterentwickelt wurde.

Im Zivilbereich kamen im Jahre 1969 die große, bis zu 400 Plätze fassende Boeing 747 Jumbo Jet sowie die Überschallflugzeuge Concorde und die russische Tupolew Tu-144 hinzu. Darüber hinaus ermöglichte die Entwicklung des Zweistrom-Turbofan den wirtschaftlichen Betrieb kleinerer »Widebodies« (Passagierflugzeuge mit großem Rumpfdurchmesser) wie die Lockheed L-1011 TriStar und die McDonnell

Einziehbarer Canardflügel verbessert Start- und Landeverhalten.

Douglas DC-10. Im Dezember 1970 wurde in Europa Airbus Industrie gegründet, um die dominierende Weltmarktstellung von Boeing zu brechen. Ihr erstes Produkt, der A300B, startete im Oktober 1972; das zweite Widebody-Flugzeug A310 wurde Ende der 1970er-Jahre zugelassen, als Boeing seine 757/767-Familie entwickelte. Der größte Erfolg war 1968 jedoch zunächst die 737 von Boeing, die mit über 4000 verkauften Maschinen zum weltweit erfolgreichsten Düsenflugzeug wurde. Der Airbus A320 Ende der 1980er-Jahre führte die digitale »Fly-by-wire«-Steuerung und das moderne »Glas«-Cockpit ein. Boeings erste »Fly-by-wire«-Konstruktion war die 777, die 1995 ihren Dienst antrat. Linienflugzeuge für mehr als 500 Passagiere sind für den Anfang des 21. Jahrhunderts in der Entwicklung.

TECHNOLOGIE DER ZUKUNFT

In der militärischen Luftfahrt wurde jüngst ein Durchbruch mit einer neuen Technologie erzielt, die die Radar-Signatur eines Flugzeugs auf ein absolutes Minimum reduziert. Diese »Tarnkappen«-Stealth-Technologie wird von der Lockheed F-117A und dem Northrop-B-2-Bomber und durch neueste Kampfflugzeuge wie die Lockheed Martin/Boeing F-22 Raptor verkörpert, die ab 2005 eingesetzt werden soll.

Schwenkbare Pendelruder wirken als Seiten- und Höhenruder.

Tragflächen in Drei-Holm-Flügelkasten

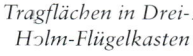

PROBLEMGEPLAGT

Die sowjetische Tupolew Tu-144 war 1968 das erste Überschall-Verkehrsflugzeug und übertraf in der Flugerprobung Mach 2. Doch blieb die Tu-144 von Problemen geplagt und wurde nie recht erfolgreich.

DIE ZUKUNFT

Der Lockheed-F-117A-Nighthawk-Stealth-»Tarnkappen«-Bomber enthält zahlreiche Geräte zur Ablenkung des feindlichen Radars und zur Täuschung feindlicher Infrarotsensoren, wodurch das Flugzeug im Flug fast unsichtbar wird.

TEIL ZWEI

GESCHICHTE DER LUFTFAHRT IN BILDERN

In der Geschichte der Luftfahrt gab es immer wieder Unternehmen, Flugzeugtypen und technische Entwicklungen, die zukunftsweisend waren. In den frühen Jahren erschien das Fliegen selbst noch als ein Wunder; das Streben, höher, schneller, weiter und sicherer zu fliegen, ist seit jeher die große Herausforderung für Wissenschaftler, Konstrukteure und Piloten. In diesem Kapitel werden Ihnen all die Luftfahrzeuge vorgestellt, die in der Geschichte der Luftfahrt eine bedeutende Rolle gespielt haben.

1890·1913

DIE FRÜHEN JAHRE

IN DIESEN JAHREN BEGANNEN die Flugpioniere damit, die Luft zu erobern. Nach missglückten Flugversuchen kam es aber immer wieder dazu, dass sich die Geldgeber der Pioniere zurückzogen – zu oft schon hatten sie ihr Geld an Scharlatane und Verrückte verloren. So mussten sich viele Pioniere mit sehr wenig Geld durchschlagen. Als den hartnäckigsten unter ihnen schließlich die ersten etwas weiteren Flüge gelangen, löste dies eine riesige Begeisterung aus. Tausende von Zuschauern kamen zu den ersten Luftfahrt-Veranstaltungen. Ein Flieger, der in einem abgelegenen Feld notlandete, war im Nu von einem Schwarm einheimischer Schaulustiger umringt. In diese Zeit fällt auch die Gründung der ersten großen Flugzeug- und Flugmotorenfirmen und auch die ersten Piloten erlangten Berühmtheit.

MIT MUSIK

In den Anfangsjahren der Luftfahrt vor dem Ersten Weltkrieg waren Flugzeugmotive ganz groß in Mode. Dieser Umschlag eines Notenhefts zeigt einen Blériot-XII-Eindecker, eines der bedeutendsten Flugzeuge.

AUSGEZEICHNET

Ein Curtiss-Doppeldecker mit Druckschraube. Er wurde 1910 in den USA gebaut und war für die damalige Zeit sehr schnell. Das Flugzeug gewann bei Flugtagen zahlreiche Preise und Auszeichnungen.

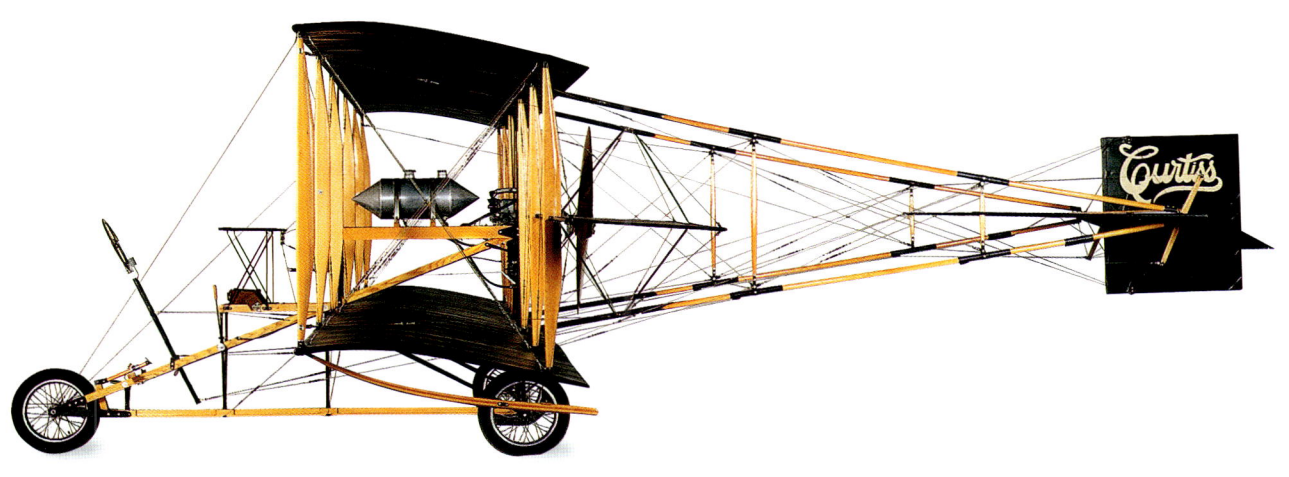

1890·1913 GLEITFLUGPIONIERE

DIE ERSTEN FLUGFÄHIGEN FLUGGERÄTE schwerer als Luft waren Hängegleiter; sie ähnelten den heutigen Sportdrachen. Bedeutendster Gleitflugpionier war der Deutsche Otto Lilienthal. 1891 gelang ihm der erste Menschenflug mit seinem manntragenden Segelapparat. Zwölf weitere Eindecker- und Doppeldeckermodelle folgten. 1896 kam Lilienthal nach mehr als 1000 Flügen bei einem Absturz ums Leben. Er war unter anderem ein Vorbild für Orville und Wilbur Wright. Die Entwicklungen der Gebrüder Wright wiederum hatten großen Einfluss auf die französischen Flugpioniere des frühen 20. Jahrhunderts.

Einstellbare Höhenflosse

Profilschienen auf Flügeloberseite halten Profilwölbung aufrecht.

LILIENTHALS DOPPELDECKER

1895 baute Lilienthal seinen großen Doppeldecker (hier beim Flug vom »Fliegeberg« herab, einem künstlichen Hügel, den er im Berliner Vorort Lichterfelde aufschütten ließ). Lilienthals Gleiter hatten Radialrippen aus Weidenruten und waren mit englischer Baumwolle bespannt.

Pilot steuert Gleiter durch Gewichtsverlagerung nach den Seiten bzw. nach vorne und hinten.

PILCHERS HAWK

Der englische Flugpionier Percy Pilcher baute insgesamt fünf Gleiter und hatte mit der Hawk den meisten Erfolg. 1896/97 führte Pilcher Fesselflüge an einem Seil hängend durch, das er zwischen zwei flachen Hügeln gespannt hatte. Im September 1899 kam Pilcher ums Leben, als er mit dem Hawk-Gleiter abstürzte.

Gewölbter Flügel, am Boden abklappbar

Hohles Landebein aus Bambus mit Spiralfeder zur Dämpfung des Landestoßes

Tragflächenversteifung durch Streben und Kreuzverspannungen aus Draht

Einfaches vorderes Höhenruder steuert Anstellwinkel.

SCHLECHTE IMITATION

1902 baute der Franzose Ferdinand Ferber einen dem Wright-Flugzeug nachempfundenen Gleiter. Dessen Flugleistungen waren aber sehr schlecht, denn Ferber hatte ihn nur grob zusammengezimmert und zudem das von den Gebrüdern Wright erdachte Steuersystem nicht durchschaut. Trotzdem fand Ferber in Frankreich viele Nachahmer.

Drahtverspannung

PILCHERS BAT

Percy Pilcher konstruierte 1895 diesen von Lilienthal inspirierten Gleiter namens Bat (dt.: »Fledermaus«). Pilcher lässt den Gleiter hier vom Luftzug getragen hochfliegen, indem er die vorderen Enden der »Rumpf«-Holme festhält. Baumaterialien waren Kiefern- und Bambusholz, die Flügelwölbung wurde durch mehr als 100 Spanndrähte gewährleistet.

Die kreisrunde Seiten-flosse schneidet die kreisrunde Höhen-flosse.

Einfach bespanntes Flügel-profil mit wenigen Rippen

EINE AMERIKANISCHE ENTWICKLUNG

Octave Chanute und Augustus Herring schufen diesen eleganten Doppeldecker, mit dem sie 1896/97 viele sichere Flüge absolvierten. Chanute verwendete eine Kreuzverspannung in Anlehnung an eine Konstruktion des Brückenbauers Pratt; sie war Vorläufer für die Verspannungssysteme der meisten späteren Mehrdecker.

Holm, an dem die Rippen befestigt sind

Der obere Leitwerksträger mit Federvorrichtung mindert den Einfluss von Windböen ab.

Kreuzförmige Heckflosse stabilisiert Geradeausflug.

In einem Rahmen unter dem Unterflügel hängend, steuert der Pilot den Gleiter durch Gewichtsverlagerung.

1890·1913 ERSTE MOTORFLUGZEUGE

VERSUCHE, MANNTRAGENDE FLUGZEUGE mit mechanischem Antrieb zu bauen, gab es schon im 19. Jahrhundert. Das Problem, ein geeignetes Triebwerk zu finden, schien jedoch unlösbar. Viele Pioniere versuchten es mit Dampfmaschinen, die aber zu schwer waren und zu viel Brennstoff und Wasser verbrauchten. Eine Reihe von Möchtegern-Fliegern ließ sich dennoch nicht davon abhalten, Unsummen in ihre Bemühungen zu stecken.

Benzingetriebener Motorradmotor treibt Flügelschlagmechanismus.

Flügel aus hunderten handgefertigter Seidenfedern

Versuchsgerüst, nur für Bodenversuche

WIE DIE VÖGEL

Der Engländer Edward P. Frost baute 1906 diese Versuchsvorrichtung mit aufwändigen Flügeln aus künstlichen Federn, die den Vogelflug nachahmte. Sie wurde von einem BAT-Benzinmotor mit 3 PS angetrieben.

EIN SCHIFF FÜR DIE LÜFTE

Der russische Kapitän zur See Aleksandr Moschaiskij baute 1876 in St. Petersburg einen großen zweimotorigen Eindecker. Die Motoren waren in England entworfen und gebaut worden. Beim Startversuch von einer Rampe in einem Militärlager bei Krasnoe Selo zerschellte das Flugzeug.

Versteifungsrippe am Hauptflügel

Konischer Tank vor dem Benzinmotor

FESSELFLUG

Am 12. September 1906 flog der Kopenhagener Jakob Christian Ellehammer mit seinem Halbdoppeldecker Nummer II im Fesselflug auf einem Rundkurs 43 m weit. Als Antrieb diente ein von Ellehammer selbst gebauter, ungeregelter Dreizylindermotor mit 18 PS.

FLEDERMAUS MIT DAMPFANTRIEB

Der bekannte französische Elektroingenieur Clément Ader konstruierte zwei dampfgetriebene Fluggeräte mit Fledermausflügeln. Die *Éole* flog am 9. Oktober 1890 ein kleines Stück weit. Das zweite Modell, die *Avion III (links)*, versagte bei zwei Flugversuchen auf einem Rundkurs bei Satory am 12. und am 14. Oktober 1897.

Zwei Eindeckertragflächen in Tandemanordnung

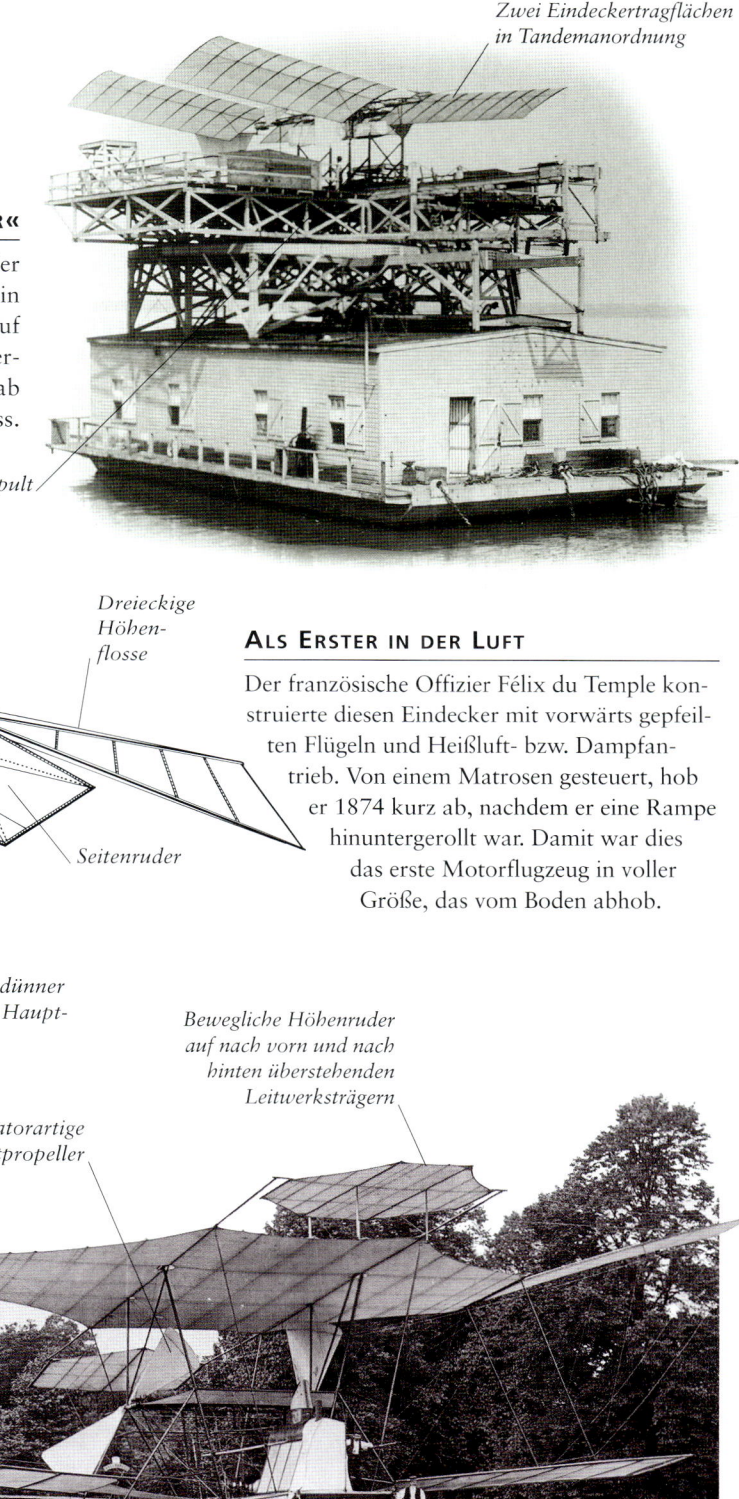

»FLUGZEUGTRÄGER«

Am 7. Oktober und am 8. Dezember 1903 versuchte der amerikanische Astronom Samuel Pierpoint Langley, sein 52-PS-»Aerodrome« vom Dach eines Hausboots auf dem Potomac per Katapult zu starten. Bei beiden Versuchen stürzte es wegen Versagens der Konstruktion ab und der Pilot, C. M. Manly, landete im Fluss.

Vorwärts gepfeilte Flügel, nach oben und unten verspannt

Startkatapult

Zusätzliches »Flugsegel« über dem Hauptflügel

Dreieckige Höhenflosse

ALS ERSTER IN DER LUFT

Der französische Offizier Félix du Temple konstruierte diesen Eindecker mit vorwärts gepfeilten Flügeln und Heißluft- bzw. Dampfantrieb. Von einem Matrosen gesteuert, hob er 1874 kurz ab, nachdem er eine Rampe hinuntergerollt war. Damit war dies das erste Motorflugzeug in voller Größe, das vom Boden abhob.

Seitenruder

Einzelner dünner Holm des Hauptflügels

Bewegliche Höhenruder auf nach vorn und nach hinten überstehenden Leitwerksträgern

Ventilatorartige Zweiblattpropeller

AUFWÄNDIGER DOPPELDECKER

Der in den USA geborene Erfinder Hiram Maxim baute in den 1890er-Jahren im Baldwyns Park, Grafschaft Kent, diese riesige Versuchsvorrichtung. Zwei Dampfmaschinen mit je 180 PS trieben Propeller mit 5,4 m Durchmesser an. Am 31. Juli 1894 hob das Flugzeug von den Schienen ab, jedoch versagte die unzulängliche Steuerung; es wurde schwer beschädigt.

1890·1913 DIE GEBRÜDER WRIGHT

DEN GEBRÜDERN WILBUR UND ORVILLE WRIGHT aus Dayton in Ohio gelangen im Dezember 1903 die ersten kontrollierten länger dauernden Flüge mit einem Motorflugzeug. Vorher hatten sie eine Steuerung entwickelt und in zahlreichen Versuchsflügen mit Gleitern erprobt, bis sie zufrieden stellend funktionierte. In der Entwicklungsphase testeten sie zahlreiche Flügelprofile im Windkanal, entwarfen Motoren und Propeller und führten Testflüge durch. Leider behielten sie das Prinzip der zwei Druckschrauben bei, als andere Flugpioniere sich fortschrittlicheren Konzepten zuwandten.

INSTABIL, DAFÜR LEICHT STEUERBAR

Bei dem Gleiter No 3 gelang den Wrights eine kontrollierte Steuerung. Das bewegliche Heckruder wirkte gleichzeitig mit einer Flächenverwindung, sodass Kurven in leichter Schräglage, ohne zu schieben, möglich waren. Die Flugapparate waren aerodynamisch instabil, damit sie besser auf die Ruder ansprachen.

Doppeltes Höhenleitwerk vor den Tragflächen

Doppelleitwerk, gehalten von Leitwerksträgern

DAS FLUGZEUG DES GRAFEN

Der Wright Typ A von 1909 war ein voll einsatzfähiges Flugzeug und schaffte eine ganze Anzahl längerer Flüge hintereinander. Viele prominente Piloten flogen damit, unter anderem der Comte Charles de Lambert aus Frankreich. Im August 1909 legte er beim Flugtag in Reims 116 km zurück und benötigte dafür weniger als zwei Stunden.

FRÜHZEITIGE UMSTELLUNG

Mit dem Model B *(oben)* verwarfen die Gebrüder Wright 1911 das vordere Doppelhöhenruder und entschieden sich für ein einfaches Höhenruder hinter dem doppelten Seitenruder. Ab 1912 konnte das Flugzeug, wie hier abgebildet, mit Schwimmern zu einem Wasserflugzeug umgerüstet werden.

DAS »RENNBABY« DER GEBRÜDER WRIGHT

Das Foto zeigt ein Baby-Wright-Sportflugzeug Baujahr 1910. Der kleine Einsitzer, auch als Model R oder Roadster bekannt, war für Geschwindigkeits- und Flughöhenwettbewerbe konstruiert. Der Pilot saß dicht hinter dem Motor und musste den linken Arm um eine Stützstrebe legen, um den einen der beiden Steuerungshebel zu erreichen.

Variable Wölbung der doppelten Höhenruderflächen für Steig- und Sinkflug

Laufschienen dienen auch als Landekufen.

WICHTIGE DATEN

1899	Versuche mit dem ersten Gleiter
1903	Den Brüdern gelingt der erste kontrollierte Motorflug.
1905	Der Wright Flyer III ist das erste praktisch einsetzbare Flugzeug.
1908	Wilbur Wright präsentiert den Doppeldecker in Europa.
1909	Zulassung des Wright Flyer zum Einsatz bei Meldetruppen der US-Armee. Im November Gründung der Wright Company
1912	Wilbur Wright stirbt an Typhus.
1915	Wright Company an ein Konsortium verkauft
1948	Orville Wright stirbt.

DAS ERSTE MOTORFLUGZEUG

Der berühmte Wright Flyer von 1903, das erste Motorflugzeug der Brüder, flog nur viermal, und zwar am 17. Dezember 1903. Der letzte und erfolgreichste Flug ging über 260 m und dauerte 59 Sekunden. Als Triebwerk diente ein wassergekühlter Vierzylinder mit 12 PS, der über Ketten und Wellen zwei Druckschrauben antrieb. Das Flugzeug startete von einer einzelnen hölzernen Schiene.

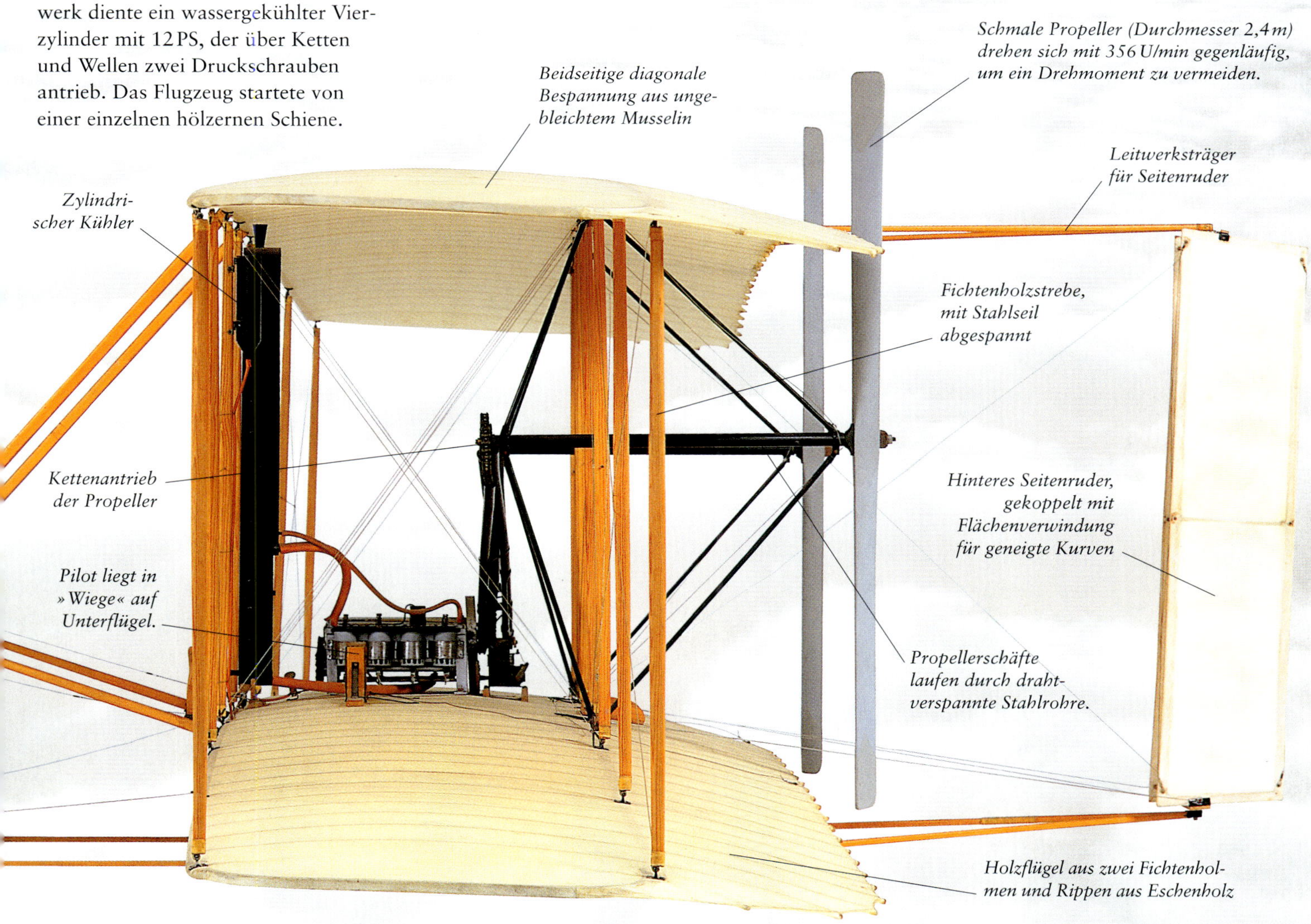

ERFOLG IM STEIGFLUG

1911 kehrte Orville Wright nach Kill Devil Hills in North Carolina zurück, wo er mit seinem Bruder die ersten Flüge durchgeführt hatte. Zusammen mit dem englischen Pionier Alec Ogilvie absolvierte er mit einem neuen Gleitflugzeug zahlreiche Steigflüge und stellte am 24. Oktober mit 9 min 45 s einen zehn Jahre gültigen Weltrekord auf.

ALTMODISCHER DOPPELDECKER

Schon bei seinem Erscheinen 1914 war das Design des Model H entschieden veraltet. Ein 60-PS-Wright-Motor im geschlossenen Rumpf trieb über den bewährten Ketten-Wellenantrieb zwei Druckschrauben, und auch die Flächenverwindung als »Querruder« wurde beibehalten. Dieses Exemplar wurde 1915 bei der Königlichen Flugzeugfabrik in Farnborough getestet.

Schmale Propeller (Durchmesser 2,4 m) drehen sich mit 356 U/min gegenläufig, um ein Drehmoment zu vermeiden.

Beidseitige diagonale Bespannung aus ungebleichtem Musselin

Leitwerksträger für Seitenruder

Zylindrischer Kühler

Fichtenholzstrebe, mit Stahlseil abgespannt

Kettenantrieb der Propeller

Hinteres Seitenruder, gekoppelt mit Flächenverwindung für geneigte Kurven

Pilot liegt in »Wiege« auf Unterflügel.

Propellerschäfte laufen durch drahtverspannte Stahlrohre.

Holzflügel aus zwei Fichtenholmen und Rippen aus Eschenholz

1890·1913 FRANZÖSISCHE FLUGPIONIERE

Zu Beginn des 20. Jahrhunderts gab es in Frankreich vielfältige Aktivitäten auf dem Gebiet der Luftfahrt und die verschiedensten Flugapparate wurden dort hergestellt. Schon damals gab es hervorragende Flugzeughersteller. Deperdussin beispielsweise war für Sportflugzeuge bekannt, während die Caudrons mit doppelten Leitwerksträgern sich zu Trainingsflugzeugen entwickelten. Da die Hersteller immer neue Erfahrungen sammelten und die Piloten immer besser wurden, ging es bei den Geschwindigkeits-, Höhen- und Dauerflugrekorden Schlag auf Schlag.

KLEINER HÜPFER

Bevor Wright 1908 sein praxistaugliches Flugzeug in Frankreich vorstellte, feierte man selbst kleine »Hüpfer« als Erfolg. Der erste Motorflug in Europa wird dem Brasilianer Alberto Santos-Dumont in seinem Drachen-Doppeldecker 14*bis* zugeschrieben. Sein längster Flug (1906) dauerte aber nur 21,2 Sekunden und ging über 220 m.

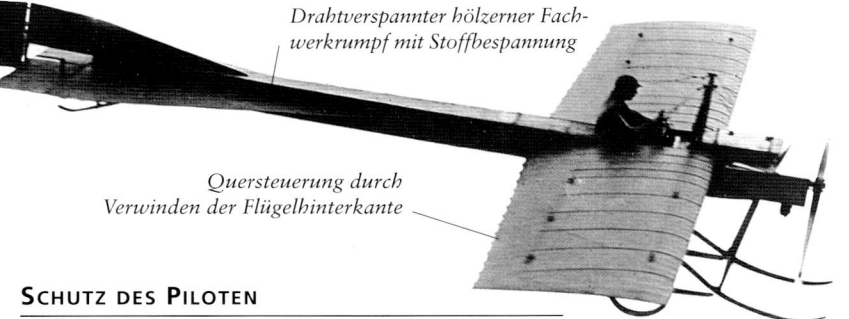

Drahtverspannter hölzerner Fachwerkrumpf mit Stoffbespannung

Quersteuerung durch Verwinden der Flügelhinterkante

SCHUTZ DES PILOTEN

Die Deperdussin-Modelle hatten durch den geschlossenen Rumpf ein für die damalige Zeit elegantes und klares Design. Der 70-PS-Motor des Typs C von 1911 war teilweise verkleidet, damit der Pilot nicht mit Castoröl voll gespritzt wurde.

Doppelte Bespannung der Flügelvorderkante

Stark gewölbte Flügelrippen

ZWEI HECKLEITWERKSTRÄGER

Dieses frühe Modell von René Caudron ist ein Doppeldecker mit Zugschraube, zwei Leitwerksträgern, doppeltem Seiten- und doppeltem Höhenleitwerk. Angetrieben wurde er von einem Anzani-Sternmotor oder einem Gnome-Umlaufmotor.

Flächenverwindung zur Quersteuerung

Pylon befestigt Flächenverspannung.

Kufen verhindern Vornüberkippen bei der Landung.

FORMSCHÖNES DESIGN VON SAULNIER

Gabriel Borel konstruierte zwischen 1910 und 1914 eine Reihe von Eindeckern, Wasserflugzeugen und Flugbooten. Die Eindecker wie dieses Modell von 1912 mit Gnome-Umlaufmotor erinnern trotz der schnittigeren Form an Blériot, weil Raymond Saulnier, für das Design zuständig, sowohl für Borel wie für Blériot arbeitete.

Untere Leitwerksträger dienten als Kufen.

Stromlinienförmige Nase durch großen Spinner

DOPPELDECKER-BRÜDER

Gabriel und Charles Voisin bauten eine Reihe plumper Kastendoppeldecker. Hier das Modell c aus dem Jahr 1909. »Vorhänge« zwischen den Flügeln erhöhten die Querstabilität. Die ersten Maschinen hatten kein Querruder und der Pilot musste mit dem Seitenruder vorsichtig umgehen.

Seitlicher »Vorhang«

Vorne liegendes Höhenruder

REKORDGESCHWINDIGKEIT

Am 29. September 1913 gewann dieser schnittige Deperdussin-Eindecker mit 160-PS-Gnome-Zwei-Reihen-Umlaufmotor und hölzernem Einschalenrumpf das Gordon-Bennett-Rennen in Reims. Gleichzeitig mit dem Sieg stellte der Pilot Maurice Prévost mit 203,8 km/h einen Geschwindigkeitsweltrekord auf.

Tragflächen an den Enden tiefer als an den Wurzeln

FRÜHER CAUDRON

Bei dieser frühen Version des markanten Caudron-Doppeldeckers sitzt der Pilot in dem Unterflügel, der Anzani-Sternmotor befindet sich zwischen dem innersten Strebenpaar. In späteren Versionen hing der Motor zum Schutz des Piloten in einer Gondel.

Gussmuffen zur Verbindung der Streben

Treibstofftank

Anzani-Sternmotor

Hölzerne Strebe

Nach vorne ragende Kufen gegen Vornüberkippen

1890·1913 BLÉRIOT-XI-EINDECKER

Am 25. Juli 1909 startete Louis Blériot in Les Baraques bei Calais und flog über den Ärmelkanal nach Dover. Nach 36 min 30 s landete er dort in der Nähe des Schlosses und gewann so den von der *Daily Mail* ausgeschriebenen Preis von 1000 £ für die erste Kanalüberquerung. Er flog einen Blériot-Eindecker XI, ähnlich dem abgebildeten. Im Heck befanden sich aufblasbare Schwimmkörper für den Fall einer Notwasserung. Mit seiner Zugschraube, dem dreirädrigen Fahrwerk, vorne liegenden Flügeln, Heckflosse, hinterem Höhen- und Seitenruder hatte das Flugzeug schon die für Generationen von späteren Eindeckern typischen Grundmerkmale.

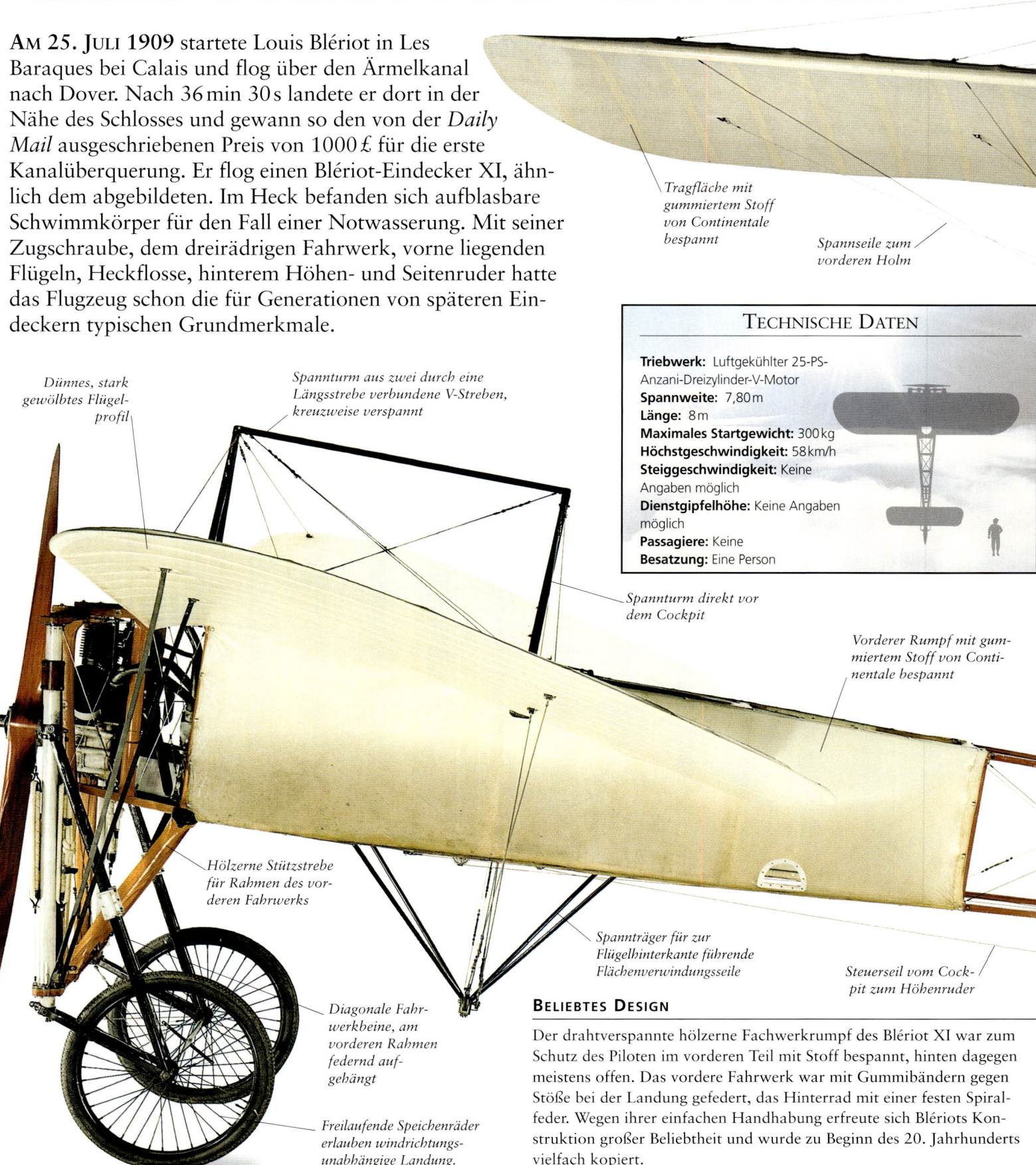

Tragfläche mit gummiertem Stoff von Continentale bespannt

Spannseile zum vorderen Holm

Dünnes, stark gewölbtes Flügelprofil

Spannturm aus zwei durch eine Längsstrebe verbundene V-Streben, kreuzweise verspannt

Spannturm direkt vor dem Cockpit

Vorderer Rumpf mit gummiertem Stoff von Continentale bespannt

Hölzerne Stützstrebe für Rahmen des vorderen Fahrwerks

Spannträger für zur Flügelhinterkante führende Flächenverwindungsseile

Steuerseil vom Cockpit zum Höhenruder

Diagonale Fahrwerkbeine, am vorderen Rahmen federnd aufgehängt

Freilaufende Speichenräder erlauben windrichtungsunabhängige Landung.

TECHNISCHE DATEN

Triebwerk: Luftgekühlter 25-PS-Anzani-Dreizylinder-V-Motor
Spannweite: 7,80 m
Länge: 8 m
Maximales Startgewicht: 300 kg
Höchstgeschwindigkeit: 58 km/h
Steiggeschwindigkeit: Keine Angaben möglich
Dienstgipfelhöhe: Keine Angaben möglich
Passagiere: Keine
Besatzung: Eine Person

BELIEBTES DESIGN

Der drahtverspannte hölzerne Fachwerkrumpf des Blériot XI war zum Schutz des Piloten im vorderen Teil mit Stoff bespannt, hinten dagegen meistens offen. Das vordere Fahrwerk war mit Gummibändern gegen Stöße bei der Landung gefedert, das Hinterrad mit einer festen Spiralfeder. Wegen ihrer einfachen Handhabung erfreute sich Blériots Konstruktion großer Beliebtheit und wurde zu Beginn des 20. Jahrhunderts vielfach kopiert.

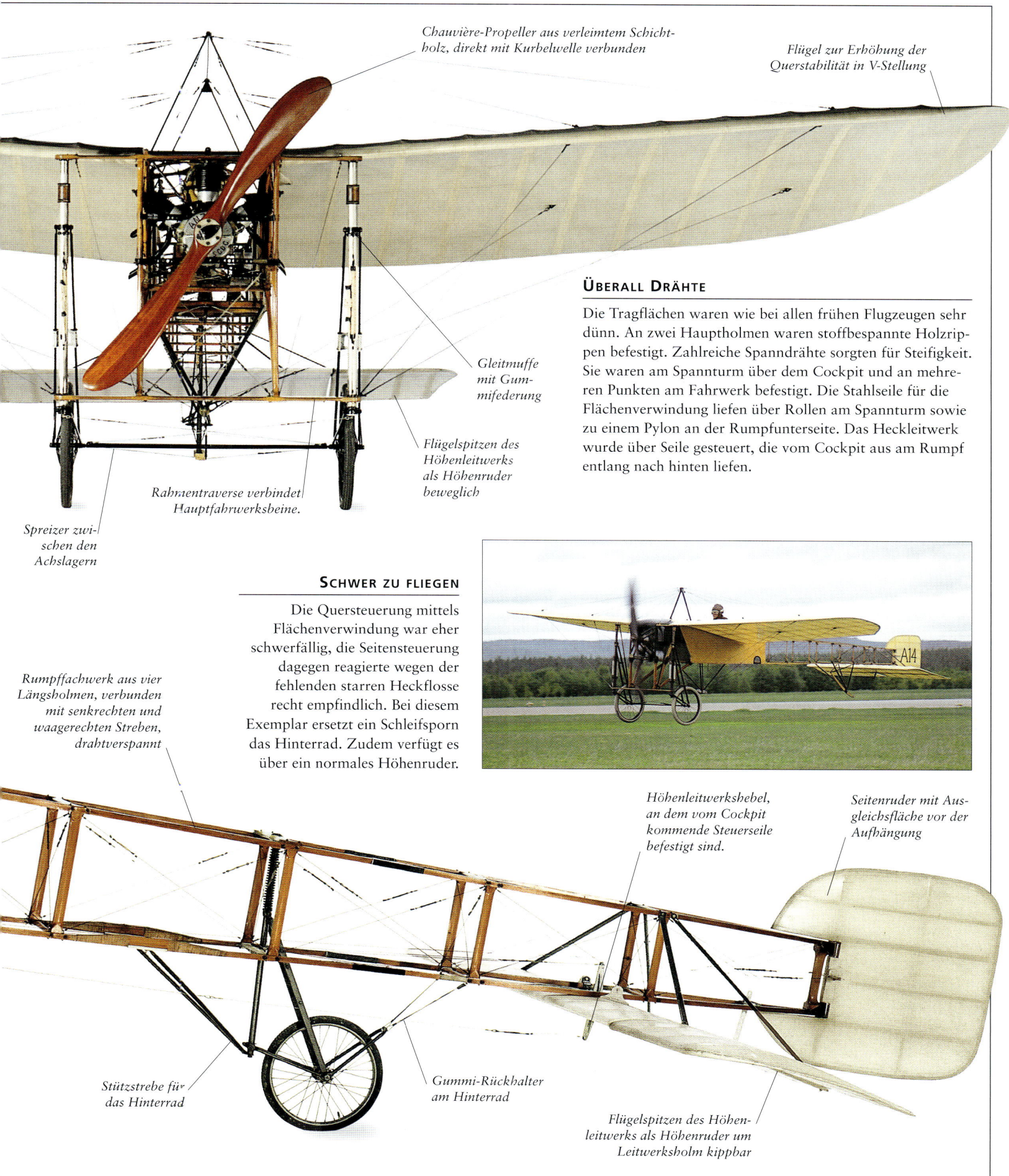

Chauvière-Propeller aus verleimtem Schicht-
holz, direkt mit Kurbelwelle verbunden

Flügel zur Erhöhung der
Querstabilität in V-Stellung

Gleitmuffe
mit Gum-
mifederung

ÜBERALL DRÄHTE

Die Tragflächen waren wie bei allen frühen Flugzeugen sehr
dünn. An zwei Hauptholmen waren stoffbespannte Holzrip-
pen befestigt. Zahlreiche Spanndrähte sorgten für Steifigkeit.
Sie waren am Spannturm über dem Cockpit und an mehreren Punkten am Fahrwerk befestigt. Die Stahlseile für die
Flächenverwindung liefen über Rollen am Spannturm sowie
zu einem Pylon an der Rumpfunterseite. Das Heckleitwerk
wurde über Seile gesteuert, die vom Cockpit aus am Rumpf
entlang nach hinten liefen.

Flügelspitzen des
Höhenleitwerks
als Höhenruder
beweglich

Rahmentraverse verbindet
Hauptfahrwerksbeine.

Spreizer zwi-
schen den
Achslagern

SCHWER ZU FLIEGEN

Die Quersteuerung mittels
Flächenverwindung war eher
schwerfällig, die Seitensteuerung
dagegen reagierte wegen der
fehlenden starren Heckflosse
recht empfindlich. Bei diesem
Exemplar ersetzt ein Schleifsporn
das Hinterrad. Zudem verfügt es
über ein normales Höhenruder.

Rumpffachwerk aus vier
Längsholmen, verbunden
mit senkrechten und
waagerechten Streben,
drahtverspannt

Höhenleitwerkshebel,
an dem vom Cockpit
kommende Steuerseile
befestigt sind.

Seitenruder mit Aus-
gleichsfläche vor der
Aufhängung

Stützstrebe für
das Hinterrad

Gummi-Rückhalter
am Hinterrad

Flügelspitzen des Höhen-
leitwerks als Höhenruder um
Leitwerksholm kippbar

1890·1913 FRÜHE ENTWÜRFE

AB 1910 ENTWICKELTE SICH die Luftfahrt in Europa und den USA rapide; eine ständig wachsende Zahl kleiner Unternehmen bot vielfältige Flugzeugtypen an. Viele Firmen schlossen bald wieder, andere jedoch entwickelten sich zu großen Konzernen mit tausenden Beschäftigten: Avro, Blackburn und Handley Page in Großbritannien, Curtiss und Martin in den USA, Sikorsky in Russland. Die Firmengründer mussten jedoch große Anfangsschwierigkeiten überwinden, bevor ihnen Anerkennung und Erfolg zuteil wurden.

WIE AUF VOGELSCHWINGEN

Diese elegante »Tauben«-Form für einen Eindecker – hier ein von Edmund Rumpler 1911/12 gebautes Modell – war von Ignaz Etrich in Deutschland entwickelt worden und wurde später von vielen Herstellern übernommen. Ihren Namen verdanken diese Flugzeuge ihrer an den Vogel erinnernden Tragflächenform. Auf dem Bild sieht man die komplizierte Verspannung.

Stoffbespannter Holzrumpf

FRÜHER EINDECKERHERSTELLER

Angeregt durch Wilbur Wrights erste Flüge in Europa im Jahre 1908 baute Robert Blackburn aus dem englischen Yorkshire 1909 sein erstes Flugzeug und gründete 1910 seine eigene Firma. Zuerst produzierte er eine Reihe Antoinette-Eindecker. Für einen privaten Kunden baute er 1912 den abgebildeten Eindecker. Mit seinem 50-PS-Gnome-Motor fliegt er noch heute.

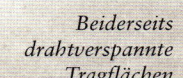

Beiderseits drahtverspannte Tragflächen

Runde Verkleidung als Spritzschutz gegen Motoröl

Räder über Gummibänder paarweise mit Kufen verbunden

ERFOLGREICHER SOWJETRUSSE

Der Russe Igor Sikorsky baute weltweit als Erster erfolgreich Großflugzeuge. 1913 konstruierte er die Bolshoi Baltiskij, auch Grand genannt. Dann folgte die Doppeldeckerreihe Ilja Muromez mit vier 100-PS-Argus-Motoren. Hier die nicht flugfähige Nachbildung eines späteren Modells für einen Film in den 1980er-Jahren.

BLACKBURN AM STRAND

Ein 50-PS-Gnome-Motor verlieh Robert Blackburns Mercury II von 1911 mit 9,75 m Spannweite eine Höchstgeschwindigkeit von 113 km/h. Die Blackburn-Eindecker starteten häufig am Strand von Filey, Yorkshire. Die Abbildung zeigt, wie eine Mercury II die bewundernden Blicke der Einheimischen auf sich zieht.

Erfolgreiches Sportflugzeug

Die Firma Moran-Borel-Saulnier stellte seit 1911 Sportflug-Eindecker wie den rechts abgebildeten her. Als Land- wie auch als Wasserflugzeuge errangen sie Preise bei vielen Wettflügen. Sie hatten keine starre Heckflosse, sondern nur eine bewegliche Höhenflosse, sodass die Höhensteuerung recht empfindlich war. Die Flächenverwindung dagegen wirkte eher träge.

Pylon für Flächenverwindungsseile

Grossartiger Flugapparat

Dieses an Farman angelehnte Kastenflugzeug, 1910/11 von der British and Colonial Aeroplane Company (später Bristol) gebaut, war sehr erfolgreich. Die britische und die russische Regierung orderten insgesamt 78 Einheiten. Als Triebwerk diente der allgegenwärtige Gnome-Motor. Die Nachbildung aus dem Film »Die tollkühnen Männer in ihren fliegenden Kisten« wird an windstillen Tagen heute noch geflogen.

Blattfedern zwischen den Rädern

Kühlerspirale

Erfolgsrezept

Der links abgebildete Typ E, ein schnittiger Zweisitzer mit wassergekühltem 60-PS-ENV-Motor, war das erste erfolgreiche Flugzeug der Firma Avro, gegründet von Alliott Verdon Roe. Bald folgte das Modell 500 und dann die 504, die in großer Stückzahl produziert wurde.

Steuerrad für den Piloten

Stark gewölbtes Flügelprofil

Zweifach bespannte Tragflächen

Flächenverwindung zur Rollsteuerung

Hängende Verspannung der Flügelenden

Großer Schleifsporn am Heck für horizontalen Stand

Die gelbe Gefahr

Wegen seiner eleganten, gelb lackierten Sichelflügel trug Handley Pages Eindecker Typ E den Spitznamen »Gelbe Gefahr« (so nannte man damals auch die Zigarettenmarke Gold Flake). Ein zusätzlicher Blickfang war der blaue Rumpf des Flugzeugs.

1890-1913 FARMAN-FLUGZEUGE

DIE BRÜDER HENRY UND MAURICE FARMAN, Franzosen englischer Abstammung, hatten bereits jeder für sich erfolgreich Flugzeuge konstruiert, bevor sie 1912 ihre gemeinsame Firma gründeten. Henry Farman kaufte 1907 einen Voisin-Kastendoppeldecker, den er so lange umbaute, bis er eine brauchbare Maschine hatte. Ab 1909 baute er dann Eigenkonstruktionen. Der Doppeldecker HF III wurde ein weltweit kopierter Klassiker. Maurice Farman baute ab 1909 eigene Maschinen, so die MF.7 und die MF.11, militärische Übungsflugzeuge.

BEWÄHRTES SCHLACHTROSS

Henry Farmans Militär-Dreisitzer HF.20 von 1912 war mit einem Gnome-Motor bzw. 80-PS-Le-Rhône-Umlaufmotor ausgerüstet. Er kam im gesamten Ersten Weltkrieg zum Einsatz, gegen Ende vor allem als Trainingsflugzeug.

VOM DOPPEL- ZUM DREIDECKER

Indem er einen kurzen Oberflügel hinzufügte, machte Henry Farman im November 1907 aus seinem Voisin-Doppeldecker einen Dreidecker. Der Farman 1*bis* hatte einen 50-PS-Antoinette-Motor und echte Querruder. Voisins seltsame »Vorhänge« zwischen den Tragflächen blieben allerdings erhalten.

Querruder des Oberflügels

Querruder des Unterflügels

BESTES PFERD IM STALL

Der klassische Vorkriegsdoppeldecker HF III wurde weltweit verkauft. Viele berühmte Piloten flogen das meist von einem 50-PS-Gnome-Umlaufmotor getriebene Flugzeug. Bei diesem Exemplar bewirken verbreiterte Oberflügel stärkeren Auftrieb und geringere Landegeschwindigkeiten.

Doppelseitenruder hinter doppelter Höhenflosse

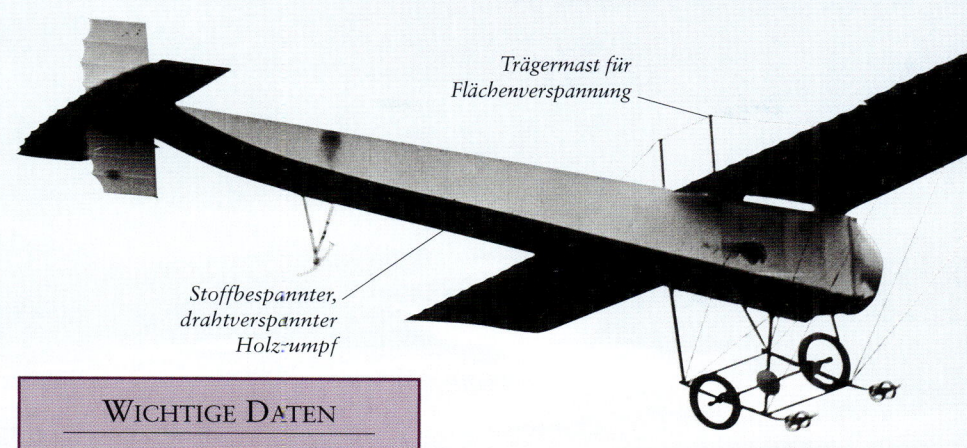

Trägermast für Flächenverspannung

Gerade Tragfläche

Stoffbespannter, drahtverspannter Holzrumpf

FLIEGENDES BRETT

1911 erschien dieser zerbrechlich aussehende Henry-Farman-Eindecker, ein eckiger Zweisitzer mit brettartiger 10-m-Tragfläche. Ein Gnome-Motor sorgte für Geschwindigkeiten von 100–110 km/h. Ähnlich wie andere Flugzeuge jener Zeit hatte er kein starres Leitwerk, sondern nur bewegliche Seiten- und Höhenflosse.

WICHTIGE DATEN

1907	Henry Farman fliegt als Erster in Europa einen 1-km-Rundkurs.
1908	Henry Farman absolviert den ersten Geländeflug in Europa.
1909	Doppeldecker HF III vorgestellt
1909	Maurice Farmans erster Entwurf
1912	Das Unternehmen Avions Henri et Maurice Farman eröffnet, bald Frankreichs größter Flugzeughersteller.
1936	Firma wird verstaatlicht, die Brüder setzen sich zur Ruhe.

MIT VERSETZTEN FLÜGELN

Das Schwimmerflugzeug MF.2 von Maurice Farman mit seinen extrem versetzten Tragflächen nahm 1912 am Wasserflugzeugschauflug in Monaco teil. Es handelte sich um einen Druckschraubendoppeldecker mit wassergekühltem Renault-Motor. Die markanten, nach oben gebogenen vorderen Höhenleitwerksträger wurden zum Markenzeichen.

VORLÄUFER DES »LONGHORN«

Der hier in der endgültigen Version abgebildete Coupe Michelin von Maurice Farman flog erstmals 1910 mit einem 50-PS-Renault-Motor. Er hatte als Erster ein Fronthöhenleitwerk auf gebogenen Leitwerksträgern und wies schon auf die 1913 vorgestellte MF.7 hin, ein häufig eingesetztes militärisches Übungsflugzeug mit dem treffenden Spitznamen »Longhorn«. Ursprünglich waren Ober- und Unterflügel gleich lang, die Unterflügel hatten an den Enden »Vorhänge«.

Kippbare, vorne liegende Höhenflosse

Stoffverkleidete Piloten- und Passagiergondel

Gefedertes Hauptfahrwerk

Oberflügel mit größerer Spannweite

QUERRUDER IM WIND

Mitte 1910 stellte Henry Farman den von einem 50-PS-Gnome-Motor getriebenen Eindecker 2/2 mit einfach bespannten Tragflächen vor. Gut zu erkennen sind die »Einweg«-Querruder, die am Boden nach unten hingen und im Flug durch den Luftstrom nach oben gedrückt wurden. Mittels Drahtseilen konnten sie ausschließlich nach unten bewegt werden.

1890·1913 WUNDERBAR EIGENARTIG

MERKWÜRDIGE UND AUSGEFALLENE Konstruktionen gab es zwar in der gesamten Geschichte der Luftfahrt, in der Pionierzeit allerdings im Überfluss. Ehrgeizige Erfinder besaßen zwar oft Hingabe und Optimismus, wussten aber wenig von Aerodynamik und Statik. Sie bauten Apparate nach ihren eigenen Theorien und hofften auf Ruhm und Reichtum. Leider hatten viele dieser Fluggeräte kaum Aussicht auf Erfolg, selbst wenn sie es schafften, vom Boden abzuheben.

FLIEGENDE GABEL

Die Tragflächen dieses wegen seiner Form Diapason (dt.: Stimmgabel) genannten Flugapparats waren weit nach hinten gebogen. Das von Louis Schreck gebaute Flugzeug erhob sich dann 1911 tatsächlich in die Luft.

STARTHILFE

Der Belgier César baute 1910 in Frankreich einen Tandem-Doppeldecker mit geringer Spannweite. Das Fahrwerk hatte vier Räder, eine Druckschraube wurde von einem 50-PS-Prini-Berthaud-Motor angetrieben. César ergänzte den Doppeldecker um eine wurstförmige Ballonhülle und nannte das Ganze einen *gemischten Doppeldecker*. Allerdings versuchte er vergeblich, ihn vom Boden hochzubringen.

Gasballon sollte den Auftrieb der Tragflächen unterstützen.

Vorne liegende Höhenflossen

Doppeltes Seitenruder am Heck

HOFFNUNGSLOSER FALL

Victor Thuaus großspurig als Hercolite Phénomenon bezeichneter Eindecker von 1910 hatte kurze Segeltuchflügel und eine stark gebogene Höhenflosse. Selbst ein stärkerer Motor und ein anderer Propeller brachten ihn nicht zum Fliegen.

ERSTER WASSERSTART

Trotz seines windigen Äußeren gelang mit Henri Fabres »Hydroaeroplan« (*unten*, später als »Hydravion« bezeichnet) am 28. März 1910 der erste Wasserstart mit einem Motorflugzeug. Als Triebwerk diente ein 50-PS-Gnome-Omega-Umlaufmotor. Leider eignete sich die Konstruktion nicht zur Weiterentwicklung.

Motor und Propeller am hinteren Ende des Flugzeugs

Schwimmerpaar am Heck

HOPP ODER TOPP

Der Marquis Picat du Breuil finanzierte den Bau dreier Eindecker mit Flügelvorderkanten aus Stahlrohr, an denen lose Stoffflügel in spitzem Winkel befestigt waren. Die Apparate hatten zwar Seiten- und Höhenruder, aber offenbar war keine Quersteuerung vorgesehen.

BESCHEIDENE ANFÄNGE

Streben verbinden nur die vorderen Holme.

Der 1909 gebaute Breguet-Richet No 3 wurde in Breguet 1 umgetauft und war so das erste Flugzeug des später berühmten Unternehmens Breguet. Angetrieben von einem 50-PS-Renault-Motor flog es mehrmals, bis es beim Fliegertreffen in Reims 1909 zerschellte.

Gondel für Motor und Piloten

Stützräder an den Flügelenden ergänzen das zentrale Hauptrad.

Motor in der Rumpfnase eingebaut

Querruder an den Enden der Unter- und Mittelflügel

GEPANZERTE ASTRA

Henri Deutsch de la Meurthe finanzierte 1911 den Bau dieses unschönen, gepanzerten Dreideckers Astra mit 13 m Spannweite. Das vierrädrige Hauptfahrwerk lag unter der Vorderkante des Unterflügels und mit seinem 75-PS-Renault-Motor beförderte es zwei Mann Besatzung. Es wurde nur ein Exemplar gebaut.

Konzentrische Ringflügel mit Leitschaufeln verbunden

Tank am Heck mit dreieckigem Querschnitt

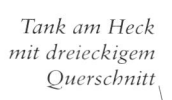

FLIEGENDE RINGE

1911 baute Claude Givaudan dieses seltsame Gefährt mit konzentrischen Tandemflügeln. Die drehbar gelagerten Frontflügel dienten als Höhenruder, die Heckflügel als Seitenruder. Leider schaffte es der 40-PS-Vermorel-Motor aber nicht, das Gefährt zum Fliegen zu bringen.

1914·1918

LUFTKRIEG

Zwar wurde das militärische Potenzial des Flugzeugs schon zu Beginn des Ersten Weltkriegs gesehen, doch erst im Laufe des Krieges reiften die zerbrechlichen und anfälligen Maschinen für den Kriegseinsatz heran. Bei Luftaufklärung, Bombardierung und Verbindungsmissionen boten sie eine wertvolle Unterstützung für das Heer; um die Erfüllung dieser Aufgaben durch den Kriegsgegner zu verhindern oder die eigenen Flugzeuge zu beschützen, entwickelte man Aufklärer und Jagdflugzeuge. Die immer größeren und komplizierteren Bomber trugen den Krieg in die Städte, was zur Entwicklung der Heimatverteidigung und von Nachtjägern führte. Starts und Landungen auf Schiffen wurden zur Gewohnheit und das Flugboot war eine nützliche Waffe gegen U-Boote. Im Laufe der Zeit wurden Konstruktion, Bewaffnung und Ausrüstung stetig verbessert.

EIN NEUER ANFANG

Dieses Plakat fordert am Ende des Ersten Weltkriegs junge Männer auf, in die neue britische Royal Air Force einzutreten, die am 1. April 1918 aus der Zusammenlegung von Royal Flying Corps und Royal Naval Air Service entstanden war.

DEUTSCHER JÄGER

Die Albatros D.V von 1917/18 mit ihren eleganten, schwungvollen Linien war im Ersten Weltkrieg eines der erfolgreichsten deutschen Jagdflugzeuge.

1914·1918 JAGDFLUGZEUGE IM 1. WELTKRIEG

IM LAUFE DES ERSTEN WELTKRIEGS entwickelten sich die Jagdflugzeuge bzw. »Jäger« von relativ zerbrechlichen und notdürftig bewaffneten Maschinen, die in erster Linie Aufklärer
und Bomber schützen sollten, zu sehr manövrierfähigen Ein-
sitzern. Später erfüllten die Maschinen dann weitaus aggressi-
vere Aufgaben als vorher üblich. Schließlich ermöglichte es
die perfekte Synchronisierung der Maschinengewehre mittels
Unterbrechergetriebe, durch den sich drehenden Propeller
hindurchzuschießen. Der Pilot musste nur noch sein Flugzeug
auf das des Gegners richten und den Abzug betätigen.

EIN JÄGER AUS DER PFALZ

Die Pfalz D.III war mit einem doppelten Spandau-Maschinengewehr bestückt und hatte einen wassergekühlten 160-PS-Mer-
cedes-Reihenmotor. Die Höchstgeschwindigkeit betrug 165 km/h.

FLUGZEUG FÜR ASSE

Neben der Sopwith Camel war die
Royal Aircraft Factory S.E.5a 1917/18
das beste britische Jagflugzeug des
Krieges. Es hatte einen Hispano-Suiza-
bzw. Wolseley-Viper-Reihenmotor. Am
Rumpf war ein Vickers-Maschinengewehr montiert, auf dem Oberflügel
ein Lewis-Maschinengewehr.

*Nicht synchroni-
siertes Lewis-
Maschinengewehr*

*Großes, gebo-
genes Seitenruder
ohne starre Flosse*

*Verkleidete Kopfstütze
hinter dem Cockpit*

*V-Verstrebungen zwi-
schen den Tragflächen*

FRANZÖSISCHES DESIGN

Die eleganten französischen Nieuport-Jäger, hier eine Nieuport
17 von 1916, waren mit ihren Le-Rhône-Umlaufmotoren klein
und wendig. Das meist auf dem Oberflügel montierte Vickers-
Maschinengewehr feuerte über den Propeller hinweg.

BESTER DEUTSCHER

Die Fokker D.VII kam 1918 in Dienst. Sie war
sehr präzise steuerbar, hochgradig manövrierfähig
und angenehm zu fliegen. Der 185-PS-BMW-Rei-
henmotor erlaubte 200 km/h Höchstgeschwindigkeit. Die Bewaffnung bestand aus einem
doppelten Spandau-Maschinengewehr.

*Flacher
Frontkühler*

Tragflächen ohne Drahtverspannung

*Vollholz-Rumpf
in Halbschalen-
Bauweise*

AGGRESSIVER ALBATROS

Viele deutsche Fliegerasse flogen die Albatros DV mit ihrem
stromlinienförmigen Schalenrumpf, in den ein wassergekühlter
180/200-PS-Mercedes-Motor eingebaut war. Dieses Kampfflugzeug brach bei längeren Sturzflügen aufgrund eines Konstruktionsfehlers gelegentlich aus: Der Oberflügel war zu klein.

SCHNELLER FRANZOSE

Die Morane Type N von 1916 wurde wegen der Höchstgeschwindigkeit von 144 km/h auch »Kugel« genannt. Sie hatte eine Quersteuerung per Flächenverwindung sowie eine bewegliche Höhenflosse, aber kein starres Leitwerk. Die Rückseiten der Schraubenblät-
ter besaßen Stahlablenkplatten gegen irregeleitete Kugeln.

*Großer Spinner
auf Propellernabe*

*Flächenver-
windung zur
Quersteuerung*

*Stoffverkleideter
Rumpf mit run-
dem Querschnitt*

*Pilot zwischen Treib-
stofftank/Motor und
dem Bordschützen*

*Waffenlafette mit 0,303-Inches-
Lewis-Maschinengewehr*

KRÄFTIGE DRUCKSCHRAUBE

Vor der Maschinengewehrsynchro-
nisierung konnte man nach vorne
feuern, indem man Druckschrauben
verwendete und einen Bordschützen
vor dem Piloten platzierte. Die
Vickers F.B.5 Gunbus nutzte 1914/
15 dieses Konzept erfolgreich, wenn
auch der Widerstand der zusätzlichen Heckverspannung und -verstre-
bung die Flugleistung verringerte.

*Stahlreife schützen Flügelenden
bei Bodenmanövern, Start und
Landung.*

BEI PILOTEN BELIEBT

Die französische Spad XIII war 1917/18 ein Jagdflugzeug mit wassergekühltem 235-PS-Hispano-
Suiza-Motor und doppeltem 0,303-Inches-
Vickers-Maschinengewehr. Fast
8500 Stück wurden
gebaut.

*Lange Auspuffrohre
an der Rumpfseite*

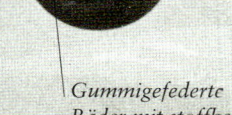

*Gummigefederte
Räder mit stoffbe-
spannten Speichen*

*Weit vorgeschobene
Kufen gegen Vornüber-
kippen bei Landung*

1914·1918 JAGDFLUGZEUG BRISTOL F.2B

HAUPTMANN FRANK SOWTER BARNWELL von der British and Colonial Aeroplane Company entwarf den Jäger Bristol. Seinen ersten Flug absolvierte er am 9. September 1916 als Bristol F.2A. Das britische Royal Flying Corps setzte das Flugzeug zunächst als Aufklärer ein; als man aber eine Strategie für Formationen von vier bis fünf Zweisitzern ausgearbeitet hatte, wurde es ein beliebtes und wirkungsvolles Kampfgerät.

LANGE DIENSTZEIT

Bis Ende Oktober 1918 waren insgesamt 1754 Bristol-Jäger ausgeliefert worden, von denen der RAF 1583 Stück erhalten blieben. In der Zwischenkriegszeit leisteten sie vor allem in Indien und im Nahen Osten gute Dienste. Die letzte Mk IV wurde 1932 außer Dienst gestellt.

Verkleidetes Vickers-0,303-Inches-Maschinengewehr

LASTTIER

Die F.2B Mk 1 konnte bis zu zwölf hochexplosive 11-kg-Cooper-Bomben in Halterungen unter dem Rumpf und dem Unterflügel tragen. Das Nachkriegsmodell I Mk IV der RAF (Royal Air Force) trug in der Mitte des Unterflügels vier Cooper-Bomben oder zwei Zentnerbomben sowie eine Geschützkamera. Auch eine Kamera zur Luftaufklärung, ein Funkgerät und eine Heizung konnten eingebaut werden.

Propeller, 3 m Durchmesser, untersetzt für höheren Schub

Motorhaube aus Metall

Stoffbespannte Speichenräder

Obere und untere Querruder über Seile gekoppelt

TECHNISCHE DATEN

Triebwerk: Wassergekühlter 12-Zylinder-Rolls-Royce-Falcon III mit 275 PS
Spannweite: 11,96 m
Länge: 7,87 m
Höhe: 2,97 m
Maximales Startgewicht: 1292 kg
Höchstgeschwidigkeit: 198 km/h
Steiggeschwidigkeit: 255 m/min
Dienstgipfelhöhe: 6096 m
Bewaffnung: Zwei Maschinengewehre, 0,303 Inches; bis zu zwölf Cooper-Bomben
Besatzung: Zwei Personen

Schichtverleimter Holz-
propeller, Vorderkante
messingarmiert

Ovaler Kühler,
durch verstellbare
Lamellen regelbar

Einfache Profilseile
nehmen Lasten am Boden
und beim Landen auf.

Doppelte Profilseile
nehmen Lasten im
Flug auf.

Stoffbespannter Holz-
flügel mit zwei Holmen

Gummifederge-
dämpfte Haupt-
räder

Abgeflachte Fichten-
holzstreben

Stahlreife schützen
Flügelenden beim
Landen und Rollen.

Spreizer zwischen
den Rädern

VERBESSERUNGEN

Die F.2B, die Verbesserungen gegenüber
der F.2A aufwies, wurde meistens vom
wassergekühlten Rolls-Royce-Falcon-12-
Zylinder-V-Motor – in verschiedenen Versionen – angetrieben, doch auch andere
Triebwerke kamen zum Einsatz. Pilot und
Späher bzw. Bordschütze/Beobachter saßen
dicht beisammen und konnten sich so auch
während des Fluges gut verständigen.

Windschutz aus
Sicherheitsglas

Cockpitkante
mit Leder

Fahrtmesser

Höhenmesser

OFFENES COCKPIT

Das nach heutigen Maßstäben spärlich
ausgestattete Cockpit der F.2B ist typisch
für Maschinen aus dem Ersten Weltkrieg.
Im Winter trugen die Insassen als Käl-
teschutz lange, pelzgefütterte Flieger-
röcke und über das Knie reichende
Pelzstiefel oder einen Sidcot-
Fliegeroverall; dazu Helm, Flie-
gerbrille, Schal und Handschuhe.

Drehzahlmesser

Höhenflossentrimmung

Bewegliches
0,303-Inches-Lewis-
Maschinengewehr

Seitenruder-
hebel

Seitenruder mit
Metallrahmen

D-8084

Langes Auspuffrohr
leitet Abgase weg
vom Piloten.

Drahtverspannter
Rumpfrahmen aus
Holz, mit von
Spannlack beschich-
tetem Stoff bespannt

Gummiband-
gefederter,
gedämpfter Schleifsporn

Höhenleitwerk mit
Stahlrahmen und
Fichtenholzrippen

1914·1918 FOKKER-FLUGZEUGE

Fokker

IM ALTER VON 20 JAHREN baute der Holländer Anthony Fokker 1910 seinen ersten Eindecker, den er »Spin« (dt.: Spinne) nannte. Zwei Jahre später gründete er die Fokker-Flugzeugwerke. Im Ersten Weltkrieg baute Fokker sein berühmtes Eindecker-Jagdflugzeug sowie den Dreidecker Dr.1 und die D.VII. Nach dem Krieg entwickelte Fokker eine Reihe erfolgreicher Verkehrsflugzeuge und Militärmaschinen. Nach einer kriegsbedingten Unterbrechung setzte das Unternehmen 1945 die Produktion fort, bis es 1996 in Konkurs ging.

QUERSTABILE SPIN

Anthony Fokkers Spin-Modelle waren allesamt Tiefdecker mit V-förmigen Flügeln für höhere Querstabilität. Ebenso die militärischen Übungsflugzeuge der Reihe M. Die Abbildung zeigt eine M.I von 1913.

360-PS-Rolls-Royce-Eagle-VIII-Motor

Pilot sitzt auf Backbordseite.

FÜNFSITZIGES VERKEHRSFLUGZEUG

Die Kabine der 1920 konstruierten F.III fasste fünf Passagiere. Die F.III hatte unverspreizte Tragflächen, einen geschweißten Stahlrohrrumpf und in den ersten Modellen ein für den Piloten unangenehmes offenes Cockpit. Der erste Abnehmer war die holländische Fluggesellschaft KLM. Der Käufer konnte bestimmen, welcher Motor eingebaut wurde.

Stoffbespannte Tragflächen

Diese Nachbildung hat einen modernen Sternmotor.

VOM MILITÄR ABGELEHNT

Die 1913 in Fokkers Auftrag von einem gewissen Palm in Anlehnung an die Spin-Baureihe konstruierte M.III hatte einen horizontalen Steg am Rumpf und ein auffälliges stromlinienförmiges Seitenruder, aber keine Höhenflosse. Mit einem 100-PS-Mercedes- bzw. 70-PS-Renault-Motor erreichte sie 96 km/h, erwies sich aber als für den Militäreinsatz ungeeignet. Die Produktion wurde eingestellt. Als Palms nächster Entwurf, die M.IV, ebenfalls scheiterte, wurde er entlassen.

Unterer Teil des Motors frei zu Kühlungszwecken und zur Ölabscheidung

Spreizerverkleidung

Einzelne Strebe verbindet die Flügelholme.

FLÜGELFORM DER ZUKUNFT

Die D.VIII, ein schnittiger Schulterdecker, war Fokkers letztes Jagdflugzeug für den Ersten Weltkrieg. Der verschweißte Stahlrohrrumpf und die Holztragflächen waren Vorbild für die späteren Transportflugzeuge des Unternehmens. Wie die Dr.1 hatte auch die D.VIII einen Umlaufmotor und zwei über dem Motor fest montierte Maschinengewehre.

Mittels Unterbrechergetriebe feuert Maschinengewehr zwischen sich drehenden Schraubenblättern hindurch.

Querruder mit Hornausgleich nur am Oberflügel

ANLEGEN UND SCHIESSEN

Der Fokker-E.-III-Eindecker von 1915/16 basierte auf Entwürfen der französischen Firma Morane-Saulnier. Sein Maschinengewehr war mit einem Unterbrechergetriebe ausgestattet. Der Pilot richtete einfach sein Flugzeug auf einen gegnerischen Jäger aus und betätigte den Abzug.

Gummigefedertes Hauptfahrwerk

ERFOLG MIT TURBOPROP

Durch Kielflosse verlängertes Leitwerk

Die Fokker F.27 Friendship, ein gelungener »Ersatz« für die DC-3, absolvierte im November 1955 ihren Jungfernflug und wurde das weltweit meistverkaufte Turboprop-Transportflugzeug. Es besaß zwei Rolls-Royce-Darts-Motoren und hatte eine Druckkabine. In den USA baute es Fairchild in Lizenz nach als F-27 und FH-227.

FÜR DEN ROTEN BARON

Der höchst manövrierfähige Dreidecker Fokker Dr.1 von 1917 mit Umlaufmotor basierte auf dem Sopwith-Dreidecker. Mit zwei fest montierten Maschinengewehren ausgerüstet, wurde er durch Fliegerasse wie Baron Manfred von Richthofen bekannt.

Fahrwerk in hinteren Teil der Triebwerksgondel eingezogen.

Jede Gondel birgt ein Rolls-Royce-Tay-Fantriebwerk.

JET NACH WAHL

Das Kurz- und Mittelstreckenflugzeug Fokker 100 wurde im November 1986 in Dienst gestellt. Die Standardversion fasst 107 Passagiere und wird von zwei Rolls-Royce-Tay-Turbofans angetrieben. Eine Firmen- und eine VIP-Sonderausführung, der Executive Jet 100 mit größeren Kraftstofftanks, die die Reichweite erhöhten, war ebenfalls erhältlich. 1993 wurde eine kürzere Variante vorgestellt, die Fokker 70.

Höhenleitwerksverstrebung

...ufen an Flügel...len verhindern ...schädigungen der Landung.

Gummigefederter Schleifsporn

FOKKER D.VII

DER PROTOTYP DER D.VII, die V.II von 1917, gewann im Januar 1918 in Deutschland einen Wettbewerb für einsitzige Kampfflugzeuge; bald lief die Produktion an und im April 1918 waren die ersten Flugzeuge einsatzfähig. Bis Herbst hatten über 40 Jastas (Jagdstaffeln) D.VII-Jäger erhalten und die Maschine galt im Ersten Weltkrieg als bestes deutsches Jagdflugzeug. Bis zum Waffenstillstand waren bei Fokker und anderen Herstellern fast 4000 Bestellungen eingegangen. Gemäß dem Waffenstillstandsabkommen musste Deutschland militärisches Gerät an die Alliierten übergeben. Das einzige Flugzeug darunter war die D.VII.

DAS SYSTEM FOKKER

Der stoffbespannte Rumpf der D.VII bestand aus dem bei Fokker allgemein verwendeten verschweißten Stahlrohrfachwerk. Das Strebensystem zwischen den beiden Tragflächen machte luftwiderstandsträchtige Spannseile überflüssig.

FARBAUSWAHL

Unter den Kampfpiloten, die die D. VII flogen, war auch Hermann Göring, der Kommandant des Jagdgeschwaders I. Wie viele deutsche Piloten ließ er sein Flugzeug nach seinem Geschmack streichen, und zwar ganz in Weiß. Die D.VII hatte einen 160-PS-Mercedes-Motor, spätere Modelle einen 185-PS-BMW-Motor.

Frontkühler

Kühlereinfüllstutzen

Nase mit Aluminiumblech verkleidet

Kühlschlitze

Stoffbespanntes Speichenrad

TECHNISCHE DATEN

Triebwerk: Wassergekühlter BMW-6-Zylinder-Reihenmotor mit 185 PS
Spannweite: 8,90 m
Länge: 7 m
Höhe: 2,75 m
Maximales Startgewicht: 850 kg
Höchstgeschwindigkeit: 186,5 km/h
Steiggeschwindigkeit: 1000 m in 2 min 30 s
Gipfelhöhe: 6980 m
Bewaffnung: Zwei fest im Bug montierte Spandau-Maschinengewehre
Besatzung: Eine Person

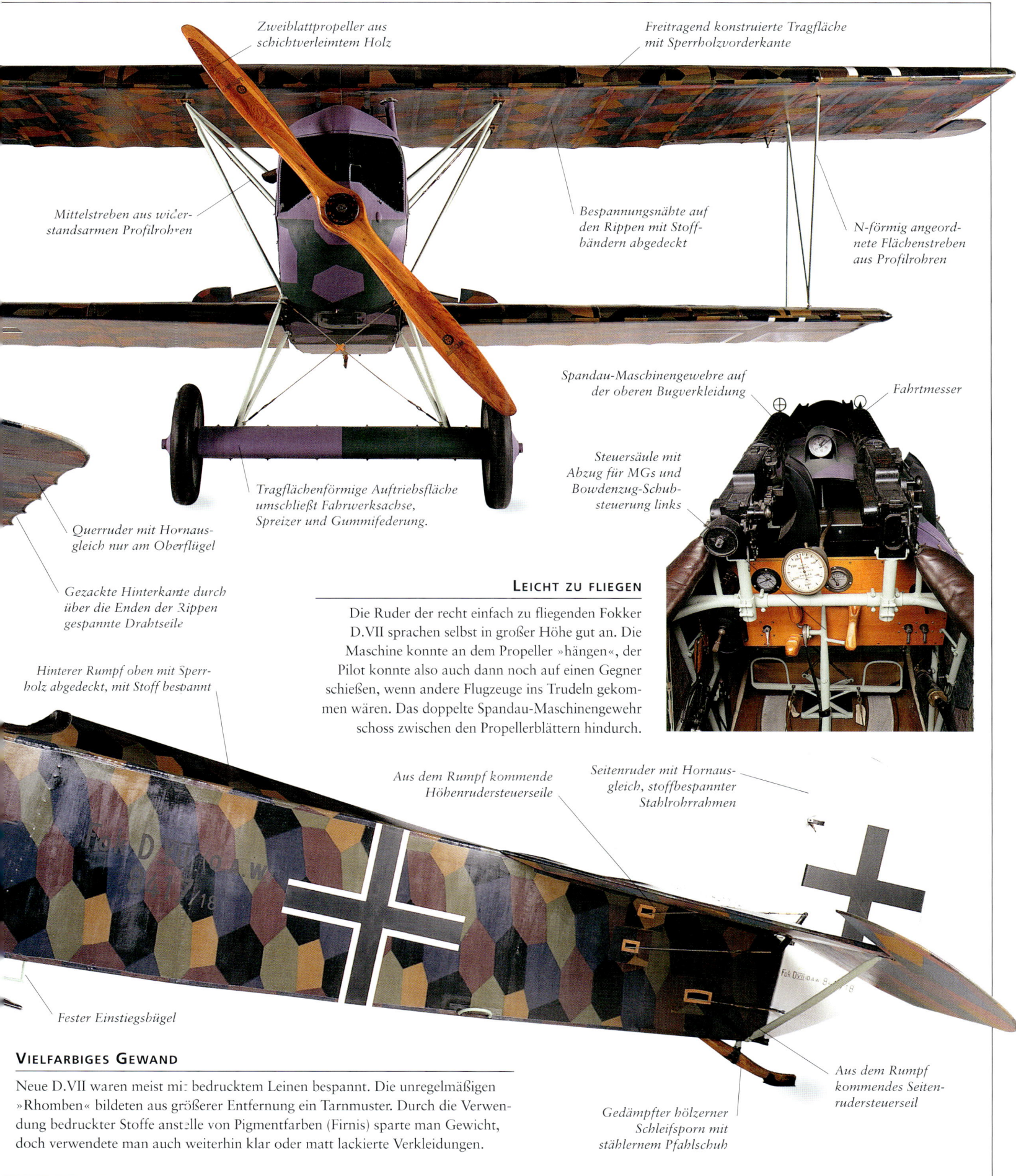

Zweiblattpropeller aus schichtverleimtem Holz

Freitragend konstruierte Tragfläche mit Sperrholzvorderkante

Mittelstreben aus widerstandsarmen Profilrohren

Bespannungsnähte auf den Rippen mit Stoffbändern abgedeckt

N-förmig angeordnete Flächenstreben aus Profilrohren

Spandau-Maschinengewehre auf der oberen Bugverkleidung

Fahrtmesser

Steuersäule mit Abzug für MGs und Bowdenzug-Schubsteuerung links

Tragflächenförmige Auftriebsfläche umschließt Fahrwerksachse, Spreizer und Gummifederung.

Querruder mit Hornausgleich nur am Oberflügel

Gezackte Hinterkante durch über die Enden der Rippen gespannte Drahtseile

LEICHT ZU FLIEGEN

Die Ruder der recht einfach zu fliegenden Fokker D.VII sprachen selbst in großer Höhe gut an. Die Maschine konnte an dem Propeller »hängen«, der Pilot konnte also auch dann noch auf einen Gegner schießen, wenn andere Flugzeuge ins Trudeln gekommen wären. Das doppelte Spandau-Maschinengewehr schoss zwischen den Propellerblättern hindurch.

Hinterer Rumpf oben mit Sperrholz abgedeckt, mit Stoff bespannt

Aus dem Rumpf kommende Höhenrudersteuerseile

Seitenruder mit Hornausgleich, stoffbespannter Stahlrohrrahmen

Fester Einstiegsbügel

Aus dem Rumpf kommendes Seitenrudersteuerseil

Gedämpfter hölzerner Schleifsporn mit stählernem Pfahlschuh

VIELFARBIGES GEWAND

Neue D.VII waren meist mit bedrucktem Leinen bespannt. Die unregelmäßigen »Rhomben« bildeten aus größerer Entfernung ein Tarnmuster. Durch die Verwendung bedruckter Stoffe anstelle von Pigmentfarben (Firnis) sparte man Gewicht, doch verwendete man auch weiterhin klar oder matt lackierte Verkleidungen.

1914·1918 SOPWITH-FLUGZEUGE

DIE SOPWITH AVIATION COMPANY existierte nur acht Jahre lang. Das Unternehmen und seine Tochtergesellschaften produzierten dennoch 18 000 Flugzeuge der verschiedensten Typen. Thomas Octave Murdoch Sopwith gründete die Firma 1912 in Kingston-on-Thames in der englischen Grafschaft Surrey. 1914 erregte die Firma Aufsehen, als das Wasserflugzeug Tabloid die Schneider-Trophy gewann. Im Ersten Weltkrieg gehörten Flugzeuge von Sopwith zu den besten, darunter die einsitzigen Jäger Pup und Camel. Die alliierten Streitkräfte setzten sie sowohl im Heer als auch in der Marine ein.

GEMÄCHLICHER ANFANG

Im Juli 1912 erschien das erste Sopwith-Flugzeug, die hier abgebildete Sopwith-Wright-Mixtur. Die Tragflächen erinnerten an diejenigen von Druckschraubendoppeldeckern à la Wright, doch der Rumpf war neu. Ein 70-PS-Gnome-Umlaufmotor brachte das Flugzeug auf 88,5 km/h – das galt selbst damals als langsam und man baute ein 80-PS-Triebwerk ein.

WASSERFLÜGEL

1913 erschien das Bat Boat, das erste voll einsatzfähige Flugboot Großbritanniens. Der Motor des hier abgebildeten Modells mit zusätzlichen Rädern leistete 100 PS. Das Bat Boat gewann am 8. Juli 1913 den Mortimer-Singer-Preis für Amphibienflugzeuge.

Zweiholmige Holztragflächen, mit Stoff bespannt

Bewegliches 0,303-Inches-Lewis-Maschinengewehr auf drehbarem Waffenstand

Anstellwinkel der Höhenleitwerksflosse vom Cockpit aus zur optimalen Trimmung verstellbar

Seitenruder aus stoffbespanntem Stahlrohrrahmen ohne Hornausgleich

Gefederter hölzerner Schleifsporn mit Pfahlschuh

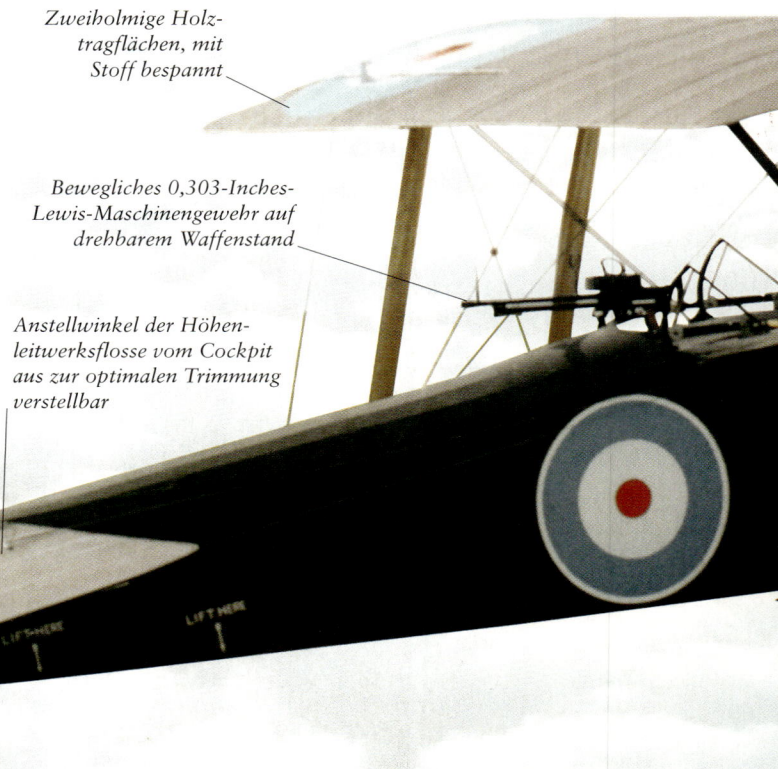

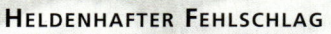

HELDENHAFTER FEHLSCHLAG

1919 bewarb sich Sopwith um den von der *Daily Mail* ausgesetzten Preis für die erste Nonstop-Überquerung des Atlantiks. Pilot Harry Hawker und sein Navigator, Korvettenkapitän K. K. Mackenzie-Grieve, flogen die Atlantic mit einem 360-PS-Rolls-Royce-Eagle-Motor. Am 18. Mai 1919 starteten sie in St. John's, Neufundland, aber ein Defekt an der Motorkühlung zwang Hawker, notzulanden. Beide Männer konnten gerettet werden.

Kleine Windschutzscheibe, am 0,303-Inches-Vickers-Maschinengewehr befestigt

Bambuskufen schützen Flügelenden bei Start, Landung und Bodenmanövern.

LIEBLING DER PILOTEN

Der Pup war bei Kampfpiloten äußerst beliebt. Der Einsitzer nahm 1916 den Dienst auf und versah ihn sowohl im Fliegerkorps als auch in der Kriegsmarine. Als erstes Flugzeug landete er im August 1917 auf dem Deck eines Flugzeugträgers.

Oberflügelhälften in der Mitte verbunden

Synchronisiertes, vorwärts feuerndes 0,303-Inches-Vickers-Maschinengewehr feuert durch den Propellerbogen.

Querruder der Ober- und Unterflügel über Seile gekoppelt

KILLERDELFIN

Die einsitzige 5F.1 Dolphin bewährte sich seit 1917 im Fliegerkorps als hervorragender Jäger. Mit ihren 200 PS erreichte sie bis zu 206 km/h. Bewaffnet war sie mit zwei fest montierten Vickers-0,303-Inches-Maschinengewehren und ein bis zwei beweglichen Lewis-MGs.

BAHNBRECHENDER ZWEISITZER

Der kleine, kompakte Luftaufklärer 1 1/2 Strutter hatte seinen Namen von der ungewöhnlichen Anordnung der Tragflächenverstrebung (engl. »strut« = »Stiel/Strebe«). Aus diesem zukunftsweisenden Konzept ging später das Jagdflugzeug Bristol hervor. Der Strutter verfügte als erstes alliiertes Kampfflugzeug über ein synchronisiertes Maschinengewehr und kam auch von Schiffen aus zum Einsatz.

GEFAHR IM DREIERPACK

Der Sopwith-Dreidecker erschien 1916 als Nachfolger des Pup, wurde aber ausschließlich von der Kriegsmarine eingesetzt. Der Einsitzer war sehr beweglich und bot dem Piloten optimale Sicht zum Manövrieren.

1914·1918 BOMBER DES 1. WELTKRIEGS

ALS 1914 DER KRIEG AUSBRACH, konnten die meisten Flugzeuge nur kleine Bomben transportieren. Sie wurden seitlich aus dem Beobachtungsstand heraus abgeworfen. Doch schon bald trugen eigens konstruierte Bombenflugzeuge ihre tödlichen Ladungen in Halterungen unter dem Rumpf, unter den Flügeln oder in einer besonderen Ladebucht im Rumpf. Der Pilot oder ein Bombenschütze löste einen Abwurfmechanismus aus. Die Bombardierung der Zivilbevölkerung und von Industrieanlagen gehörte bald zum Kriegsalltag.

Stoffbespannter Holzflügel mit zwei Holmen

Hölzerner Vierblattpropeller, Enden stoffverkleidet

Rückwärts montiertes Parabellum-Maschinengewehr

TAG-UND-NACHT-BOMBER

Der deutsche Bomber AEG G.IV wurde 1916 in Dienst gestellt. Reichweite und Tragfähigkeit waren geringer als bei der Gotha-Reihe, doch die Deutschen produzierten große Stückzahlen und flogen damit bis zum Kriegsende Tag und Nacht Angriffe auf Ziele hinter den Linien der Alliierten.

Gondel mit Mercedes-Motor auf Unterflügel montiert

Doppelte Heckflossenträger an Triebwerksgondeln befestigt

ITALIENISCHER DREIDECKER

Die italienische Firma Caproni produzierte eine ganze Reihe von Bombern, u.a. die Dreideckerbaureihe Ca 4. Die abgebildete Ca 42 konnte in einem speziellen stromlinienförmigen Behälter am Unterflügel bis zu 26 kleine Bomben tragen.

TAGESLICHTBOMBER

Die deutschen Bomber vom Typ Gotha flogen in den letzten Kriegsjahren zahlreiche Tagesangriffe auf London und Südengland. Der abgebildete Gotha G.III verfügte über zwei Druckschrauben mit 260-PS-Motor und hatte im Rumpf einen Tunnel, aus dem ein Verteidigungsschütze unter dem Heck herausfeuerte.

Großes Seitenruder mit Hornausgleich

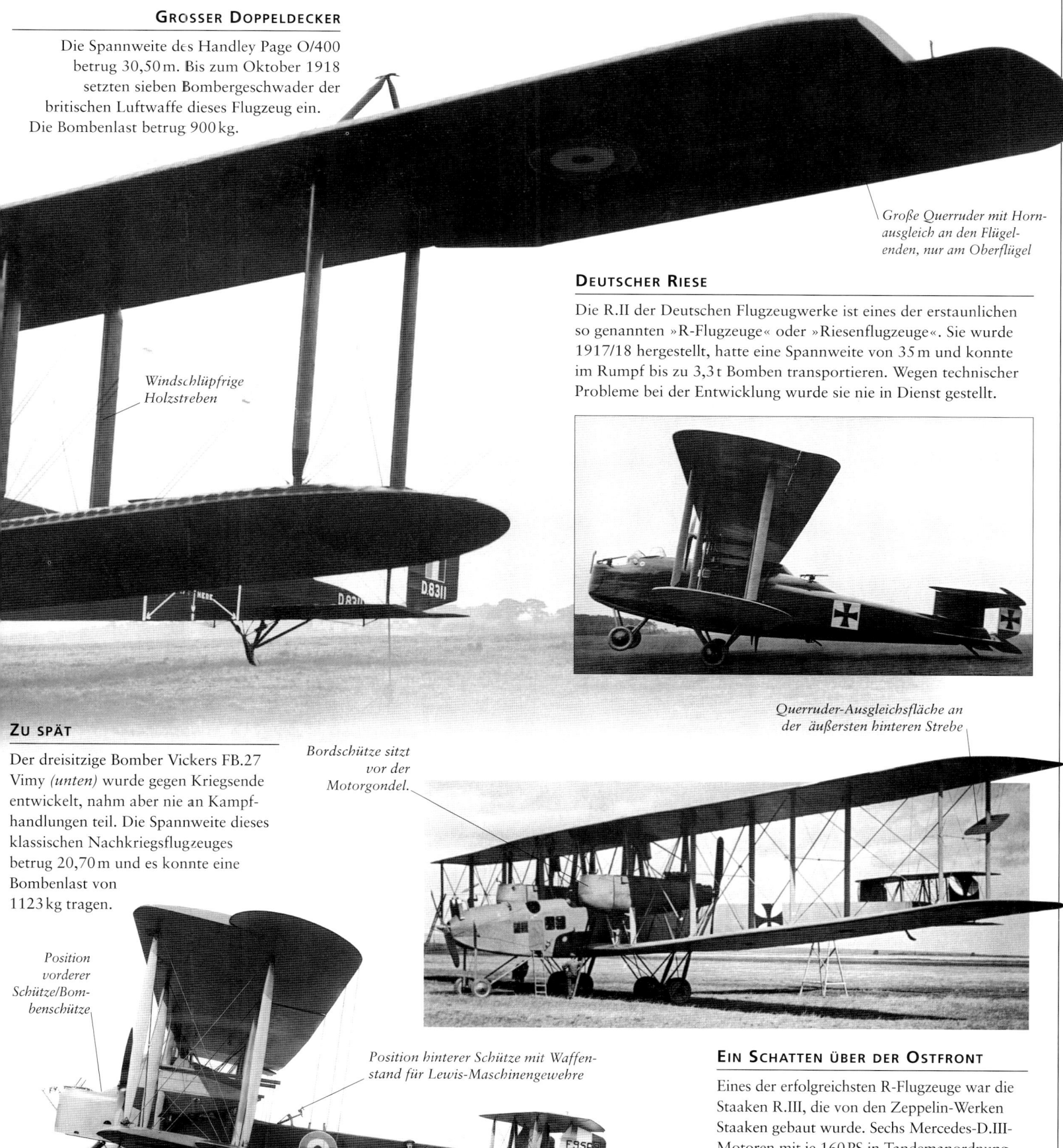

GROSSER DOPPELDECKER

Die Spannweite des Handley Page O/400 betrug 30,50 m. Bis zum Oktober 1918 setzten sieben Bombergeschwader der britischen Luftwaffe dieses Flugzeug ein. Die Bombenlast betrug 900 kg.

Große Querruder mit Hornausgleich an den Flügelenden, nur am Oberflügel

Windschlüpfrige Holzstreben

DEUTSCHER RIESE

Die R.II der Deutschen Flugzeugwerke ist eines der erstaunlichen so genannten »R-Flugzeuge« oder »Riesenflugzeuge«. Sie wurde 1917/18 hergestellt, hatte eine Spannweite von 35 m und konnte im Rumpf bis zu 3,3 t Bomben transportieren. Wegen technischer Probleme bei der Entwicklung wurde sie nie in Dienst gestellt.

Querruder-Ausgleichsfläche an der äußersten hinteren Strebe

ZU SPÄT

Der dreisitzige Bomber Vickers FB.27 Vimy *(unten)* wurde gegen Kriegsende entwickelt, nahm aber nie an Kampfhandlungen teil. Die Spannweite dieses klassischen Nachkriegsflugzeuges betrug 20,70 m und es konnte eine Bombenlast von 1123 kg tragen.

Bordschütze sitzt vor der Motorgondel.

Position vorderer Schütze/Bombenschütze

Position hinterer Schütze mit Waffenstand für Lewis-Maschinengewehre

EIN SCHATTEN ÜBER DER OSTFRONT

Eines der erfolgreichsten R-Flugzeuge war die Staaken R.III, die von den Zeppelin-Werken Staaken gebaut wurde. Sechs Mercedes-D.III-Motoren mit je 160 PS in Tandemanordnung trieben den Bomber mit 42,2 m Spannweite bei seinen Einsätzen an der Ostfront 1916/17 an. Er trug eine Bombenlast von 400–800 kg.

DIE GOLDENEN JAHRE

DER ERSTE WELTKRIEG hatte die Flugzeugproduktion über-
mäßig angeheizt. Nach dem Krieg mussten die Hersteller
feststellen, dass die Streitkräfte sich keine neuen Maschinen
mehr leisten konnten. Der Markt für eigens konstruierte zivile
Flugzeuge war verschwindend klein und viele Fluggesellschaften verwendeten notdürftig umgerüstete Bomber. Ende der
1920er-Jahre kam Besserung in Sicht. Langstrecken- und Ver-
messungsflüge trugen dazu bei, dass größere Fluggesellschaften
ihr Netz über Kontinente hinweg erweiterten, und Rekordflüge
trieben die technische Entwicklung stetig voran. In dieser Zeit
entwickelte sich die zivile wie die militärische Luftfahrt sprung-
haft. Besatzung und Passagiere saßen in glänzenden Flugzeug-
rümpfen aus Metall. Es wurden Einziehfahrwerke und Autopiloten entwickelt sowie Vorrichtungen, die den Langsamflug
erleichterten und die Sicherheit erhöhten.

EIN MYTHOS

Dieses Plakat der
holländischen Flug-
gesellschaft KLM
verbindet die moderne
Technik mit der Sage
vom Fliegenden Hol-
länder. Die Abbildung
zeigt eine Fokker
F.VIII.

LANGE DIENSTZEIT

Der Torpedobomber
Fairey Swordfish
wurde bereits 1936 in
Dienst gestellt. Obwohl
er schon bei Ausbruch
des Zweiten Welt-
krieges veraltet war,
versah er während des
gesamten Krieges vor-
bildlich seinen Dienst
in der britischen
Kriegsmarine.

1919-1938 LUFTSCHIFFE

SEIT DER FRANZOSE HENRI GIFFARD 1852 mit einem dampfgetriebenen Luftschiff bewiesen hatte, dass derartige Apparate flugfähig und steuerbar sind, entwickelten sich die Luftschiffe beständig weiter. Es gibt drei Typen: Bei Prall-Luftschiffen kommt die Form durch den Gasdruck und durch Luftkammern zu Stande; halbstarre Luftschiffe verfügen über eine Längsrippe, die die Hülle in Form hält und die Ladung trägt; starre Luftschiffe haben ein festes Gerippe. Zwar gibt es auch heute wieder Luftschiffe, doch sind sie noch lange nicht so bedeutend wie in der Frühzeit der Luftfahrt.

Zigarrenförmige Hülle vermindert den frontalen Luftwiderstand.

FRANZÖSISCHES LUFTSCHIFF

Pierre und Paul Lebaudy bauten 1906 die halbstarre Lebaudy *Patrie*. Sie war über 61 m lang und erreichte dank eines 60-PS-Motors eine Geschwindigkeit von 45 km/h. 1907 ging sie verloren, als sie von widrigen Winden auf See abgetrieben wurde.

TRAGISCHES ENDE

Die LZ 129 *Hindenburg*, die 1936 vom Stapel lief, war mit einer Länge von 245 m das bis dato größte Luftschiff. Sie flog insgesamt 63 Mal und überquerte dabei 37 Mal den Ozean. Am 6. Mai 1937 ging sie – kurz bevor sie vertäut wurde – in Lakehurst, New Jersey, in Flammen auf. 35 Passagiere und Besatzungsmitglieder kamen bei der Katastrophe ums Leben, 62 wurden gerettet.

Hülle umschließt 17 Gas - kammern, 17 Treibstofftanks.

Führergondel und Passagierbereich

Linke Triebwerksgondel mit einem 530-PS-Maybach-Motor

Rahmen und Fahrwerk hängen an Stahlseilen, die an breiten Stoffstreifen befestigt sind.

EHER ZWEITKLASSIG

Oberst John Capper und S. F. Cody konstruierten 1907 in Farnborough *Nulli Secundus*, das erste britische Militärluftschiff, mit der offiziellen Bezeichnung Army Dirigible No 1. Die 36,60 m lange halb starre Konstruktion erreichte nur 26 km/h. Die Leistungen des »verbesserten« Nachbaus von 1908 waren noch schlechter.

Kleine Steuerflächen im vorderen Teil des Rahmens unterhalb der Hülle

KATASTROPHENFLUG

In den 1920er-Jahren plante man, die verschiedenen Teile des britischen Empire durch Luftschifflinien zu verbinden. Die R 101, eines von zwei im Auftrag der Regierung gebauten starren Luftschiffen, erhob sich trotz technischer Schwierigkeiten am 4. Oktober in die Luft, doch das Schiff stürzte am nächsten Tag in Frankreich ab und 48 Menschen kamen ums Leben.

Kleine, abge-schrägte Heckflossen

Stromlinien-förmige Hülle

Fünf 585-PS-Dieselmotoren in Gondeln unter der Hülle

Großes Kreuzleitwerk

VERSCHOLLEN AUF SEE

Die USA bauten zwei große starre Luftschiffe: Der Goodyear-Zeppelin USS *Macon* flog erstmals am 21. April 1933, das Schwesterschiff USS *Akron* stürzte wenige Wochen später ins Meer. Die *Akron* hatte eine Höchstgeschwindigkeit von 135 km/h und trug bis zu vier Curtiss-Sparrowhawk-Jäger an Bord. Diese konnten während des Fluges starten und vom Luftschiff wieder aufgenommen werden. Die *Macon* erlitt am 12. Februar 1935 einen Hüllenbruch und stürzte ins offene Meer.

Drahtverspannte, stoffbespannte Hülle aus Duraluminium-Fachwerk

LEUCHTENDER STERN AM HIMMEL

Die *Graf Zeppelin* absolvierte am 18. September 1928 ihren Erstflug. Sie stellte den Höhepunkt im Zeppelinbau dar und vereinigte in sich alle Erfahrungen, die das konkurrenzlose Unternehmen vor und während des Ersten Weltkrieges gesammelt hatte. Sie war 236 m lang, hatte ein Volumen von 105 000 m³ und erreichte 128 km/h. Im März 1940 wurde sie außer Dienst gestellt. Bis dahin war sie nach 590 Flügen in würdevoller Langsamkeit zum bekanntesten Luftschiff aller Zeiten geworden.

WERBUNG MIT LUFTSCHIFFEN

Im Zweiten Weltkrieg stellte Goodyear Prall-Luftschiffe für die US-Marine her, die sich bei der U-Boot-Abwehr sehr gut bewährten. Heutzutage kennt man eher die kleinen Reklameluftschiffe des Unternehmens. 1974 beispielsweise baute Goodyear die *Columbia IV* mit Leuchtschriftzügen an den Seiten.

1919·1938 ERSTE VERKEHRSFLUGZEUGE

ALS DER KOMMERZIELLE LUFTVERKEHR nach dem Ersten Weltkrieg langsam den Kinderschuhen entwuchs, setzte man vielfach noch hastig umgerüstete Bomber und Aufklärer ein. So manches Mal mussten die Passagiere furchtlos und recht abgehärtet sein, um die unbequemen Notsitze, die notdürftige Ausstattung und die empfindliche Kälte zu ertragen. Bald wurde den Luftfahrtgesellschaften klar, dass sie mehr zahlende Kunden anlocken könnten, wenn sie die Reisebedingungen verbesserten – die Piloten sollten jedoch weiterhin in offenen Cockpits aushalten.

Zusatztanks unter dem Oberflügel

KEINE BOMBEN MEHR

Der Doppeldecker Breguet 14T*bis* war ein nur unwesentlich modifizierter Aufklärer/Bomber. Der erweiterte Rumpf beherbergte eine Passagierkabine mit zwei Plätzen und seitlichen Fenstern. Leider beeinträchtigte die Kabine die Sicht des Piloten bei der Landung. Gewöhnlich trieb ein 300-PS-Renault-Motor diese Maschine an.

ÜBER DEN ÄRMELKANAL

1926 erschien die Blériot 165 mit zwei luftgekühlten Gnome-Rhône-Jupiter-Sternmotoren. Sie erreichte 180 km/h und fasste 15–16 Passagiere. Es gab nur zwei Exemplare und beide flogen die Route Paris–London für die französische Gesellschaft Air Union.

Breites Fahrwerk erhöht Stabilität beim Landen und Rollen.

Gepäckabteil in der Nase vor dem Cockpit

UMGEBAUTER KLASSIKER

Die Vimy Commercial *(links)* von Vickers kombinierte die Tragflächen des Rolls-Royce-getriebenen Vimy-Bombers mit einem neuen Rumpf, der einen ovalen Querschnitt aufwies. In der vorderen Rumpfschale befand sich die Kabine mit zehn Plätzen. Der Jungfernflug fand im April 1919 statt und die angenehme Reisegeschwindigkeit betrug 135 km/h.

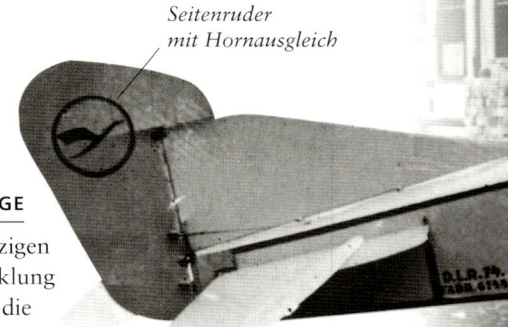

Seitenruder mit Hornausgleich

Gummigefedertes Hauptfahrwerk mit Zwillingsrädern

NEUE AUFGABEN FÜR DAS FLIEGENDE AUGE

Gelegentlich rüstete man auch Aufklärungsflugzeuge zu kleinen, zweisitzigen Passagiermaschinen um. Die deutsche AEG N.I war eine Weiterentwicklung der J II. Die Kabine befand sich vor dem Cockpit. Die Lufthansa setzte die Maschine, die 1920 ihren Dienst auf der Linie Frankfurt–Berlin aufgenommen hatte, bis 1926 ein. Als Triebwerk diente ein Benz-Motor mit 200 PS.

Bugcockpit für zwei Passagiere; dahinter Pilotencockpit

PASSAGIERE IM BUG

Bei der Handley Page O/11 der Handley-Page-Transportgesellschaft von 1920 handelte es sich um einen umgerüsteten O/400-Bomber. Sie beförderte damit zwei Passagiere im Bugcockpit und drei in der Heckkabine. In der Rumpfmitte gab es eine Gepäckhalterung. Zwei Rolls-Royce-Motoren mit je 360 PS brachten diese bissigen Maschinen auf 157 km/h. Die Variante O/10 fasste zwölf Passagiere.

Doppeldecker-Höhenflosse, mittlere Seitenflosse, doppeltes Seitenruder außen

SPORTLICHES MODELL

Die vergleichsweise flotte Blériot Spad 33 flog zum ersten Mal im Dezember 1920. Der Salmson-Sternmotor beförderte vier Passagiere, die im hölzernen Schalenrumpf Platz fanden. Die Kabine hatte üblicherweise drei Fenster. Im offenen Cockpit hinter der Kabine saßen der Pilot und ein fünfter Passagier.

INNENRAUM MIT PLATZ FÜR NEUN

Die de Havilland D.H.34 absolvierte 1922 ihren Jungfernflug. Im sperrholzverkleideten Rumpf fanden neun Passagiere in Korbsesseln Platz. Ein wassergekühlter 450-PS-Napier-Lion-Motor sorgte für eine Reisegeschwindigkeit von 170 km/h. Die D.H.34 verkehrte zwischen dem Londoner Croyden Airport und Le Bourget in Paris.

Kühler in der Mitte des Oberflügels

Querruder an Ober- und Unterflügel, durch Stößelstange verbunden

Zweisitzige Kabine im vorderen Rumpf

1919·1938 DIE GROSSEN PIONIERE

BALD NACH KRIEGSENDE machten sich zahlreiche furchtlose Piloten daran, durch interkontinentale Langstreckenflüge gut dotierte Geldpreise zu erringen. Diese Flüge bereiteten den Weg für die Fluggesellschaften, die in den Folgejahren die größten Städte der Welt miteinander verbanden. Viele dieser mutigen Piloten – ob Charles Lindbergh, Alcock oder Brown – wurden wie auch ihre Flugzeuge weltberühmt.

Stoffbespannte und drahtverspannte Doppeldeckerflügel

Kufe verhindert Vorn-überkippen bei Landung.

Vor den Motorgondeln angebrachte Kühler

DIE ERKUNDUNG AFRIKAS

Sir Alan Cobham legte 1927/28 in diesem zweimotorigen Flugboot, einer Short Singapore I mit wassergekühlten 650-PS-Rolls-Royce-Condor-Motoren, im Auftrag von Imperial Airways 37 000 km über Afrika zurück. Bei diesen Erkundungsflügen entdeckte er über 50 potentielle Flugbootlandeplätze. In 330 Flugstunden startete und landete er über 90 Mal.

ERFOLGREICHE AUSTRALIER

Im Dezember 1919 flogen die Brüder Smith (Flugkapitän Ross Smith und Kapitänleutnant Keith Smith) mit zwei Besatzungsmitgliedern als Erste von Großbritannien nach Australien *(oben)*. In einem Vickers Vimy-Bomber legten sie in 135 h 55 min eine Strecke von 18 183 km zurück. Sie wurden geadelt und bekamen eine Prämie von 10 000 £.

Einteilige Tragfläche aus zwei Buchsbaumholz-Hauptholmen, Sperrholzrippen und Sperrholzbeplankung

Stoffbespannter Rumpf aus verschweißtem Stahlrohrrahmen

ERSTE ERDUMRUNDUNG

Am 6. April 1924 starteten in Seattle vier Douglas Air Cruisers der amerikanischen Marine den ersten Versuch, um die Welt zu fliegen. Kapitänleutnant Lowell H. Smith flog die *Chicago*, Kapitänleutnant Erik Nelson die *New Orleans*. 175 Tage später, am 28. September, hatten sie die gesamte Strecke von 44 340 km zurückgelegt. Die Flugzeit betrug insgesamt 371 h 11 min.

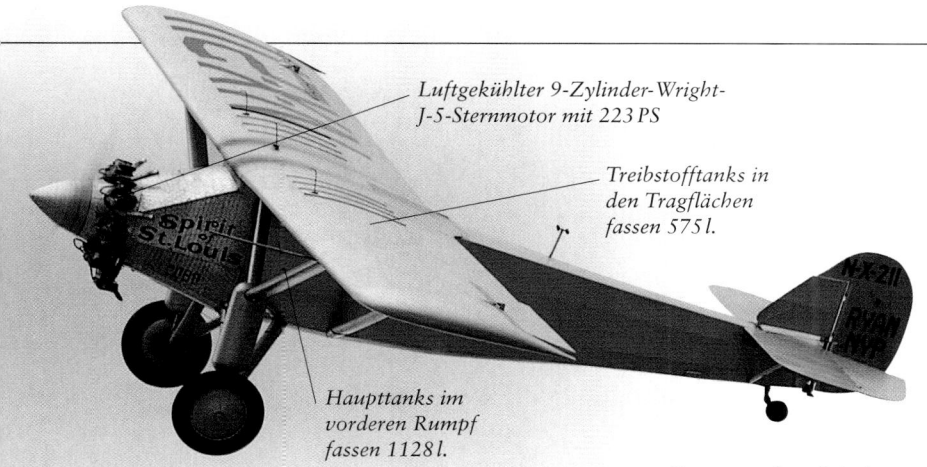

Luftgekühlter 9-Zylinder-Wright-J-5-Sternmotor mit 223 PS

Treibstofftanks in den Tragflächen fassen 575 l.

Haupttanks im vorderen Rumpf fassen 1128 l.

VON NEW YORK NACH PARIS

Am 20./21. Mai 1927 schaffte der amerikanische Flugkapitän Charles Lindbergh als Erster einen Nonstop-Alleinflug über den Nordatlantik. Mit dem Ryan-NYP-Eindecker *Spirit of St Louis* startete er in Long Island, New York, und landete 33 h und 39 min später auf dem Pariser Flugplatz Le Bourget. In einer durchschnittlichen Geschwindigkeit von 173 km/h hatte er 5810 km zurückgelegt.

NONSTOP-ATLANTIKÜBERQUERUNGEN

Flugkapitän John Alcock und sein Navigator, Kapitänleutnant Arthur Whitten, überquerten am 14./15. Juni 1919 als Erste den Atlantik ohne Zwischenlandung. Ihre Maschine war ein umgebauter Vimy-Bomber von Vickers. Die beiden starteten in St. John's in Neufundland und landeten nach 16 h 27 min in einem Moor bei Clifden im westirischen Bezirk Galway. Sie erhielten eine Prämie von 10 000 £.

Mannschafts- und Passagierkabine vor dem offenen Cockpit

Kurze metallene Schwimmer für den Australienflug

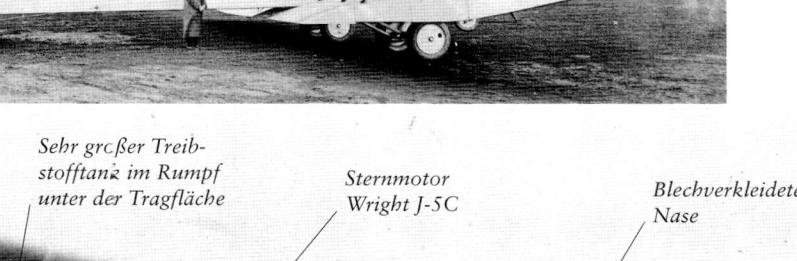

ERKUNDUNGSFLUG

Alan Cobham flog vom 30. Juni bis 1. Oktober 1926 als Erster von England nach Australien und wieder zurück. Den Erkundungsflug im Auftrag von Imperial Airways absolvierte er in dem abgebildeten de-Havilland-Doppeldecker D.H.50J mit 385-PS-Sternmotor. Zuvor war er mit derselben Maschine 27 500 km weit zum Kap der Guten Hoffnung geflogen.

Sehr großer Treibstofftank im Rumpf unter der Tragfläche

Sternmotor Wright J-5C

Blechverkleidete Nase

Metallene, verstellbare Zweiblattpropeller

EINMAL UM DIE GANZE WELT

1928 schaffte der Australier Charles Kingsford Smith als Erster eine echte Pazifiküberquerung. Mit seiner *Southern Cross* getauften Fokker F.VIIIb-3m flog er von Kalifornien nach Brisbane. Noch im gleichen Jahr überquerte er als Erster die Tasmansee. 1929 flog er in zwölf Tagen und 23 Stunden von Sydney nach London. Am 24./25. Juni 1930 überquerte er als Erster den Atlantik in West-Ost-Richtung von Irland nach Neufundland. Mit einer USA-Durchquerung vervollständigte er seinen 129 000 km langen Flug um die Welt, für den er in den Adelsstand erhoben wurde.

1919–1938 FORD 5-AT-B TRI-MOTOR

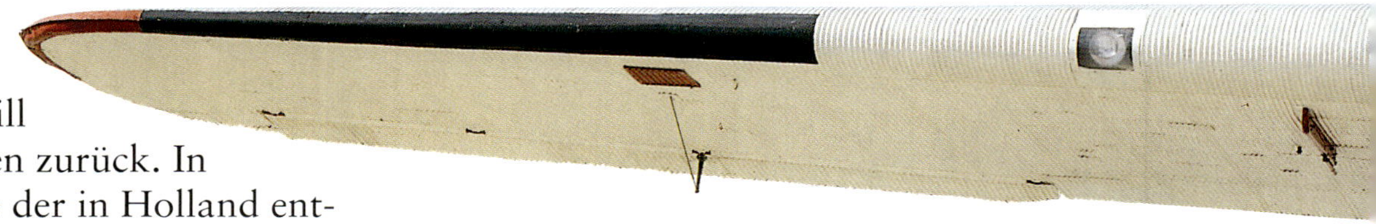

DAS DESIGN der Ford Tri-Motor geht auf einen Entwurf des Amerikaners Bill Strout aus den 1920er-Jahren zurück. In Form und Größe ähnelte sie der in Holland entworfenen dreimotorigen Fokker, die Metall-Wellblech-Konstruktion jedoch stammte von dem Deutschen Hugo Junkers. Diese Kombination ergab ein robustes Arbeitspferd. Die Tri-Motor wurde am Fließband gefertigt und bot mit drei Motoren hohe Sicherheit. Auf den Prototyp 3-AT von 1925 folgte 1926 das erste serienreife Modell, die 4-AT. 1928 erschien das berühmteste Modell, die noch größere und stärkere 5-AT mit mehreren Varianten.

NC 9685
US
MAIL
Ford

VERBESSERTES MODELL

Das Zeitschriftenfoto zeigt eine 5-ATB Tri-Motor NC-9685. Sie wurde 1929 gebaut und beförderte Passagiere und Post für Pan American Airways. Die Ringverkleidung der seitlichen Motoren verbessert die Kühlung und die aerodynamischen Eigenschaften. Die Haupträder sind mit Kotflügeln verkleidet.

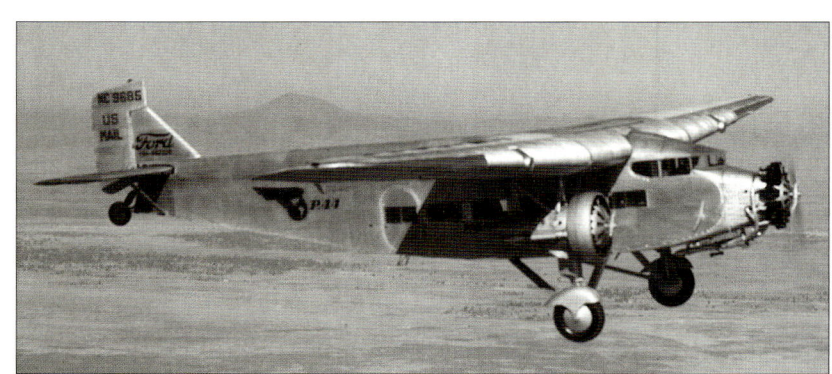

TECHNISCHE DATEN

Triebwerke Drei 220-PS-Wright-J-5-Sternmotoren
Spannweite 23,70 m
Länge 15,20 m
Höhe 3,65 m
Mittleres Startgewicht 5897 kg
Reisegeschwindigkeit 196 km/h
Gipfelhöhe 5639 m
Passagiere 15
Besatzung Zwei Personen

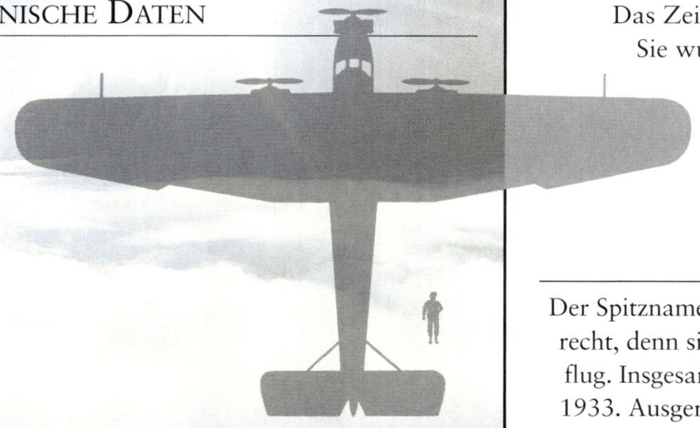

WENDIGE »GANS«

Der Spitzname »Tin Goose« (dt.: »Blechgans«) tut der Tri-Motor unrecht, denn sie schaffte Loopings, Schrauben und sogar den Rückenflug. Insgesamt wurden 200 Tri-Motor hergestellt, die letzte im Jahr 1933. Ausgerüstet mit Rädern, Schwimmern oder auch Schneekufen taten sie für mehr als 100 Fluggesellschaften ihren Dienst.

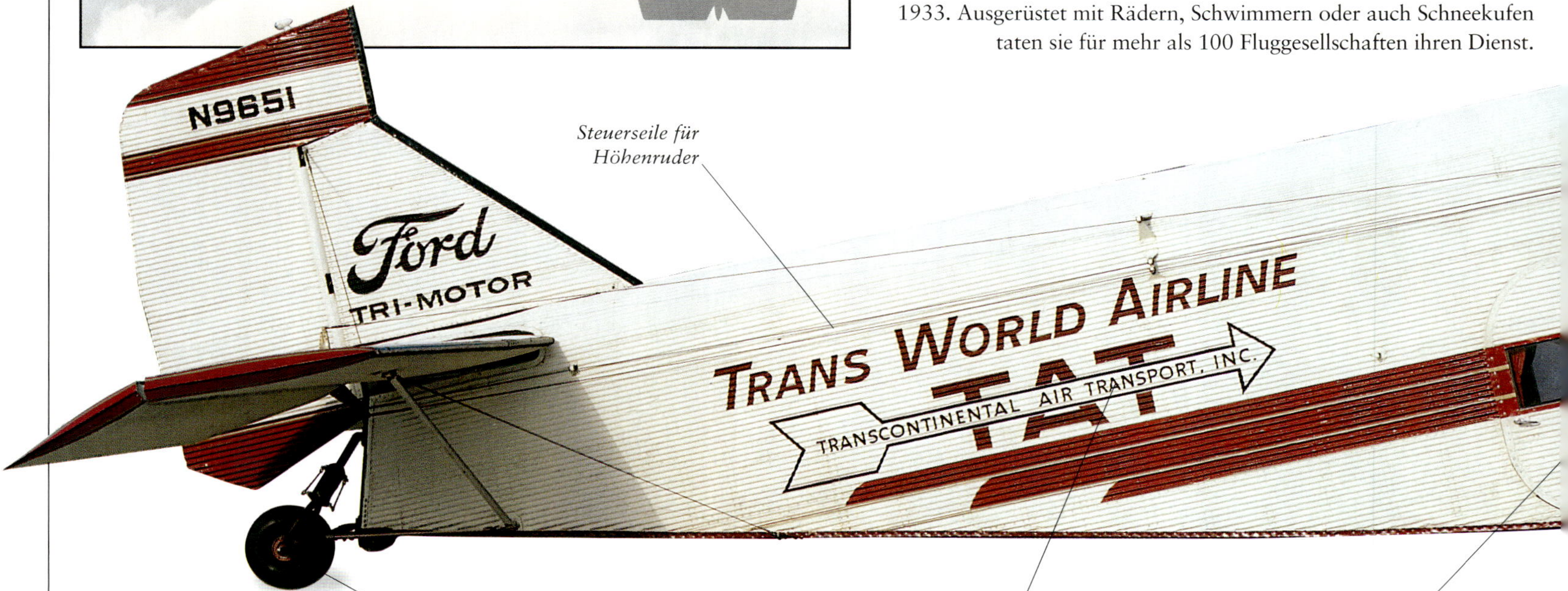
N9651
Ford
TRI-MOTOR
TRANS WORLD AIRLINE
TAT
TRANSCONTINENTAL AIR TRANSPORT, INC.
Steuerseile für Höhenruder
Schwenkbares Heckrad mit Stoßdämpfer
Alu-Wellblechverkleidung auf Duraluminium-Rahmen aufgenietet
Einstiegsluke zur Passagierkabine

Zweiblattpropeller aus Metall; Steigung nur am Boden einstellbar

Motoren mit Trägern am Tragflügel montiert

Landescheinwerfer in Tragflächenvorderkante

Luftgekühlter Wright-J-5-Sternmotor

Hauptfahrwerk mit Teleskop-stoßdämpfern und Gummischeiben gegen Stöße bei Landung

Hydraulische Bremsen

VOR- UND NACHTEILE

Die großen, oben liegenden Flügel mit einem dicken Profil machten die Tri-Motor grundsätzlich flugstabil. Zwei Motoren genügten vollauf und noch mit einem Motor hielt die Tri-Motor ihre Höhe. Gefahr drohte nur, wenn ein Motor beim Start ausfiel: Der Widerstand des leer laufenden Propellers konnte schlimme Unfälle verursachen.

Frontmotor auf geschweißter Stahlrohrhalterung

Pilot und Copilot sitzen im Cockpit nebeneinander.

Steuerhebel für Steuer-seile des Höhenruders

Ringförmiger Krümmer führt zu Auspuffrohr unterm Bug.

Verkleideter Öltank hinter dem Motor

Kabine mit Korbsesseln für 15 Passagiere; WC im Heck

Gelenke an den Enden der Fahrwerksverstrebung geben der Radaufhängung Spiel zum Federn.

Niederdruckreifen für Lan-dung in unebenem Gelände

1919·1938 DIE SCHNEIDER-TROPHY

JACQUES SCHNEIDER, Sohn eines Waffenherstellers aus Le Creusôt, rief einen Wettbewerb ins Leben, um die technische Entwicklung des Wasserflugzeugs zu fördern. So wetteiferten zwischen den Weltkriegen die besten Flugzeughersteller und -konstrukteure darum, leistungsfähigere Flugzeuge und Motoren zu bauen. Die Trophy war immer heiß umkämpft und wurde für die Teilnehmerländer eine wichtige Prestigefrage. 1931 ging sie dann endgültig nach Großbritannien.

TRIUMPH FÜR GROSSBRITANNIEN

Am 13. September 1931 errang R. J. Mitchell mit der schnittigen Supermarine S.6B in Calshot bei Southampton durch den dritten britischen Sieg in Folge endgültig die Schneider-Trophy. Um das Letzte aus dem Rolls-Royce-R-Motor herauszuholen, verwendete man einen Treibstoff-»Cocktail«. Die Geschwindigkeit betrug 524,297 km/h.

SIEG DER TABLOID

Großbritannien gewann die Trophy erstmals 1914 in Monaco. Howard Pixton flog mit dem Wasserflugzeug Sopwith Tabloid einen Kurs von 28 Runden mit einer Durchschnittsgeschwindigkeit von 139,66 km/h. Danach stellte er mit 139,39 km/h einen neuen Weltrekord für die 300-km-Distanz für Wasserflugzeuge auf.

Spannturm trägt Flächen-verspannung.

Vollkommen offenes Cockpit

Propellerspinner verringert Luftwiderstand.

Stoffbespannte, drahtverspannte Holztragfläche

ERSTER SIEGER

Der Franzose Maurice Prévost gewann 1913 in Monaco als Erster die Schneider-Trophy. Sein Deper-dussin-Wasserflugzeug wurde von einem zweireihigen 14-Zylinder-Gnome-Umlaufmotor mit 160 PS angetrieben. Die Durchschnitts-geschwindigkeit auf dem Rundkurs betrug 98 km/h – ein Siebtel der Geschwindigkeit, die 1931 beim letzten Rennen erreicht wurde.

VERBESSERTE SUPERMARINE

1923 fand der Wettbewerb erstmals in Großbritannien statt. Die Gastgeber nahmen nahe der Hafenstadt Cowes mit einer Supermarine Sea Lion III teil. Der 525-PS-Napier-Motor brachte das Flugzeug zwar auf 252,94 km/h – 19 km/h schneller als das Vorgängermodell, das im Vorjahr gewonnen hatte –, doch die neuen amerikanischen Curtiss-Wasserflugzeuge verwiesen es auf den dritten Platz.

Zu Wartungszwecken schnell abnehmbare Verkleidung

Lange Schwimmerbeine halten Spritzwasser vom Propeller fern.

WERMUTSTROPFEN

Italien schickte 1927 in Venedig drei Macchi M.52 mit 1000-PS-AS.3-Fiat-Motoren ins Rennen – alle drei schieden wegen Motorschaden aus. Als kleine Entschädigung stellte eine M.52 am 22. Oktober mit 484,304 km/h einen neuen Geschwindigkeitsweltrekord auf.

Zylinderkopfabdeckung

Querruder an Ober- und Unterflügel

Verkleidete Strebe aus I-Profil

Metallener Zweiblattpropeller mit fester Steigung

Schwimmeraufhängung aus Streben und Drahtseilen

STARKE AMERIKANER

Curtiss wurde 1925 von der US-Marine für die Teilnahme finanziell unterstützt. Leutnant James Doolittle flog eine R3C-2, die von dem 600-PS-Curtiss-Motor V-1400 angetrieben wurde. Er gewann das Rennen mit 374,28 km/h und stellte am nächsten Tag mit 395,4 km/h einen neuen Geschwindigkeitsweltrekord auf.

FLINKE ITALIENER

1926, in Hampton Roads, Virginia, erreichten die Italiener in ihren eleganten Macchi M.39 mit 800-PS-AS.2-Fiat-Motoren den ersten und den dritten Platz. Der Sieger erzielte eine Durchschnittsgeschwindigkeit von 396,698 km/h.

Rumpf in Schalenbauweise aus dreischichtigem Tulpenbaumfurnier

1919-1938 FLUGBOOTE & WASSERFLUGZEUGE

DIE GROSSEN FLUGBOOTE der 1920er- und 1930er-Jahre bleiben in ihrer würdevollen Eleganz unerreicht. Sie waren Symbole für die damalige Zeit: Nur die Reichen konnten es sich damals leisten, zu fliegen, und sie taten es mit dem gleichen Komfort wie auf einem Ozeandampfer – nur bedeutend schneller. Dennoch ging es auf Interkontinentalflügen eher gemächlich zu, denn man flog in Etappen und wechselte gelegentlich das Flugzeug. Das Flugboot bot den Vorteil, dass es auf jeder freien Wasserfläche landen konnte; teure, künstlich angelegte Rollbahnen an abgelegenen Orten waren nicht nötig.

MOTOREN IM DUTZEND

Die Dornier Do X absolvierte im Juli 1929 ihren Erstflug. Sie war als Transatlantikflugzeug konzipiert, wurde aber nie in Dienst gestellt. In der letzten Version verfügte sie über zwölf wassergekühlte 600-PS-Curtiss-Conqueror-Motoren. 1930/31 überquerte die Do X bei einem Testflug den Atlantik.

AMPHIBIENFLUGZEUG MIT ZWEI RÜMPFEN

Das ungewöhnliche Flugboot Savoia Marchetti S.55 hatte zwei Rümpfe. 1924 wurde es zunächst als Torpedobomber für die italienische Marine gebaut, dann folgten kommerzielle Versionen. Hier eine S.55X mit zwei 750-PS-Isotta-Fraschini-Motoren. 1933 flogen 25 Flugboote dieses Typs in Formation von Rom nach Chicago und zurück. Unter Luftmarschall Italo Balbo legten sie 18 499 km zurück.

Motoren in Tandemanordnung auf Trägern über der Flügelmitte

Cockpit zwischen den Motorträgern

An den Flügelenden verstrebte Ausgleichsschwimmkörper

REKORD-FLUGBOOT

Die Latécoère 521 machte im Januar 1935 ihren Erstflug. Im Mittelmeerraum beförderte sie bis zu 70 Passagiere. Die sechs 860-PS-Hispano-Suiza-12Ybrs-Motoren
brachten sie bis auf 261 km/h; sie stellte mehrere Wasser-
Flugzeug-Rekorde auf. So flog sie ohne Zwischenlandung 5771 km weit von Marokko nach Brasilien.

*Motoren in
Tandeman-
ordnung über
dem Rumpf*

*Ganzmetallrumpf mit
zwei Decks; Pilotenkabine
im vorderen Oberdeck*

D-2399

EIN WAL IN DER LUFT

Das Ganzmetallflugboot Dornier Do J II Wal flog erstmals 1922. Dieses erfolgreiche Modell wurde bis 1936
in einer Stückzahl von 300 gebaut. Es gab verschiedene Modellvarianten. Hier eine Wal 33, die letzte,
besonders ausgeklügelte Version, die von zwei Paar
690-PS-BMW-Motoren angetrieben wurde.

Schwimmerstummel stabilisieren.

POST AUS AMERIKA

Der Erstflug der Boeing 314 fand im Juni 1938 statt. Die
Spannweite betrug 46,33 m, vier
Wright-Cyclone-Sternmotoren mit
1500 bzw. 1600 PS ermöglichten eine
Reisegeschwindigkeit von 303 km/h. 1939 richtete Pan American Airways mit der Boeing 314 Post- und Passagierlinien
über den Atlantik ein. Drei der zwölf gebauten Exemplare flogen für die BOAC (British Overseas Airways Corporation).

*Stufen in der Hülle
erleichtern Über-
windung des Sogs
beim Abheben.*

*Große Heckflosse
mit Seitenruder*

*Passagierkabine
im Rumpf*

GEMISCHTES DOPPEL

Anfangs machte der für Atlantikflüge benötigte Treibstoff jede
weitere Ladung unrentabel. Die Short Mayo Composite war ein
nur leicht beladenes Flugboot, das ein voll beladenes Wasserflugzeug auf dem Rücken trug. Nach einem Teil der Strecke flog das
Wasserflugzeug alleine weiter. Vor dem Zweiten Weltkrieg diente
das kleinere Flugzeug, die *Mercury*, als Langstrecken-Postflugzeug.

*Wasserflugzeug mit
Streben befestigt*

G-ADHJ

G-ADHK

MAIA

*Hochgezogenes Rumpf-
ende für Bodenfreiheit*

*Mutterschiff Maia
schleppt Mercury
auf Reiseflughöhe.*

EIN ELEGANTER ÜBERLEBENDER

Die Vought-Sikorsky VS-44 *(links)* war mit vier 1200-PS-Pratt-&-
Whitney-Sternmotoren des Typs Twin Wasp bestückt. American
Export Airlines bestellte 1940 vier Stück für die Transatlantiklinie,
sie wurden jedoch im Zweiten Weltkrieg bei der Marine eingesetzt.
Das abgebildete Exemplar ist bis heute erhalten geblieben.

1919·1938 JUNKERS-FLUGZEUGE

DER DEUTSCHE PROFESSOR HUGO JUNKERS ließ 1910 ein Flugzeug mit großer, einteiliger Metalltragfläche patentieren. Später entwickelte er freitragende Metall-flügel mit Duraluminium-Wellblech-Hülle, die bei meh-reren Junkers-Kampfflugzeugen im Ersten Weltkrieg verwendet wurden. Nach dem Krieg produzierte Junkers die verschiedensten Ganzmetallflugzeuge, vom kleinen Zweisitzer bis zum großen Verkehrsflugzeug G 38. 1933 wurde die Firma verstaatlicht; Junkers starb zwei Jahre später. Die Luftwaffe setzte im Zweiten Weltkrieg u. a. die Bomber Ju 87 Stuka und Ju 88 ein. Nach 1945 wechselten mehrmals Besitzverhältnisse an dem Unternehmen.

ZWEISITZIGES PATROUILLENFLUGZEUG

Die J.10 war unter der militärischen Bezeichnung CL I als offensiver Späher und zur Luftunterstützung von Boden-truppen konzipiert. Ihr Erstflug fand im Mai 1918 statt. Mit einem 160-PS-Mercedes-D-III-Motor erreichte sie 190 km/h. Sie ver-fügte über zwei fest montierte Maxim-08/15-Maschinenge-wehre und ein bewegliches Parabellum-Gewehr für den Späher.

Abgedecktes Bugcockpit

EIN JUNIOR FLIEGT NACH JAPAN

1929 erschien der leichte Ganzmetall-Zweisitzer A.50 Junior. Der Japaner Seiji Yoshihara flog 1930 mit dem abgebildeten Flugzeug von Berlin nach Tokio. Als Triebwerk diente ein 85-PS-Armstrong-Siddley-Genet-Motor und das Bugcockpit war abgedeckt. Pro Tag legte Yoshihara im Schnitt 970 km zurück.

Großzügig verglastes Cockpit

Verstellbarer metallener Dreiblattpropeller

Dickes Flügelprofil für starken Auftrieb

Starres, robustes Lande-fahrwerk, tauglich für unebenes Gelände

GEPANZERTER SPÄHER

Dieser große Doppeldecker diente als Aufklärer mit Feindberührung. Die schwere Panzerung schützte die zweiköpfige Besatzung und den Motor, verringerte aber die Flug- und die Steiggeschwindigkeit. Mit einem wassergekühlten 230-PS-Benz-BzIV-Motor erreichte es 155 km/h. Von der J I gingen insgesamt 227 Stück an die deutsche Luftwaffe.

NEUARTIGE TRAGFLÄCHE

Das viersitzige Passagierflugzeug F 13 absolvierte seinen Jungfernflug am 18. Juli 1919. Das Cockpit war offen, aber ansonsten war das Flugzeug technisch sehr fortschrittlich. Die Metalltragflächen bestanden aus neun untereinander verstrebten Duraluminium-Holmen. Bis 1932 stellte Junkers 322 solche Maschinen her.

GLATTE HÜLLE

Die einmotorige Ju 160 war nicht aus dem Junkers-typischen Wellblech gebaut. Das sechssitzige Flugzeug mit 660-PS-BMW-132E-Sternmotor flog ab 1935 auf Inlandslinien der Lufthansa. Die Höchstgeschwindigkeit betrug 340 km/h.

Verkleidete Mannschaftskabine im oberen Rumpf

Verkleidetes starres Heckrad

Nach innen einziehbares Fahrwerk

BELIEBT UND ANPASSUNGSFÄHIG

Von der Ju 52/3m wurden 4800 Exemplare produziert, mehr als von jedem europäischen Verkehrsflugzeug. Das liebevoll »Tante Ju« genannte Flugzeug gab es als Passagierflugzeug, Frachter, Truppentransporter, Bomber, Schleppflugzeug, Sanitäts- und als Antiminen-Flugzeug.

WICHTIGE DATEN	
1895	Firmengründung
1915	Erstflug des ersten Junkers-Flugzeugs, des blechverkleideten Ganzmetall-Eindeckers J.1
1919	Gründung der Junkers Flugzeugwerke
1924	Jungfernflug des einmotorigen Verkehrsflugzeugs F 13
1932	Jungfernflug der Ju 52/3m
1933	Verstaatlichung des Unternehmens
1945	Sowjetische Besatzer beschlagnahmen Junkers.
1969	Junkers geht in Messerschmitt-Bölkow-Blohm GmbH auf.

Hilfsflächen mit Landeklappen und Querrudern, an der hinteren Tragflächenkante aufgehängt

Doppelleitwerk

AUS SCHWEDEN

Die abgebildete Ju 86K-13 wurde 1938–41 von dem schwedischen Unternehmen Saab in Lizenz gebaut. Nach dem Krieg rüstete man sie zum 12-sitzigen Passagierflugzeug um. Ihre Triebwerke waren zwei Bristol-Pegasus-Sternmotoren.

1919·1938 GROSSE VERKEHRSFLUGZEUGE

IN DEN 1930ER-JAHREN war das Flugzeug bereits ein übliches Transportmittel. Die großen Flugzeughersteller produzierten zahlreiche Flugzeuge, um alle neuen Inlandslinien sowie die neuen internationalen und interkontinentalen Fluglinien bedienen zu können. Diese großen Maschinen mit mehreren Triebwerken hatten wenig mit den zerbrechlichen Doppeldeckern der 1920er-Jahre gemein. Sie trugen die Farben der entsprechenden Fluggesellschaften in die Städte der Welt. Die Passagiere reisten in beheizten Kabinen und wurden von Stewards bedient.

DOPPELDECKER MIT SCHLAFPLÄTZEN

Der amerikanische Doppeldecker Curtiss Condor II flog erstmals 1933, als Boeing und Douglas bereits elegante Ganzmetall-Eindecker einführten. Immerhin hatte er ein Einziehfahrwerk und konnte zwölf Passagiere bequem unterbringen. Eastern Air Transport und American Airways boten hier zum ersten Mal Nachtflüge mit Schlafplätzen an.

Hoch liegende Flügel sorgen für Abstand der Propeller vom Boden, benötigen jedoch hohes Landefahrwerk.

KOMFORTABLES REISEFLUGZEUG

Die Fokker F.XXII fasste 22 Passagiere in vier Kabinen. Ihre elegante Linienführung wurde nur durch das starre Landefahrwerk gestört. Die vier 500-PS-Pratt-&-Whitney-Wasp-T1D1-Sternmotoren erlaubten eine Reisegeschwindigkeit von 215 km/h. Die holländische Fluggesellschaft KLM kaufte 1935 eine erste Lieferung von drei Flugzeugen.

Ringförmige Peilantenne

Leichtmetall-Schalenrumpf mit tragender Außenhaut

EXKLUSIVE LINIE

Die viermotorige Handley Page H.P.42 mit Bristol-Jupiter-Sternmotoren kam ausschließlich bei der britischen Imperial Airways zum Einsatz. Parallelträger im Dreiecksverband machten Flächenspannseile überflüssig. Die H.P.42 machte 1931 ihren Erstflug. Das Modell »Ost« mit 24 Plätzen bediente Linien in Afrika und Asien, während die »West« mit 38 Plätzen in Europa flog.

DREIMOTORIGER FRANZOSE

Die Dewoitine D.332, von drei luftgekühlten 575-PS-Hispano-Suiza-9V-Sternmotoren angetrieben, war eine fortschrittliche Ganzmetallkonstruktion mit starrem Fahrwerk. Die Maschine, die 1933 ihren Erstflug hatte, fasste acht Passagiere und bot Schlafgelegenheiten.

Fahrwerksverkleidung

ELEGANZ IN HOLZ

Die schnittige de Havilland D.H.91 Albatross war mit vier wassergekühlten 525-PS-de-Havilland-Gipsy-Twelve-Motoren bestückt. Sie war komplett aus Holz gebaut. Der geschichtete Rumpf war aus Zedernsperrholz mit einem Kern aus Balsaholz.

Stromlinienförmige Motorverkleidung

DER FLUG DES CONDORS

Die Focke-Wulf Fw 200 mit vier BMW-132-Sternmotoren flog erstmals im Juli 1937. In zwei Kabinen fasste sie 25–26 Passagiere. Die Condor konnte ohne Zwischenlandung von Berlin nach New York fliegen.

Landeklappen an Flügelhinterkante reduzieren Landegeschwindigkeit.

Die 1,90 m großen Räder des Fahrwerks sind fast völlig versenkbar.

Stoffbespanntes Seitenleitwerk

BRITISCHES FLAGGSCHIFF

Die Armstrong Whitworth A.W.27 Ensign war das größte Landflugzeug vor dem Zweiten Weltkrieg. Im Januar 1938 nahm sie für Imperial Airways den Dienst auf. Sie verfügte über vier 850-PS-Armstrong-Siddeley-Tiger-IXC-Sternmotoren. Da sie damit untermotorisiert war, tauschte man die Triebwerke gegen 950-PS-Wright-Cyclone-Motoren. Zu Beginn des Krieges versorgten Ensigns britische Truppen in Frankreich.

1919·1938 NEUE KAMPFFLUGZEUGE

NACHDEM DIE LUFTSTREITKRÄFTE nach dem Ersten Weltkrieg geschrumpft waren, rüsteten viele Staaten ab Ende der 1920er-Jahre wieder auf. Flugzeughersteller produzierten eine vielseitige Palette von Jägern und Bombern. Einige fanden altbewährte Lösungen, die meisten aber führten neuartige Konstruktionsprinzipien und Waffentechnik ein. Langsam ersetzten Eindecker die Doppeldecker, die zugige offene Pilotenkanzel wurde aber häufig beibehalten. Gelegentlich gab es auch noch außen verspannte Tragflächen.

Stoffbespannter Metallrumpf mit Holzspanten

KÄMPFER AUF SEE

Das Trägerflugzeug Boeing F4B-3 kam ab 1931 bei der amerikanischen Marine zum Einsatz. Ein luftgekühlter 550-PS-Pratt-&-Whitney-Sternmotor ermöglichte eine Höchstgeschwindigkeit von 302 km/h. Bis 1938 setzte man die F4B-3 auf Flugzeugträgern ein.

MAKELLOSES DESIGN

Der leichte, zweisitzige Hart-Bomber gehörte zur eleganten Hawker-Doppeldeckerbaureihe und wurde von einem wassergekühlten 12-Zylinder-525-PS-Rolls-Royce-Kestrel-Motor angetrieben. Ab 1930 kam er in großen Stückzahlen in der RAF (Royal Air Force) zum Einsatz, in der Heimat wie in Übersee.

UNGEWOHNTER LUXUS

Die Boulton Paul Overstrand war 1936 der erste Bomber der RAF mit maschinell drehbarer, geschlossener Gefechtskanzel. Zwei luftgekühlte 580-PS-Bristol-Pegasus-Motoren dienten als Triebwerke, doch das starre Fahrwerk und die doppelten Tragflächen begrenzten die Höchstgeschwindigkeit auf 246 km/h. Dafür hatte das Flugzeug ein geschlossenes Cockpit und eine Heizung.

Geschlossenes Cockpit

Motorbetriebener Buggeschützturm mit 0,303-Inches-Lewis-Maschinengewehr

Oberer Bordschütze mit 0,303-Inches-Lewis-Maschinengewehr

Starres Hauptfahrwerk

ZUG-DRUCK-TRIEBWERK

Die Farman F.221 wurde 1936 als erster viermotoriger Bomber der französischen Luftwaffe in Dienst gestellt. Die Gnome-Rhône-Umlaufmotoren mit je 700 PS befanden sich in Zug-Druck-Anordnung beiderseits der Nase.

ENGLISCHE BULLDOGGE

Einsitzige Bristol-Bulldog-Jäger bildeten 1929–37 die Front-Jagdgeschwader der RAF. Obwohl sie recht langsam waren, stellten sie etwa 70 % der britischen Jagdflugzeuge. Ein luftgekühlter 490-PS-Bristol-Jupiter-Sternmotor sorgte für eine Höchstgeschwindigkeit von 280 km/h und die Bewaffnung bestand in zwei vorwärts feuernden 0,303-Inches-Vickers-Maschinengewehren.

Querruder nur am Oberflügel

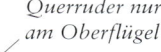

K-2227

BISSIGER FRANZOSE

Die Dewoitine D.500 mit flüssigkeitsgekühltem 12-Zylinder-Hispano-Suiza-12Xbrs-Motor und 690 PS flog erstmals 1932 und war mit zwei 7,7-mm-Vickers-MGs bestückt. Das Nachfolgemodell D.501 wurde 1935 in Dienst gestellt und kam noch zu Anfang des Zweiten Weltkrieges zum Einsatz.

Von Hand drehbare Gefechtskanzel mit 0,303-Inches-Maschinengewehr

K 4561

K4561

Hilfsruder unterstützt Seitenruder.

Bordschütze mit 0,303-Inches-Lewis-Maschinengewehr unter dem Rumpf hinten

NEUARTIGE GEFECHTSKANZEL

Die 1932 gebaute Martin B-10 war ein zweimotoriger Ganzmetallbomber mit Einziehfahrwerk und geschlossenen Kanzeln. Als erster US-Bomber hatte sie einen drehbaren Gefechtsturm. 1934 trat sie den Dienst in der US-Armee an. Die 775-PS-Wright-Cyclone-Motoren ermöglichten eine Geschwindigkeit von 343 km/h. Die B-10 hatte vier Mann Besatzung und eine Bombenlast von 1025 kg.

Nach hinten schiebbares Verdeck

N2308 HP B

ITALIENISCHES VOLLBLUT

Die Fiat CR.32, die ab 1934 an die italienische Luftwaffe ausgeliefert wurde, war einer der hervorragendsten einsitzigen Jäger seiner Zeit. Mit einem wassergekühlten 12-Zylinder-Fiat-A-30-RA-Motor mit 590 PS erreichte er bis zu 354 km/h. Die CR.32 kam 1936 im Spanischen Bürgerkrieg zum Einsatz.

Querruderausgleich

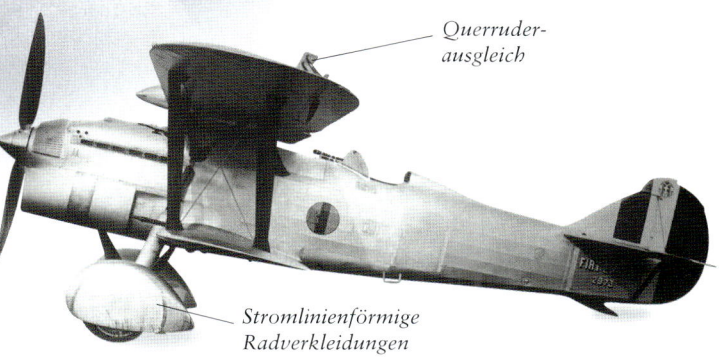

Stromlinienförmige Radverkleidungen

DER HELD VON MALTA

1937 wurde die Gloster Gladiator als letzter Doppeldecker der RAF in Dienst gestellt. Ein Bristol-Mercury-Sternmotor sorgte mit 840 PS für 407 km/h Höchstgeschwindigkeit und der Jäger war mit vier vorwärts feuernden Maschinengewehren bestückt. Bekannt wurde die Gladiator durch die Rolle, die sie 1940/41 bei der Verteidigung Maltas spielte.

1919·1938 GANZMETALL-EINDECKER

IN DEN 1920ER-JAHREN dominierten Holzdoppeldecker und -eindecker die kommerzielle Luftfahrt. Häufig erhöhten Streben und Spannseile ihren Luftwiderstand. In den 1930er-Jahren gab es dann vor allem in den USA eine Reihe außergewöhnlich leistungsfähiger glatter Metallflugzeuge in modernem Design. Geschlossene, stromlinienförmige Konstruktionen verdrängten allmählich ihre schwerfälligen Vorgänger auf den Flugstrecken der Welt.

WIE EIN BLITZ

Am 1. Dezember 1932 flog erstmals ein Prototyp der Heinkel He 70G. Das zweite Exemplar dieses viersitzigen Hochgeschwindigkeitsflugzeugs stellte acht Geschwindigkeitsrekorde auf. Die Lufthansa setzte die treffend als »Blitz« bezeichnete He 70 im Inlandsdienst ein.

Moderner Duraluminium-Schalenrumpf, hölzerne Ellipsentragflächen

Stromlinienförmige Motorverkleidung

EIN REKORDBRECHER

Die Northrop Gamma erschien 1932. Das hier abgebildete erste Exemplar wurde für den Piloten Frank Hawks gebaut, der damit mehrere Weltrekorde aufstellte. Im Juni 1933 flog er in 13h 27min von Los Angeles nach New York. Die Durchschnittsgeschwindigkeit betrug 291 km/h.

Voll verkleidetes Fahrwerk, nicht einziehbar

Aufgesetzte Querruder über durchgehenden Wölbklappen

VIELSEITIGES VERKEHRSFLUGZEUG

Die Douglas DC-3 war die konsequente Weiterentwicklung der DC-1 und der DC-2. Sie wurde zum berühmtesten kolbengetriebenen Verkehrsflugzeug aller Zeiten. Ihren Jungfernflug absolvierte sie unter der Bezeichnung DST (Douglas Sleeper Transport) am 17. Dezember 1935. Das robuste, vielseitige Flugzeug war im Zweiten Weltkrieg eines der wichtigsten Transportflugzeuge der Alliierten. Als die Produktion 1947 eingestellt wurde, hatte Douglas 10 654 Maschinen gebaut. Außerdem wurde die DC-3 auch in der UdSSR und Japan in Lizenz gebaut.

Hydraulisch betriebene Kühlklappen

Hamilton-Standard-Propeller mit voll verstellbaren Blättern

Eingezogenes Hauptfahrwerk wird nicht verdeckt.

Ölkühler

Flügelwurzelverkleidung

Zweiholmige
Ganzmetall-Höhenflosse

Metallrumpf mit
tragender Außenhaut

Selbst tragende
Tragfläche

FRANZÖSISCHES DESIGN

Der Franzose Michel Wibault konstruierte
die Wibault-Penhoët 238.T12 mit drei 350-
PS-Gnome-Rhône-Motoren des Typs Titan
Major. Der Jungfernflug fand 1930 statt.

TIEFDECKER

Die Boeing 247 war der erste mehrmo-
torige amerikanische Tiefdecker, der als
Verkehrsflugzeug fungierte (Erstflug
1933). Ihr Hauptfahrwerk war vollständig einziehbar. Die Mannschaft und
zehn Passagiere waren in der geschlossenen Kabine untergebracht.

Ringverklei-
dungen,
später ersetzt

Zwei Besatzungsmitglie-
der sitzen nebeneinander.

Haupträder
nach innen
schwenkbar

GEÄCHTETES VERKEHRSFLUGZEUG

Die Amerikaner Vance Breese und Gerard Vultee entwarfen 1931 die
achtsitzige Vultee V-1A, die 1933 erstmals flog. Von 24 Maschinen
gingen zwölf an American Airlines. Als Triebwerk diente ein 735-PS-
Wright-Cyclone-Sternmotor R-1820. Da einmotorige Verkehrsflugzeuge in den USA verboten wurden, kam die V-1A kaum zum Einsatz. Einige endeten als Behelfsbomber im Spanischen Bürgerkrieg.

Ganzmetallflügel,
mit Duralu-
minium beplankt

Stoffbespanntes
Metallquerruder

Stoffbespann-
tes Metall-
seitenruder,
aerodyna-
mische Aus-
gleichsfläche
vor Drehachse

Gepäckfach
im Bug

Aerodynamische Verklei-
dung der drehbaren Rah-
menantenne

STAATSKAROSSE

Die Lockheed 14 Super Electra, eine größere Version der 10 Electra, flog erstmals
im Juli 1937. Zwei Sternmotoren mit je 990–1200 PS brachten sie mit 14 Passagieren
an Bord auf 396 km/h. Der flugbegeisterte Milliardär Howard Hughes flog 1938 mit
einer 14 Super Electra in vier Tagen um die Welt. Im gleichen Jahr flog der britische
Premierminister Chamberlain in der abgebildeten Maschine nach München, um mit
Hitler zu verhandeln.

Starres
Spornrad

1919·1938 LOCKHEED ELECTRA

DIE WELTWIRTSCHAFTSKRISE trieb den amerikanischen Flugzeughersteller Lockheed Anfang der 1930er-Jahre an den Rand des Ruins. Alle Hoffnungen ruhten auf einem neuen zweimotorigen Eindecker mit Einziehfahrwerk. Das schnelle und sparsame Verkehrsflugzeug fasste zehn Passagiere und zwei Mann Besatzung. Die formschöne und vielseitige Maschine erhielt den Namen Lockheed 10 Electra und flog erstmals am 23. Februar 1934. Northwest Airlines und Pan American hatten sie schon vor ihrem Jungfernflug bestellt und Northwest stellte sie im folgenden August in Dienst. Lockheed produzierte 149 Maschinen, die weltweit zum Einsatz kamen.

EILPOST

1937/38 importierte British Airways fünf 10A Electras. Sie flogen auf der Viking-Fluglinie Croydon–Hamburg–Kopenhagen–Malmö–Stockholm und auf der Linie Croydon–Le Bourget (Paris).

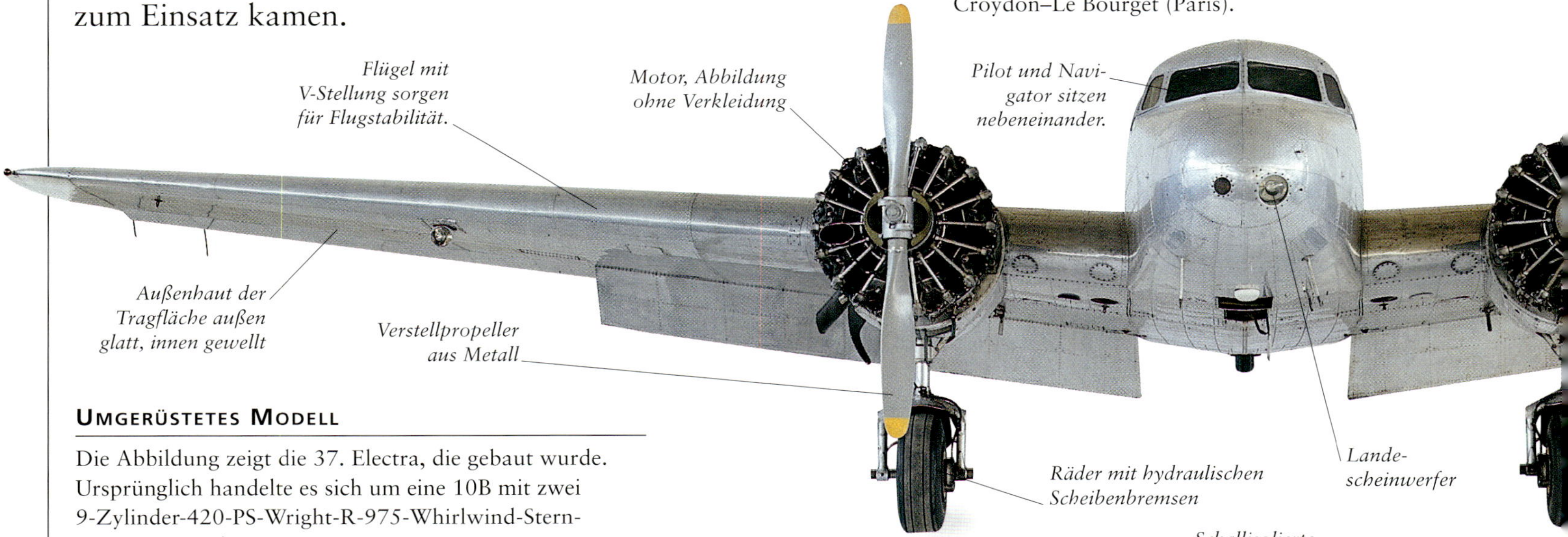

Flügel mit V-Stellung sorgen für Flugstabilität.

Motor, Abbildung ohne Verkleidung

Pilot und Navigator sitzen nebeneinander.

Außenhaut der Tragfläche außen glatt, innen gewellt

Verstellpropeller aus Metall

UMGERÜSTETES MODELL

Die Abbildung zeigt die 37. Electra, die gebaut wurde. Ursprünglich handelte es sich um eine 10B mit zwei 9-Zylinder-420-PS-Wright-R-975-Whirlwind-Sternmotoren. North American Aviation (später Eastern Air Lines) kaufte sie am 24. September 1935. Später ging sie an Boston & Maine Airways und wurde mit 450-PS-Pratt-&-Whitney-Wasp-Junior-Motoren zur 10A umgerüstet.

Räder mit hydraulischen Scheibenbremsen

Landescheinwerfer

Schallisolierte, beheizbare Passagierkabine

Seitenruder des Doppelleitwerks im Propellerstrahl

Lenkbares Heckrad, nicht einziehbar

Chemische Toilette im Rumpf

Überstehende Höhenleitwerksenden

NC5171N

LOCKHEED

TECHNISCHE DATEN

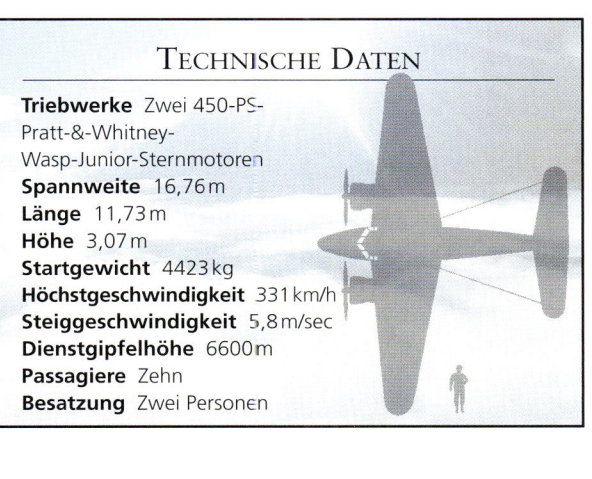

Triebwerke Zwei 450-PS-Pratt-&-Whitney-Wasp-Junior-Sternmotoren
Spannweite 16,76 m
Länge 11,73 m
Höhe 3,07 m
Startgewicht 4423 kg
Höchstgeschwindigkeit 331 km/h
Steiggeschwindigkeit 5,8 m/sec
Dienstgipfelhöhe 6600 m
Passagiere Zehn
Besatzung Zwei Personen

VORTEILE DURCH LEICHTMETALL

Schalenrumpf und selbst tragende Flügel der Electra bestanden aus einer Leichtmetalllegierung. Sie war ebenso leicht wie stabil, und da man auf Streben und Seile verzichtete, war der Luftwiderstand gering. Als derartige Flugzeuge den Dienst aufnahmen, wurde die Geschwindigkeit immer wichtiger, um Fluggäste zu gewinnen.

ELECTRA-TRIEBWERK

Der 9-Zylinder-Wasp-Junior-Motor von Pratt & Whitney hatte 1,61 m Durchmesser und wog 271 kg. Die Leistung beim Start betrug 450 PS bei 2300 U/min. Mit Hamilton-Standard-Zweiblatt-Verstellpropellern brachte er die Electra in Meereshöhe auf eine Höchstgeschwindigkeit von 305,77 km/h.

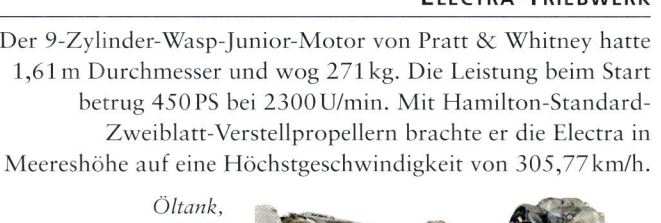

Öltank, 26,5 l

Motorhalterung aus Stahlrohr

Brandschott zwischen Motor und Motorgondel

Propeller mit 2,74 m Durchmesser

Spinner verkleidet die Nabe.

Befestigungsflansch für Spinner

Vergaser

Ölwanne

Zylinder mit Kühlrippen

Außenflügel mit Leichtmetallbeplankung

Große elektrisch betriebene Landeklappen

4,90 m lange Kabine für zehn Passagiere

Nachtflugtaugliches Cockpit, schallisoliert und beheizbar

Stromlinienverkleidete Triebwerksgondel

Schalldämmende Motorverkleidung

Metallschnüre leiten elektrostatische Aufladungen ab.

Hauptfahrwerk, elektrisch in Gondeln einziehbar

1919·1938 REKORDFLUGZEUGE

Wenn Rekorde aufgestellt und wieder gebrochen werden, steigert dies nicht nur die Flugzeugverkäufe, sondern hebt auch den Nationalstolz. Zwischen den Kriegen wetteiferten Flugzeugkonstrukteure weltweit darin, ihre Firmen und Nationen an die Spitze zu bringen. Die Maschinen flogen höher, schneller und weiter als je zuvor. Das trieb den technischen Fortschritt immer mehr voran. Sehen Sie hier einige Rekordflugzeuge aus diesen »Goldenen Jahren«.

Cockpitenteisung mit Heißluft aus der Auspuffanlage

Landeschein-werfer in der Nase

Französischer Ratier-Pro-peller, Steigung der Blät-ter durch Staudruck auf Zentralscheibe geregelt

Drei große Kraftstoff-tanks im Rumpf vor dem Cockpit

HÖHENFLÜGE

Fliegerhauptmann M. J. Adam trug einen primitiven Druckanzug, als er am 30. Juni 1937 einen Höhenrekord von 16 440 m aufstellte. Der 500-PS-Motor des Eindeckers Bristol 138A hatte einen doppelstufigen Kompressor, der auch in großen Höhen genügend Leistung bot.

Pilot und Navigator sitzen hintereinander.

WETTFLUG UM DIE HALBE WELT

Die de Havilland D.H.88 Comet wurde 1934 eigens für das McRobertson-Rennen von England nach Australien gebaut. Drei Maschinen mit je zwei 230-PS-Motoren nahmen daran teil. C. W. A. Scott und Tom Campbell Black gewannen das Rennen mit der oben abgebildeten leuchtend roten G-ACSS *Grosvenor House*. Sie bewältigte die Strecke Mildenhall–Melbourne in 70 h 54 min 18 s.

Kühlflächen auf Schwim-mern, Flügeln und Rumpf

WUNDER-WASSERFLUGZEUG

Die italienische Macchi MC.72 sollte 1931 an der Schneider-Trophy teilnehmen, doch ein Motorschaden führte zum Absturz und Italien schied aus. An der Rennmaschine wurde allerdings weitergearbeitet und am 23. Oktober 1934 stellte Stabs-bootsmann Agello mit 709,2 km/h den bis heute ungebrochenen Geschwindigkeitsweltrekord für Wasserflugzeuge auf.

VON ENGLAND NACH AFRIKA

Fliegermajor O. R. Gayford (Pilot) und Fliegerhauptmann
G. E. Nicholetts (Navigator) versuchten im Februar 1933
mit einem eigens dafür gebauten Flugzeug, den gültigen
Reichweitenrekord zu überbieten. Ihr Fairey-Langstrecken-
eindecker war mit einem Autopiloten ausgerüstet
und flog von Cranwell (England) nach Walfischbai
(Südafrika). Für 8710 km Flugstrecke benötigte er
57 h 25 min. Mit einer Großkreisdistanz von
8544,4 km war dies neuer Weltrekord.

*Tragfläche mit hölzernen Holmen
und interner Stahlverspannung*

*Zweites Besatzungsmitglied
sitzt hinter dem Piloten.*

*Geodätische Flügel-
und Rumpfkonstruktion*

*Holzflügel beplankt
mit mehrschichtigem
Fichtensperrholz*

*Starres
Spornrad*

WEITER WEG

Fliegermajor Kellet und Fliegerhauptmann
Combe flogen im November 1938 mit zwei
Vickers-Wellesley-Bombern der Royal Air
Force (ähnlich den drei abgebildeten) eine
Strecke von 11 524 km. Der Flug führte vom
ägyptischen Ismailia nach Darwin in
Australien. Dieser Streckenrekord wurde
erst 1946 gebrochen.

*Treibstofftank
vorne im Rumpf*

*Cockpit in Seiten-
leitwerk integriert*

FLIEGENDER MOTOR

Mit ihrem runden Rumpf, der um einen massigen,
luftgekühlten Pratt-&-Whitney-Sternmotor
herumgebaut war, sah die American Gee Bee
Super Sportster aus wie ein geflügelter Motor.
Sie war nicht leicht zu fliegen. Zwei Exemplare
wurden gebaut. Eines davon brach mit einem
800-PS-Wasp-Senior-Motor am 3. September
1932 den Geschwindigkeitsrekord für Landflugzeuge. Jimmy Doolittle erreichte auf einer Strecke
von 3 km eine Geschwindigkeit von 473,8 km/h.

*Starres, voll verkleidetes Fahrwerk
trägt untere Flügelverstrebung.*

1939·1945

UND WIEDER IM KRIEG

APPELL

Die britische Bevölkerung sollte im Zweiten Weltkrieg »in den Sieg investieren«: Flügel für den Sieg; mehr Erspartes – mehr Flügel.

NACH AUSBRUCH DES ZWEITEN WELTKRIEGS ging die Flugzeugentwicklung erneut in verschiedene Richtungen. Die anfangs an der Front noch vereinzelt eingesetzten Doppeldecker verschwanden bald. Die Errungenschaften der 1930er-Jahre wurden jetzt militärisch genutzt. In der Zwischenkriegszeit hatten sich Angriffs- und Verteidigungswaffen überraschend wenig verändert, doch nun kamen schwer bewaffnete Jäger auf und Bordkanonen waren gang und gäbe. Die Hochgeschwindigkeitsbomber verlangten nach maschinell drehbaren Geschütztürmen zur Verteidigung und ihre Bombenlasten wuchsen. Flugboote wurden als Aufklärer und in der U-Boot-Bekämpfung eingesetzt. Angriffe auf Erdziele und die Beherrschung des Luftraums über dem Schlachtfeld wurden immer wichtiger. Am schwerwiegendsten jedoch war die Einführung der ersten düsengetriebenen Jäger und Bomber.

KÄMPFENDE TONNE

Die etwas plumpen P-47-Thunderbolt-Jäger der US-Luftwaffe waren denjenigen der Achsenmächte mindestens ebenbürtig.

1939·1945 NEUE KRIEGSFLUGZEUGE

DER MILITÄRISCHE FLUGZEUGBAU machte in der zweiten Hälfte der 1930er-Jahre erhebliche Fortschritte. Die Doppeldecker wichen schnellen, schnittigen Eindeckern, die den neuesten Konstruktionsprinzipien entsprachen und mit modernster Technik ausgestattet waren: Einziehfahrwerke, Verstellpropeller, Enteisungsanlagen, drehbare Waffenstände und Spiegelvisiere. Diese Neuerungen waren unentbehrlich, denn bei den erzielten Flugleistungen waren offene Cockpits nicht mehr denkbar und der Fahrtwind hätte genaues Zielen für den Bordschützen unmöglich gemacht.

BLICK IN DIE ZUKUNFT

Der einsitzige Jäger Boeing P-26 mit 522 PS flog erstmals 1932 und kündigte kommende Entwicklungen an. Er war mit zwei MGs bestückt, der Schalenrumpf hatte eine tragende Außenhaut, das Leitwerk war nicht verspannt.

Doppelleitwerk liegt im Propellerstrahl.

Rundumsicht durch groß-zügige Cockpitverglasung

ZWEITER ANLAUF

Der mittelschwere Bomber Dornier Do 17, der 1934 erstmals flog, hatte fortwährende Entwicklungsprobleme. Die Do 17Z von 1938 mit neuem Bug und besseren Defensivwaffen erreichte eine Höchstgeschwindigkeit von 410 km/h. Beim internationalen Militärflugwettbewerb 1937 in Zürich konnten Jäger einen Prototyp der Do 17Z nicht einholen.

LEBENSDAUER: ZWEI JAHRE

Als der leichte Bomber Fairey Battle 1937 in Dienst gestellt wurde, begrüßte man ihn als großen Fortschritt gegenüber seinen Vorgängern. Doch er war untermotorisiert und unterbewaffnet, sodass er schon 1939 als veraltet galt. Er wurde bis September 1940 eingesetzt, wobei es viele Verluste gab.

Propellernabe ohne Spinner

Verstellbare Kühlschlitze vorne an der Motorhaube

Offenes Cockpit mit Wind-schutzscheibe anstatt der Glaskanzel älterer Modelle

SOWJETS IN SPANIEN

Die Polikarpov I-16 *(links)* war 1933 der erste Einsitzer mit Einziehfahrwerk. Sie hatte Metalltragflächen und einen hölzernen Schalenrumpf. Auf den Flügeln waren zwei 7,62-mm-Maschinengewehre montiert. Diese I-16 kam im Spanischen Bürgerkrieg zum Einsatz.

Pitot-Staudrucksonde für den Fahrtmesser

Schlanker Leit-
werksträger
spart Gewicht.

Schmaler, hoher Rumpf mit
Bombenschacht unter Cock-
pit und hinteren Bord-
schützen

ERSTER IN ITALIEN

Der erste einsitzige Ganzmetalljäger Italiens mit Einziehfahrwerk hieß Fiat G.50 Freccia (dt.: »Pfeil«). Ein Fiat-Sternmotor
A 74 RC 38 mit 870 PS verlieh ihm eine Geschwindigkeit
von 473 km/h. Der »Pfeil‹ flog erstmals 1937 und wurde
im Spanischen Bürgerkrieg eingesetzt.

Stromlinienförmige
Motorverkleidung

Cockpit weit hinten
ermöglicht Sicht nach
unten hinter der Tragfläche.

Ursprünglich
vorgesehener
fester
Zweiblatt-
propeller
aus Holz

AUSGEMUSTERT

Der mittelschwere Bomber Handley Page H.P.52
Hampden (oben) trug vier Mann Besatzung. Anders als
die Konkurrenten Armstrong Whitworth Whitley und
Vickers Wellington hatte er keine drehbaren Waffenstände, war aber schneller und wendiger. Seine Defensivwaffen erwiesen sich aber als völlig kriegsuntauglich.

BIS AN DIE ZÄHNE BEWAFFNET

Die Dewoitine D.520 flog erstmals 1938. Sie erreichte 534 km/h. Sie hatte
einen Schalenrumpf und Flügel mit einem Holm. Ab 1940 kam sie mit
einer 20-mm-Kanone auf dem Motor und zwei 7,3-mm-MGs M39 in den
Flügeln bei der französischen Luftwaffe zum Einsatz.

Kühler
unter
dem
Rumpf

HERVORRAGENDER JÄGER

Zwei Jahre nach dem Jungfernflug des ersten Prototyps trat die Hawker Hurricane (oben) im Dezember 1937 den Dienst in der Royal Air Force an. Im
Zweiten Weltkrieg zerstörte sie mehr feindliche
Flugzeuge als jeder andere Jäger der Alliierten.

Langes, durchgehendes
Glasdach zwischen den
zwei Sitzen der Besatzung

Seitenruder mit
Hornausgleich

Ganzmetall-
flügel mit
tragender
Außenhaut

1939·1945 DIE FIRMA SUPERMARINE

NOEL PEMBERTON-BILLING gründete 1913 das Unternehmen Pemberton-Billing, um »eher fliegende Boote zu bauen als schwimmende Flugzeuge«. Die Telegrammadresse lautete »Supermarine«. Nach drei Jahren benannte er die Firma in Supermarine Aviation Works Ltd um. 1917 stellte er den jungen Zeichner Reginald Mitchell ein. Zwischen den Weltkriegen produzierte Supermarine eine Vielzahl eleganter Wasserflugzeuge, unter anderem Wettbewerbsflugzeuge für die Luftrennen um die Schneider-Trophy. Mit der Spitfire baute das Unternehmen das bekannteste britische Flugzeug des Zweiten Weltkriegs, gefolgt von den Düsenjägern Attacker, Swift und Scimitar.

»SWIFT« BEDEUTET »FLINK« ...

Die Supermarine Swift wurde 1954 als erster britischer Düsenjäger mit Pfeilflügeln bei der Royal Air Force in Dienst gestellt. Das Bild zeigt eine Swift kurz vor der Serienreife. Die von Rolls-Royce-Avon-Triebwerken mit 3400 kp Schubkraft angetriebene Maschine kam wegen technischer und aerodynamischer Probleme nur in kleinen Stückzahlen zum Einsatz. Immerhin hatte der Prototyp F.4 mit 1184 km/h am 25. September 1953 über dem Hafen von Tripolis einen Geschwindigkeitsweltrekord aufgestellt.

ERSTE MASCHINE

Zu Beginn des Ersten Weltkriegs baute Billing in neun Tagen den Jäger PB.9, indem er einen neuen Rumpf mit vorhandenen Tragflächen kombinierte und einen alten Gnome-Motor mit 50 PS einbaute. Die erste Pemberton-Billing flog am 12. August 1914, aber niemand wollte sie kaufen.

SPITFIRE MIT GRIFFON-MOTOR

Die Spitfire-Baureihe umfasste insgesamt 24 Modelle. Die Mk XII hatte als erste einen Rolls-Royce-Griffon-Motor anstatt eines Merlin. Ab Mk XIV verwendete man Fünfblattpropeller. Das Nachkriegsmodell F.Mk 22 (unten) hatte ein verkürztes Heck und eine Kuppelkanzel. Einige Versionen hatten Sechsblattpropeller.

Kuppelkanzel bietet Rundumsicht.

Großes Seitenleitwerk und -ruder mit Griffon-Motor unter der Nase

Zwei 20-mm-MGs in jedem Flügel

Strak vergrößert die Fläche der Seitenflosse.

Ausgerundeter Flügel-Rumpf-Übergang verbessert Strömungsverhalten.

Servosteuerung beseitigt Querruderprobleme bei hohen Mach-Zahlen.

40°-Pfeilflügel mit dünnem Hochgeschwindigkeitsprofil

WICHTIGE DATEN

1914 Pemberton-Billing Ltd am 17. Juni ins Handelsregister eingetragen
1916 Neuer Firmenname: Supermarine Aviation Works Ltd
1918 Erstes britisches Kampfflugboot, die N.1B Baby
1928 An Vickers (Aviation) Ltd verkauft
1931 Supermarine-Wasserflugzeuge gewinnen zum dritten Mal in Folge die Schneider-Trophy
1936 Spitfire-Prototyp fliegt zum ersten Mal.
1938 Übernahme durch Vickers-Armstrongs Ltd
1957 Der Firmenname Supermarine verschwindet.

SEENOTRETTUNGSFLUGZEUG

Beim Erstflug am 21. Juni 1933 hieß die Walrus noch Seagull V. Das Amphibienflugzeug war auf die Anforderungen der australischen Luftwaffe zugeschnitten und bewährte sich auch im Katapultstart als Verbindungsflugzeug auf Schiffen der britischen Marine. Die Royal Air Force rettete mit ihr im Zweiten Weltkrieg zahlreiche abgeschossene Fliegerbesatzungen.

AUFKLÄRUNGSFLUGZEUGE

Die Stranraer war das letzte einer Reihe eleganter Doppeldecker-Flugboote, die Mitchell entworfen hatte. Als Aufklärer nahm sie 1937 ihren Dienst in der RAF auf, später flog sie auch in der kanadischen Luftwaffe. Sie hatte 26 m Spannweite und sechs Mann Besatzung. Zwei 980-PS-Motoren verhalfen ihr zu einer Reisegeschwindigkeit von 220 km/h.

Fünfblattpropeller der späteren Modelle mit Griffon-Motoren.

GEWINNER DER SCHNEIDER-TROPHY

1927 entsandte die RAF erstmals eine Mannschaft zum Luftrennen um die Schneider-Trophy. Mitchell konstruierte dafür das Wasserflugzeug S.5 mit einem 900-PS-V12-Motor von Napier Lion. Die zwei teilnehmenden S.5 belegten die beiden ersten Plätze. Fliegerhauptmann S. N. Webster siegte mit einer Durchschnittsgeschwindigkeit von 453,5 km/h und stellte wenig später mit 457 km/h einen neuen Rekord über eine Flugstrecke von 100 km auf.

Schleudersitz für den Piloten

Hauptfahrwerk mit breiter Spur erleichtert Landung auf Flugzeugträgern.

Fanghaken hinter dem Heckrad-Paar

WEGEN VERSPÄTUNG VERALTET

Die Attacker machte schon im Juli 1947 ihren Jungfernflug, wurde aber erst im August 1951 in Dienst gestellt – und war da bereits veraltet. Sie war das erste flugzeugträgergestützte Düsenflugzeug in den Frontgeschwadern der britischen Marine und hatte als erster Jäger Rolls-Royce-Nene-Strahltriebwerke.

Nase mit Pitot-Strömungssonde nur bei Prototyp

Seitliche Lufteinlassöffnungen für das hinten im Rumpf gelegene Triebwerk

1939·1945 SUPERMARINE SPITFIRE MK V

DER KONSTRUKTEUR REGINALD MITCHELL entwarf 1936 die Spitfire, eines der bemerkenswertesten und erfolgreichsten Flugzeuge aller Zeiten. Die erste Baureihe des berühmten Jagdflugzeugs stellte die RAF (Royal Air Force) 1938 in Dienst, doch erst 1941 erschien die 6500 Mal gebaute Mk V. Das Flugwerk war seit der Mk I/II ständig verbessert worden, vor allem durch verstärkte Motorträger, die einen Rolls-Royce Merlin 45 ebenso aufnehmen konnten wie spätere Motortypen.

STUTZFLÜGEL

Die Abbildung zeigt eine Spitfire Mk V des RAF-Geschwaders 315 (polnisch). Durch abnehmbare Flügelenden konnte die Maschine im Tiefflug besser manövrieren. So konnte sich die Spitfire eher mit der neuen Focke-Wulf Fw 190 der deutschen Luftwaffe messen.

Schichtholz-Propellerblatt

Verstell-mechanis-mus für die Propeller-blätter unter dem Spinner

Hoch-behälter für Kühl-flüssigkeit

Pro Zylinder-paar ein Stummelauspuff

Leicht abnehm-bare Verklei-dungsbleche

Verkleidung ersetzt abge-nommene Flügelenden.

Abgedeckte Mündungsöffnun-gen der Maschinengewehre

Oberer Kraftstoff-tank vor Cockpit

Rückspiegel

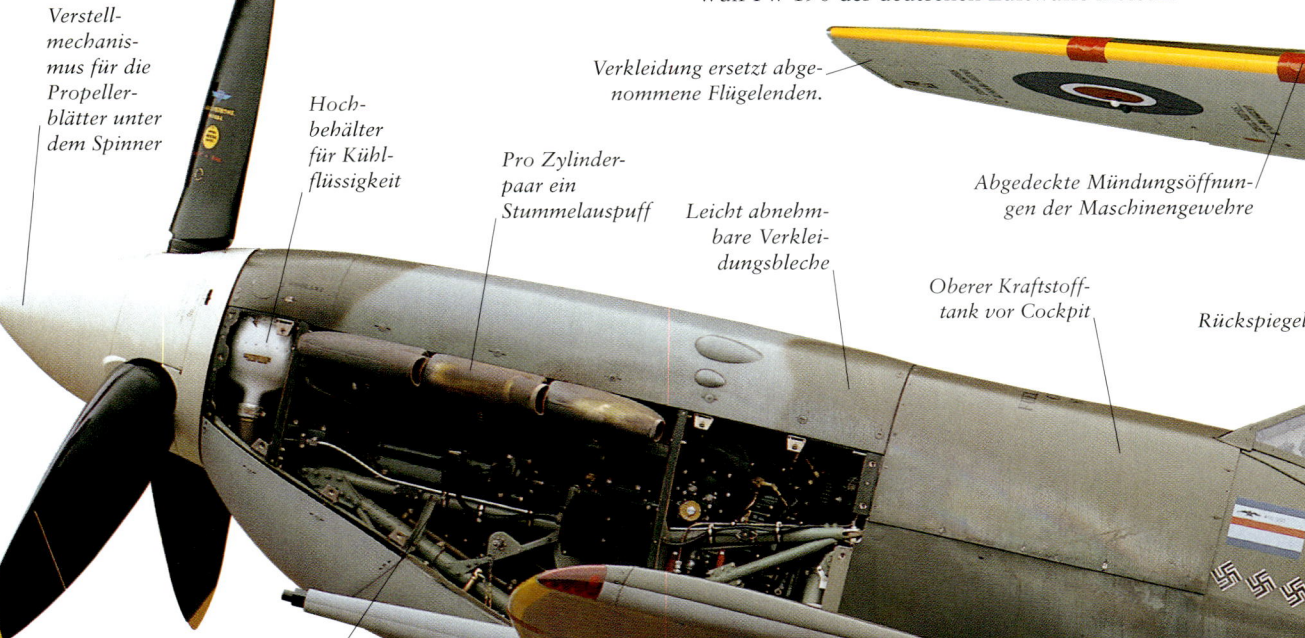

Stahlrohr-Motorträger

Pitot-Rohr misst Stau-druck für Geschwin-digkeitsanzeige.

Hauptfahrwerksbein

Vom Cockpit aus geregelte Motor-kühlklappe

CITY OF WINNI

TECHNISCHE DATEN

Triebwerk Flüssigkeitsgekühlter Rolls-Royce-Merlin-V12-Motor (1470 PS)
Spannweite 9,80 m/11,20 m
Länge 9,10 m
Höhe 3,90 m
Gewicht 3004 kg
Höchstgeschwindigkeit 575 km/h
Steiggeschwindigkeit In FL 100 (3050 m Höhe): 16,5 m/sec
Dienstgipfelhöhe 11 125 m
Bewaffnung Zwei Bordkanonen, vier Maschinengewehre
Besatzung Eine Person

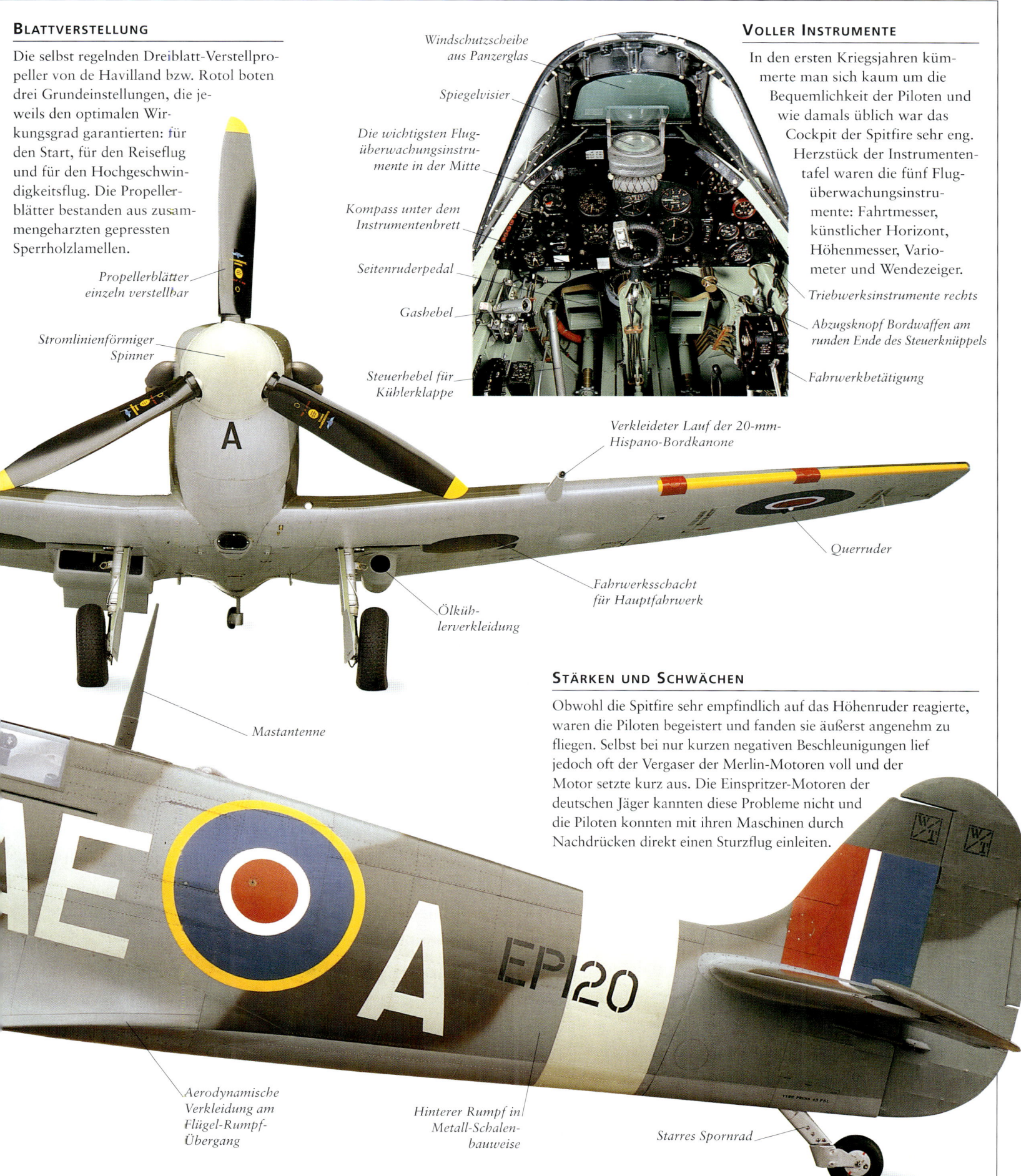

BLATTVERSTELLUNG

Die selbst regelnden Dreiblatt-Verstellpropeller von de Havilland bzw. Rotol boten drei Grundeinstellungen, die jeweils den optimalen Wirkungsgrad garantierten: für den Start, für den Reiseflug und für den Hochgeschwindigkeitsflug. Die Propellerblätter bestanden aus zusammengeharzten gepressten Sperrholzlamellen.

Propellerblätter einzeln verstellbar

Stromlinienförmiger Spinner

Windschutzscheibe aus Panzerglas

Spiegelvisier

Die wichtigsten Flugüberwachungsinstrumente in der Mitte

Kompass unter dem Instrumentenbrett

Seitenruderpedal

Gashebel

Steuerhebel für Kühlerklappe

VOLLER INSTRUMENTE

In den ersten Kriegsjahren kümmerte man sich kaum um die Bequemlichkeit der Piloten und wie damals üblich war das Cockpit der Spitfire sehr eng. Herzstück der Instrumententafel waren die fünf Flugüberwachungsinstrumente: Fahrtmesser, künstlicher Horizont, Höhenmesser, Variometer und Wendezeiger.

Triebwerksinstrumente rechts

Abzugsknopf Bordwaffen am runden Ende des Steuerknüppels

Fahrwerkbetätigung

Verkleideter Lauf der 20-mm-Hispano-Bordkanone

Querruder

Fahrwerksschacht für Hauptfahrwerk

Ölkühlerverkleidung

Mastantenne

STÄRKEN UND SCHWÄCHEN

Obwohl die Spitfire sehr empfindlich auf das Höhenruder reagierte, waren die Piloten begeistert und fanden sie äußerst angenehm zu fliegen. Selbst bei nur kurzen negativen Beschleunigungen lief jedoch oft der Vergaser der Merlin-Motoren voll und der Motor setzte kurz aus. Die Einspritzer-Motoren der deutschen Jäger kannten diese Probleme nicht und die Piloten konnten mit ihren Maschinen durch Nachdrücken direkt einen Sturzflug einleiten.

EP120

Aerodynamische Verkleidung am Flügel-Rumpf-Übergang

Hinterer Rumpf in Metall-Schalenbauweise

Starres Spornrad

1939·1945 LUFTSCHLACHT UM ENGLAND

VON JULI BIS OKTOBER 1940 verteidigte die RAF den britischen Luftraum, als Deutschland versuchte, die Lufthoheit über Großbritannien zu erringen. Dies verhinderte die Invasion der Deutschen von Frankreich aus. Ermöglicht wurde dieser Kraftakt durch ständigen Nachschub an guten Jägern, die, durch das britische Radarwarnsystem »Chain Home« unterstützt, sehr wirkungsvoll waren. Bis Ende Oktober 1940 wurden 1733 deutsche Flugzeuge abgeschossen, die RAF verlor nur 915 Maschinen. Als die Luftwaffe am 15. September 80 Flugzeuge verlor und die RAF nur 35, kam die Wende: Drei Tage später brachen die Deutschen die Invasion ab.

BESTRAFUNG DES AGGRESSORS

Im Blitzkrieg spielte der zweisitzige Sturzkampfbomber Ju 87 eine entscheidende Rolle. Bordsirenen sollten die Opfer in Angst und Schrecken versetzen. Für die Hurricanes und Spitfires der RAF war der »Stuka« allerdings leichte Beute und die Deutschen hatten viele Verluste.

Draht-Antenne

TAPFER, ABER VERLETZLICH

Die vier 0,303-Inches-MGs hinter dem Cockpit der Boulton Paul Defiant dienten für Angriff wie für Verteidigung. Die Defiant wurde wirkungsvoll gegen Bomber eingesetzt, war jedoch für feindliche Jagdpiloten eine leichte Beute, sobald sie sie von einer Hurricane unterscheiden konnten.

Doppelleitwerk, Seitenruder mit Hornausgleich

Starres Heckrad

Flügel mit Hauptholm und tragender Außenhaut

Kleine Cockpitkanzel mit verstärktem Rahmen

Seitenruder mit Hornausgleich

DEUTSCHER TRUMPF

Die Messerschmitt Bf 109E *(links)* mit 1150-PS-Daimler-Benz-DB-601A-Motor, Maschinengewehren und Bordkanonen war für die Hurricanes und Spitfires ein ebenbürtiger Gegner. Die Abbildung links zeigt die spätere Variante Bf 109G.

Nase großzügig verglast

EIN HOHER PREIS

Der mittelschwere Bomber Heinkel He 111 war mit zwei flüssigkeitsgekühlten 1100-PS-Daimler-Benz-DB-601A-Motoren ausgerüstet, trug eine Bombenlast von 2000 kg und erreichte 397 km/h. Die drei 7,9-mm-MG-15-Maschinengewehre konnten aber britische Jagdflugzeuge nicht abwehren.

Gondel für den nach hinten feuernden Bordschützen

SCHWERE BEDROHUNG

Die wendige Junkers Ju 88 war ein Hochgeschwindigkeits- und Sturzflugbomber mit zwei flüssigkeitsgekühlten 1200-PS-Junkers-Jumo-211-Motoren. Unter den Flügeln trug sie 1800 kg Bombenlast, dazu noch eine kleinere Ladung im Rumpf. Die Defensivbewaffnung umfasste drei 7,9-mm-MG-15-Maschinengewehre vor und hinter dem Cockpit sowie in einer Bauchgondel.

Starres Spornrad

Elliptischer Ganzmetallflügel

SCHÖN, ABER NOCH SELTEN

Die Supermarine Spitfire war mit acht in den Flügeln montierten 0,303-Inches-Browning-MGs zwar schlagkräftig, kam jedoch in der Luftschlacht um England in sehr viel geringerer Zahl zum Einsatz als die Hurricane. Ab Juni 1940 wurden die ersten Mk II *(Bild)* ausgeliefert.

Fahrwerk wird in hinteren Teil der Triebwerksgondeln eingezogen.

Rumpf vorne mit Blech beplankt, hinten stoffbespannt

ZWEIMOTORIGER GELEITSCHUTZ

Der Langstreckenjäger Messerschmitt Bf 110 *(großes Bild)* sollte im Geleitschutz und in der Verteidigung eingesetzt werden, war jedoch den modernen englischen Jägern unterlegen. Bei Tages-Bombenangriffen über Großbritannien gingen viele Maschinen verloren.

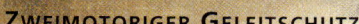

ZERSTÖRUNGSKRAFT

Die Hawker Hurricane war in der Schlacht um England für die RAF die wichtigste Stütze. Die Abbildung zeigt eine Mk I des 3. Geschwaders in Biggin Hill 1939. Als erstes Flugzeug der RAF flog die Hurricane schneller als 300 mph (483 km/h). Die Bewaffnung war derjenigen der Spitfire vergleichbar, mit ihrem 1030-PS-Rolls-Royce-Merlin-Motor war sie dieser in Schnelligkeit und Steiggeschwindigkeit aber unterlegen. Mindestens 80 % der zerstörten feindlichen Flugzeuge gehen auf ihr Konto.

1939·1945 SCHWERE BOMBER

IM ZUGE DER AUFRÜSTUNG Ende der 1930er-Jahre wurde eine größere Zahl an viermotorigen Langstreckenbombern gebaut. Sie ermöglichten es, bei Tag und Nacht groß angelegte strategische Bombenangriffe zu fliegen, und bombardierten dabei Industrieanlagen, Verkehrsknotenpunkte, Städte und Militäranlagen. Dadurch dass Produktion und Mobilität sanken und die Bevölkerung demoralisiert wurde, sollte der Gegner geschwächt werden. Hier sehen Sie einige der schweren Bomber jener Zeit.

Auspuffrohre abgedeckt mit Flammendämpfern zur Tarnung bei Nachtangriffen

FRÜHE »FORTRESS«

Die Boeing 299, ein Prototyp der berühmten B-17 Flying Fortress, wurde von vier 750-PS-Pratt-&-Whitney-Hornet-Sternmotoren angetrieben und hatte acht Mann Besatzung. Boeing steckte damals 432 034 $ in die Entwicklung der Maschine, die am 28. Juli 1935 erstmals flog, aber schon am 30. Oktober abstürzte. Als die B-17 in Serie ging, bekam Boeing seinen hohen Einsatz wieder zurück.

MÄCHTIGES NORDLICHT

Die Handley Page Halifax flog erstmals 1939 und war der zweite viermotorige Bomber der RAF. Handley Page produzierte insgesamt 6176 Maschinen in zwei Varianten, eine mit flüssigkeitsgekühlten Rolls-Royce-Merlin-Motoren und eine mit luftgekühlten Bristol-Hercules-Motoren *(Bild)*. Maximale Bombenlast waren 5450 kg.

Position Bombenschütze/vorderer Bordschütze

Verstärkte Flügelvorderkante zum Schutz gegen Sperrballontaue

Luftgekühlter Bristol-Hercules-Sternmotor

Ganzmetallrumpf, Bombenschacht im unteren Bereich

Heckkanzel mit vier 0,303-Inches-Maschinengewehren

Innere Triebwerksgondeln nehmen Fahrwerk auf.

LANGBEINIGE »LIB«

Die Consolidated B-24 Liberator kam bei der US-Luftwaffe, der US-Marine und den alliierten Streitkräften zum Einsatz. Mit 18 431 Exemplaren war sie der meistverwendete Bomber. Der hoch angebrachte Hochauftriebs-Flügel sorgte für niedrigen Luftwiderstand und machte ein ungewöhnlich langes Fahrwerk notwendig. Die Liberator trug zehn Mann Besatzung.

*Zwei 0,303-Inches-
Maschinengewehre*

DAMMBRECHER

Die berühmte Avro Lancaster war eine viermotorige Version der misslungenen Avro Manchester. Von den 156 000 Feindflügen, die mit Lancasters geflogen wurden, sind die Angriffe des Geschwaders 617 am 16./17. Mai 1943 auf die Ruhrstaudämme unvergessen.

EINSAMER SCHWERER SOWJETBOMBER

Der einzige schwere Sowjetbomber im Zweiten Weltkrieg hieß Tupolew TB-7/ANT-42. Später benannte man ihn nach dem Chefkonstrukteur Wladimir Petljakow in Pe-8 um. Als Triebwerke dienten vier AM-35-A-Kompressormotoren mit je 1340 PS; er konnte eine Bombenlast von 2000 kg über 3600 km transportieren.

DEUTSCHER GREIF

Der strategische Bomber Heinkel He 177 Greif hatte vier Triebwerke – pro Gondel zwei flüssigkeitsgekühlte Daimler-Benz-12-Zylindermotoren für einen Propeller. Wegen Triebwerksproblemen und Treibstoffknappheit war die He 177 nur begrenzt einsatzfähig. Die Abbildung zeigt eine von den Engländern erbeutete He 177.

*Selbst regelnder de-
Havilland-Hydroma-
tic-Verstellpropeller*

*20-mm-MG-151-
Bordkanone*

*Zwei 0,303-Inches-
Maschinengewehre*

*Ansaugöffnung
des Ölkühlers*

HOCHBEINIGE STIRLING

Die Short Stirling war der erste viermotorige Eindecker-Bomber, der von der RAF in Dienst gestellt wurde und tatsächlich Einsätze flog. Die Konstruktion als Schulterdecker erforderte ein kompliziertes, langbeiniges Fahrwerk mit einem elektrischen Einziehmechanismus, der immer wieder Probleme bereitete. Mit ihren vier 1650-PS-Bristol-Hercules-Motoren konnte die Stirling eine Bombenlast von 6350 kg 950 km weit befördern. 2208 Stück wurden gebaut.

1939·1945 MESSERSCHMITT BF 109E

WILLY MESSERSCHMITT von den Bayerischen Flugzeugwerken konstruierte die Bf 109, die in der Luftschlacht um England 1940 zum Hauptgegner der Spitfire wurde. Er kombinierte ein möglichst kleines Flugwerk mit dem stärksten verfügbaren Motor. Beim Erstflug im September 1935 war die Bf 109 vermutlich der weltweit modernste Jäger. Nach der Feuertaufe im Spanischen Bürgerkrieg taten verschiedene Varianten noch fast 20 Jahre lang Dienst, auch bei fremden Luftstreitkräften. Insgesamt wurden 35 000 Stück in verschiedenen Versionen gebaut.

HOCHLEISTUNGSTRIEBWERK

Der Motor war ein flüssigkeitsgekühlter Daimler-Benz-DB-601Aa-12-Zylinder. Der V-Motor mit hängenden Zylindern bedingte die tief liegenden Auspuffstummel. Der Metallpropeller war elektrisch verstellbar, eine 20-mm-MG-FF-Bordkanone feuerte durch die Spinneröffnung.

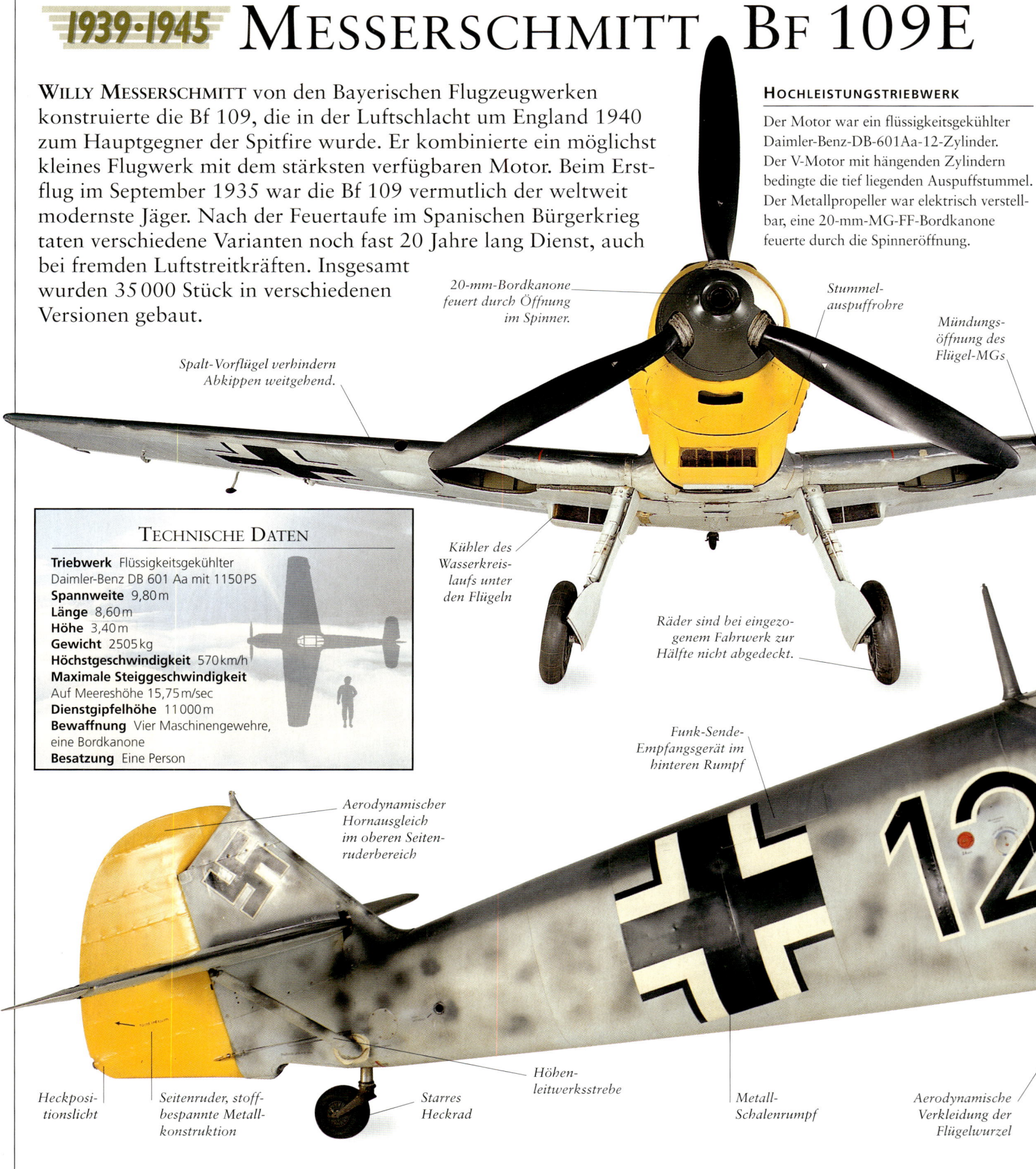

20-mm-Bordkanone feuert durch Öffnung im Spinner.

Spalt-Vorflügel verhindern Abkippen weitgehend.

Stummel-auspuffrohre

Mündungs-öffnung des Flügel-MGs

Kühler des Wasserkreislaufs unter den Flügeln

Räder sind bei eingezogenem Fahrwerk zur Hälfte nicht abgedeckt.

Funk-Sende-Empfangsgerät im hinteren Rumpf

Aerodynamischer Hornausgleich im oberen Seitenruderbereich

Höhenleitwerksstrebe

Heckpositionslicht

Seitenruder, stoffbespannte Metallkonstruktion

Starres Heckrad

Metall-Schalenrumpf

Aerodynamische Verkleidung der Flügelwurzel

TECHNISCHE DATEN

Triebwerk Flüssigkeitsgekühlter Daimler-Benz DB 601 Aa mit 1150 PS
Spannweite 9,80 m
Länge 8,60 m
Höhe 3,40 m
Gewicht 2505 kg
Höchstgeschwindigkeit 570 km/h
Maximale Steiggeschwindigkeit Auf Meereshöhe 15,75 m/sec
Dienstgipfelhöhe 11 000 m
Bewaffnung Vier Maschinengewehre, eine Bordkanone
Besatzung Eine Person

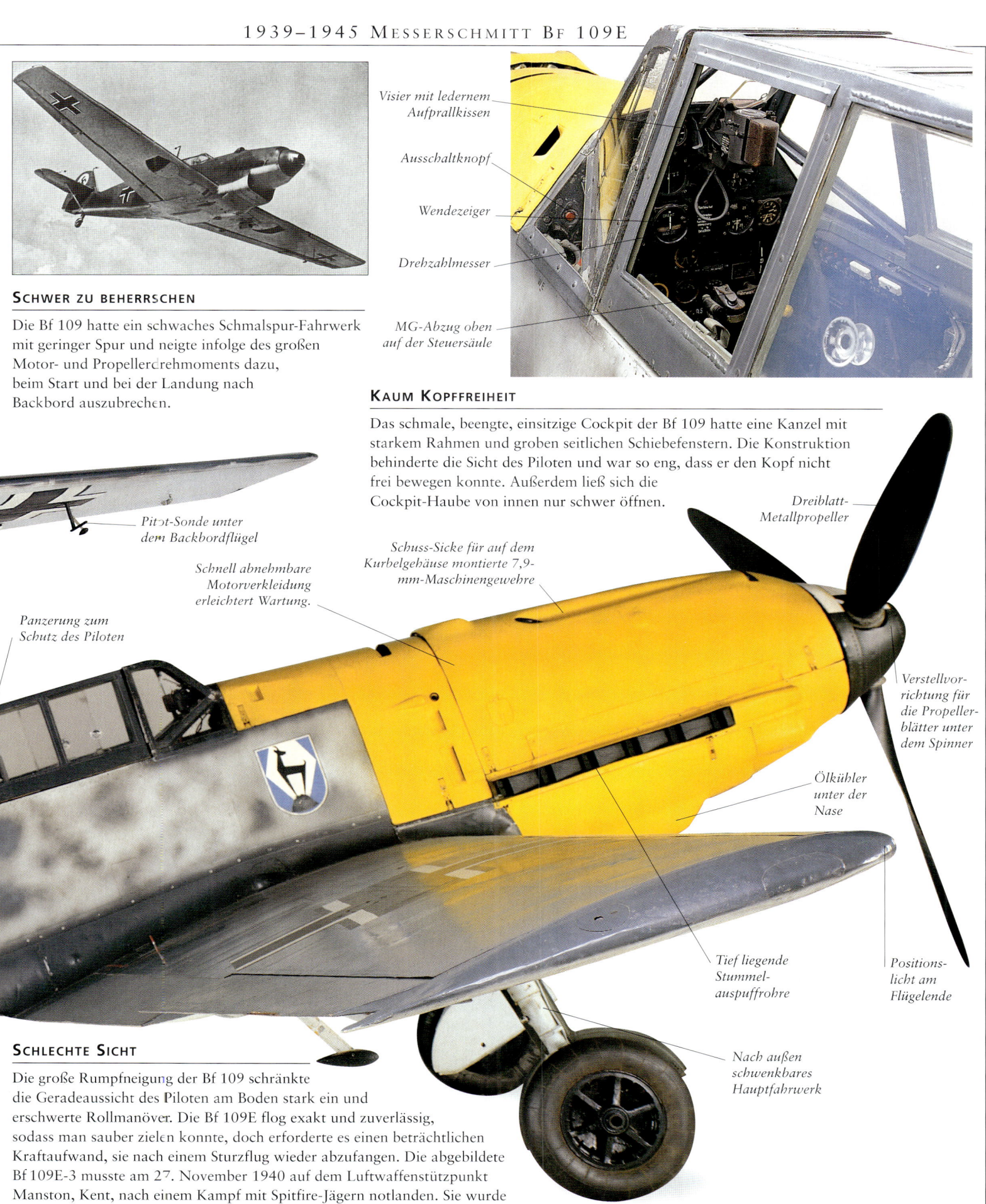

Visier mit ledernem Aufprallkissen

Ausschaltknopf

Wendezeiger

Drehzahlmesser

MG-Abzug oben auf der Steuersäule

SCHWER ZU BEHERRSCHEN

Die Bf 109 hatte ein schwaches Schmalspur-Fahrwerk mit geringer Spur und neigte infolge des großen Motor- und Propellerdrehmoments dazu, beim Start und bei der Landung nach Backbord auszubrechen.

KAUM KOPFFREIHEIT

Das schmale, beengte, einsitzige Cockpit der Bf 109 hatte eine Kanzel mit starkem Rahmen und groben seitlichen Schiebefenstern. Die Konstruktion behinderte die Sicht des Piloten und war so eng, dass er den Kopf nicht frei bewegen konnte. Außerdem ließ sich die Cockpit-Haube von innen nur schwer öffnen.

Dreiblatt-Metallpropeller

Pitot-Sonde unter dem Backbordflügel

Schnell abnehmbare Motorverkleidung erleichtert Wartung.

Schuss-Sicke für auf dem Kurbelgehäuse montierte 7,9-mm-Maschinengewehre

Panzerung zum Schutz des Piloten

Verstellvor-richtung für die Propeller-blätter unter dem Spinner

Ölkühler unter der Nase

Tief liegende Stummel-auspuffrohre

Positions-licht am Flügelende

Nach außen schwenkbares Hauptfahrwerk

SCHLECHTE SICHT

Die große Rumpfneigung der Bf 109 schränkte die Geradeaussicht des Piloten am Boden stark ein und erschwerte Rollmanöver. Die Bf 109E flog exakt und zuverlässig, sodass man sauber zielen konnte, doch erforderte es einen beträchtlichen Kraftaufwand, sie nach einem Sturzflug wieder abzufangen. Die abgebildete Bf 109E-3 musste am 27. November 1940 auf dem Luftwaffenstützpunkt Manston, Kent, nach einem Kampf mit Spitfire-Jägern notlanden. Sie wurde so restauriert, dass die Kampfspuren erhalten blieben.

1939·1945 BOEING B-17G

*Selbst regelnder Verstellpropeller
Hamilton-Standard Hydromatic*

DIE BOEING B-17 FLYING FORTRESS war einer der besten mittelschweren Bomber des Zweiten Weltkriegs und wurde für groß angelegte Tagesangriffe aus großer Höhe eingesetzt. Bekannt wurde sie 1943, als die 8. US-Luftstreitkräfte von England aus Angriffe gegen Deutschland und das besetzte Europa flogen. Die B-17, die am 28. Juli 1935 als B-299 ihren Erstflug hatte, wurde in verschiedenen Varianten produziert, wobei die Defensivbewaffnung ständig verstärkt wurde. Bis 1945 wurden 12726 Maschinen hergestellt.

TECHNISCHE DATEN

Triebwerke Vier luftgekühlte 1200-PS-Sternmotoren mit General-Electric-B-22-Turboladern
Spannweite 31,60 m
Länge 22,70 m
Höhe 5,80 m
Gewicht 24948 kg
Höchstgeschwindigkeit 486 km/h
Bewaffnung 13 M-2-Browning-0,5-Inches-Maschinengewehre; durchschnittliche Bombenlast: 1814 kg
Besatzung Zehn Personen

SALLY B ALIAS MEMPHIS BELLE

Das abgebildete Flugzeug *(oben im Flug)* gehörte zu den letzten 100 B-17-Modellen. Es verließ das Lockheed-Vega-Werk im Juni 1945 – zu spät für einen Kriegseinsatz. Nachdem es für Kartografiearbeiten in Frankreich eingesetzt worden war, kaufte es 1975 der britische Unternehmer Ted White. Die *Sally B*, wie man sie nannte, spielte 1990 die Hauptrolle in dem Film *Memphis Belle*.

*Steuerhörner für Quer-
und Höhenruder*

ÜBERSICHTLICHE INSTRUMENTE

In dem klar strukturierten Cockpit der B-17 sitzen der Pilot links und der Copilot rechts. Die Gashebel befinden sich auf einer Mittelkonsole. Die wichtigsten Flugüberwachungsinstrumente sitzen für beide Piloten sichtbar in der Mitte, die Triebwerksinstrumente dagegen rechts.

*Stoff-
bespanntes
Seitenruder*

*Trimm-
ruder*

124485

*Kanzel des
Heckschützen*

*Heckrad, 66 cm
Durchmesser*

*Leitstrahl-
antenne*

*Verkleidete
Kielflosse*

*Einzelnes 0,5-Inches-
Browning-MG
seitlich im Rumpf*

Nase aus Plexiglas

Flache, dreieckige Glasscheibe für die Zielvorrichtung

Außenflügel

Positionslampe

Enteisungsvorrichtung in Flügelvorderkante

Unterrumpfkanzel

Ferngesteuerte Buggeschütze

Fahrwerkbeine nach hinten in innere Triebwerksgondeln einklappbar

TURBOMOTOREN

Vier Wright-R-1820-Sternmotoren mit Turbolader trieben die Hamilton-Standard-Propeller der B-17G mit 3,50 m Durchmesser an. In einer Höhe von 7620 m erreichte die Maschine eine Geschwindigkeit von 257 km/h. Die Bombenlast betrug 1814 kg und die Räder des Hauptfahrwerks hatten einen Durchmesser von 1,4 m.

0,5-Inches-Browning-MG

Munitionsgürtel

SCHUSS AUS DER HÜFTE

Die seitlichen Bordwaffenstände der ersten B-17 hatten blasenförmige Plexiglasfenster, die ab der B-17E durch einfache flache Scheiben ersetzt wurden. Die Schützen standen anfangs Rücken an Rücken, doch ab der B-17F waren die Waffenstände versetzt angeordnet.

BOMBEN FREI!

Der Bombenschütze zielte mit einem Visier durch eine flache, dreieckige Glasscheibe. Die Wahlschalter für die Bombenhalterungen befanden sich links. Beim Zielanflug hatte der Bombenschütze die absolute Befehlsgewalt über das Flugzeug.

Bomben-Wahlschalter

Drehstuhl Bombenschütze

Bomben-Zielvorrichtung

Zwei Notausstiegsluken im Cockpitdach

Astrokuppel für Navigator

Seitliches Fenster für tragbares 0,5-Inches-Maschinengewehr

Funkerkabine

Antenne

Schiebeluke

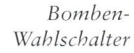

UNTERRUMPFKANZEL

Die B-17 verfügte erstmals über eine hydraulisch drehbare Unterrumpfkanzel. Nur kleine Männer fanden darin Platz und aus Sicherheitsgründen durften sie erst nach dem Start in die Kanzel steigen und mussten sie vor der Landung wieder verlassen.

Verkleidete drehbare Rahmenantenne

Zwei 0,5-Inches-Browning-MGs in hydraulisch drehbarer Unterrumpfkanzel

Raddurchmesser 1,40 m

1939·1945 JÄGER DER LETZTEN KRIEGSJAHRE

DIE JAGDFLUGZEUGE ENTWICKELTEN SICH während des Zweiten Weltkrieges rasch weiter. Dies bedeutete – vor allem nach Eintritt der USA in den Konflikt –, dass auf der ganzen Welt eine Vielfalt verschiedener Flugzeuge produziert wurde. Der Kolbenmotor stieß an die Grenzen des technisch Machbaren, die Leistungsgrenze war erreicht. Die Annäherung an die Schallgeschwindigkeit bereitete außerdem neue aerodynamische Probleme. Sehen Sie hier einige der bekanntesten Jäger der Krieg führenden Nationen.

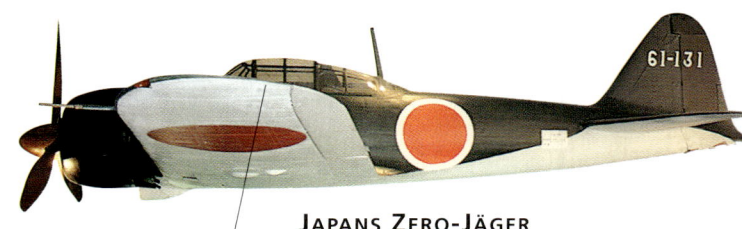

Von Hand um-klappbare Flügel-enden (später abgeschafft)

JAPANS ZERO-JÄGER

Die Mitsubishi A6M Rei-sen wurde in der japanischen Marine als trägergestützter Jäger Typ 0 geführt. Die Alliierten nannten sie »Zero«. Sie flog erstmals am 1. April 1939 und kam den ganzen Krieg hindurch zum Einsatz. Bis 1945 liefen insgesamt 10 500 Rei-sen vom Band.

FURCHTBARER GEGNER

Die von Kurt Tank konstruierte Focke-Wulf Fw 190 absolvierte ihren Jungfernflug am 1. Juni 1939. Die Fw 190A-3 *(unten)* wurde von einem 1700-PS-BMW-Motor angetrieben. Bewaffnet war sie mit zwei 7,9-mm-MGs vor dem Cockpit und vier 20-mm-Bordkanonen in den Flügeln.

Ringförmiger Öl-kühler an der Nase

Abdeckung der Fahrwerksschächte

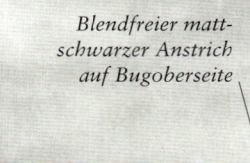

Blendfreier matt-schwarzer Anstrich auf Bugoberseite

Kleiner Spinner

UNGESTÜMER JÄGER

Die Hawker Tempest V Series 2 *(rechts)* war das einzige Tempest-Modell, das den Krieg erlebte. Sie hatte einen 2200-PS-Napier-Sabre-II-H-Motor und trug vier 20-mm-Bordkanonen. Der Nachfolger Tempest II war der letzte einmotorige und einsitzige Jagdbomber, der für die RAF hergestellt wurde.

Kühlergehäuse unter der Nase

Große, tropfenförmige Panoramakanzel

Auslassklappe für Luftkühlung

GROSSE STÜCKZAHL

Das hervorragende Jagdflugzeug North American P-51 Mustang flog erstmals im Oktober 1940. Das geschlossene Cockpit der ersten Modelle war wie bei den deutschen Bf 109 in einen erhöhten Rumpfrücken integriert, doch ab der PD-51D *(Foto links)* hatte die Mustang eine erhöht liegende, rahmenlose Kuppelkanzel.

Die Sowjetunion greift an

Die Zahl der Yakowlew Yak-9-Jäger, die Mitte 1944 an den Fronten der Sowjetunion flogen, überstieg die Summe aller restlichen Jäger der sowjetischen Luftwaffe. Die Höchstgeschwindigkeit der Yak-9D *(rechts)* auf 3100 m Höhe betrug 600 km/h. Bewaffnet war sie mit einer 20-mm-ShVAK-Bugkanone und einem 12,7-mm-Maschinengewehr. Die Produktion wurde 1948 mit der Yak-9P eingestellt. Bis dahin waren insgesamt 16 769 Yak-9 gebaut worden.

Vierblatt-Verstell-propeller

Regelbare Kühlklappen

Funkantenne

Trimmruder in Seiten-ruderhinterkante

Blitz aus heiterem Himmel

Die Republic Thunderbolt nahm 1942 noch als P-47B »Razorback« den Dienst auf. Ab der P-47D hatte sie ein flacheres Rumpfheck und eine Kuppelkanzel. Die P-47N *(links)* wurde von einem luft-gekühlten, zweireihigen 18-Zylinder-Sternmotor R-2800-77 von Pratt & Whitney mit 2800 PS angetrieben und war mit 0,5-Inches-Maschinen-gewehren bestückt.

Kugelsichere Wind-schutzscheibe

Eingezogenes Heckrad

Bomben-halterung

Blick von oben

Der Aufklärer Spitfire PR Mk XIX *(unten)* war eine unbe-waffnete Version des berühmten Supermarine-Spitfire-Jägers, grob gesagt eine Mk XIV mit modifizierten Mk-VC-Flügeln und einer Kameraausrüstung. Ihre Höchstgeschwindigkeit betrug 740 km/h, die Gipfelhöhe 13 100 m.

Lange Nase schränkt Sicht bei Landeanflug und Landung ein.

Fahrwerk nach hinten schwenkbar

Beim Einziehen dreht sich das Rad um 90°, damit es flach liegt.

Marinekämpfer

Die kurzen Fahrwerksbeine des Marinejägers Chance-Vought-F4U Corsair boten aufgrund der typischen Knick-flügel mit zuerst negativer V-Stellung genug Bodenfreiheit. Die Corsair, die im Mai 1940 erstmals flog, erreichte eine Geschwindigkeit von 600 km/h. Sie flog für die US-Marine, das US-Marine-Corps und die britische Marine.

Lange Nase mit Rolls-Royce-Griffon-Motor

1939·1945 DIE ERSTEN JETS

DIE ERSTEN STRAHLTURBINEN waren kaum leistungsfähiger als große Kolbenmotoren. Mit zunehmender Erfahrung in Konstruktion und Anwendung wuchs ihre Leistung jedoch schnell an. Eine der größten Herausforderungen bestand darin, Legierungen zu entwickeln, die der Hitze und der Belastung im Strahlrohr standhielten. Auch aerodynamische Probleme bei Hochgeschwindigkeitsflügen jenseits der Schallmauer (Mach 1) stellten die Wissenschaftler und Ingenieure vor neue Hürden.

Einsitziges Cockpit hinter der Einlassöffnung

DAS ERSTE DÜSENFLUGZEUG

Die Heinkel He 178 flog als erstes Flugzeug ausschließlich mit der Kraft einer Strahlturbine. Das HeS-3b-Triebwerk hatte einen Schub von 499 kp. Die He 178 hob am 24. August 1939 kurz ab und schaffte drei Tage später den ersten richtigen Flug.

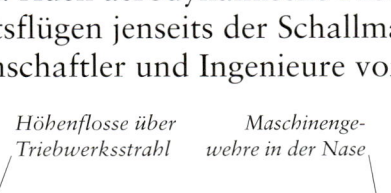

Höhenflosse über Triebwerksstrahl   *Maschinengewehre in der Nase*

DER ERSTE DÜSENJÄGER

Der Rumpf der Messerschmitt Me 262 erinnerte an einen Hai. Sie wurde im Herbst 1944 in Dienst gestellt und so zum ersten Düsenjäger im Kampfeinsatz. Zwei Junkers-Jumo-004-Triebwerke mit 898 kp Schubkraft trieben sie an. Die Me 262 diente als Tages- und Nachtjäger sowie als Bomber.

Gondel mit Junkers-Jumo-Strahlturbine unter der Tragfläche

Kuppel des einsitzigen Cockpits

Einlassöffnung des Triebwerks weit vor Flügelvorderkante

Einlassöffnung an der Rumpfseite

BOMBER MIT DÜSENANTRIEB

Der erste eigens konstruierte Düsenbomber der Welt hieß Arado Ar 234B Blitz. In der deutschen Luftwaffe fungierte er ab Juli 1944 als Bomber und Aufklärer. Die beiden BMW-003-Strahlturbinen brachten die Maschine in 10 000 m Höhe zwar auf eine Geschwindigkeit von 740 km/h, verschlissen jedoch schnell.

DAS ERSTE AMERIKANISCHE DÜSENFLUGZEUG

Das erste US-amerikanische Düsenflugzeug, die Bell P-59 Aircomet, absolvierte ihren Erstflug am 1. Oktober 1942 mit zwei 590-kp-General-Electric-I-As-Triebwerken. Ursprünglich als Jäger gedacht, verwendete man die Aircomet vorwiegend als Schulungsflugzeug. Im Luftkampf war sie den kolbengetriebenen Flugzeugen ihrer Zeit unterlegen.

Beiderseits der Nase je zwei MGs

Triebwerks-gondel

SOWJETISCHES ERFOLGSMODELL

Die Mikojan-Gurewitsch MiG-15 absolvierte ihren Erstflug im Dezember 1947. Der schnelle, wendige Jäger wurde 1950–53 im Koreakrieg eingesetzt. Das Rolls-Royce-Nene-Triebwerk war Mitte der 1940er-Jahre in England entwickelt worden.

Lange Cockpit-Haube (zweisitzige Schulvariante)

Einlassöffnung des Triebwerks

BRITISCHER DÜSENJÄGER

Die Gloster Meteor war der erste Düsenjäger, der in RAF-Staffeln eingesetzt wurde, und der einzige Jet der Alliierten, der im Zweiten Weltkrieg Kampfeinsätze flog. Sie wurde vor allem gegen die V1-Rakete einge-setzt und erreichte eine Geschwindigkeit von 608 km/h.

Abmontierbares Rumpf-heck für schnellen Triebwerkswechsel

ZU SPÄT

Die Lockheed P-80 Shooting Star *(links)* war das erste Düsenflugzeug der US-Luftwaffe. Der Jungfernflug des Prototyps fand am 8. Januar 1944 statt, die ersten Maschinen wurden ab Oktober auf Einsatz-tauglichkeit getestet. Die Serienproduktion der mit General-Electric-J33-Triebwerken ausgerüsteten P-80 lief für den Einsatz im Zweiten Weltkrieg zu spät an. Im Koreakrieg jedoch kam sie zum Zug.

Zwei Leitwerksträger seitlich des Rumpfes

Tank am Flügelende

Flügelspitzentanks fassen 1250 l.

VENOM MIT GHOST-TRIEBWERK

1949 erschien der einsitzige Hochleistungsjagdbomber de Havilland D.H.112 Venom mit Ghost-Strahlturbine. Es gab ver-schiedene Varianten, z. B. einen zweisitzigen Nachtkampfjäger und die Sea Venom der briti-schen Marine. Die Abbildung zeigt eine Maschine, die ur-sprünglich für die schweize-rische Luftwaffe gebaut wurde.

FÜR DEN KAMPF GESCHAFFEN

Im Luftkampf über Korea trafen im Dezember 1950 North-American-F-86-Sabres auf die unterlegenen MiG-15-Jäger. Die ersten Sabre-Modelle hatten General-Electric-J47-Triebwerke mit 2360 kp Schubkraft.

DAS DÜSENZEITALTER BRICHT AN

DIE ZAHLLOSEN FLUGPLÄTZE, die im Zweiten Weltkrieg angelegt worden waren, machten Flugboote als Passagierflugzeuge überflüssig. Viermotorige Landflugzeuge mit Druckkabine nahmen nun ihren Platz ein. Bald aber wichen diese den ersten Turboprop- und Düsenmaschinen, die auf den viel beflogenen Flugstrecken der Welt zum Einsatz kamen. Jäger und Bomber verwendeten ebenfalls Strahltriebwerke, Militärtransporter jedoch setzten noch Kolbenmotoren ein. Die Forschungsbemühungen des deutschen Militärs im Krieg auf dem Gebiet der Aerodynamik hatten die Einführung von Pfeilflügeln und stromlinienförmigen Triebwerksgondeln gefördert – die Überschallära konnte beginnen. Im gleichen Zeitraum entwickelte sich der Hubschrauber zum brauchbaren Fluggerät. Weitere Errungenschaften waren Überschallverkehrsflugzeuge, Großraumflugzeuge und Senkrechtstarter.

BEISPIELHAFT

Werbeplakate sprechen immer für die Zeit, der sie entstammen. Diese Reklame für die australische Quantas aus den 1950er-Jahren zeigt eine Lockheed Constellation.

FÜHREND

Die Doppelrumpf-Jet-Baureihen de Havilland Vampire und Venom waren in den 1950er-Jahren als Jagd- und Schulflugzeuge führend. Hier eine Sea Vampire der britischen Marine.

1946·1969 FLUGZEUGE MIT KOLBENMOTOREN

NACH ENDE DES ZWEITEN WELTKRIEGS traten wieder kommerzielle Verkehrsflugzeuge in den Vordergrund. Die britischen Flugzeughersteller rüsteten vor allem Bomber um, damit sie der Nachfrage gerecht werden konnten. In den USA dagegen gab es bereits eigens entwickelte Verkehrsflugzeuge, die man für den Kriegseinsatz hastig zu Militärtransportern umgebaut hatte. Doch schon bald flogen neue, speziell konstruierte Verkehrsflugzeuge wie die hier vorgestellten in den Flotten der zivilen Fluggesellschaften.

UMGERÜSTETE LANCASTER

Die Avro 691 Lancastrian war ein Lancaster-Bomber ohne mittleren Geschützturm und mit stromlinienförmig verkleideten Gefechtsständen im Bug und Heck. Sie war viel schneller als ihr Vorgänger aus den 1930er-Jahren, aber nicht gerade komfortabel. Sie flog u. a. für Quantas, Skyways und die British South American Airways Corporation.

Ganzmetallrumpf mit tragender Außenhaut

Dreifach-leitwerk

FRIEDLICHER ABKÖMMLING DER WELLINGTON

Die 21-sitzige Vickers V.C.1 Viking war das erste britische Passagierflugzeug, das nach dem Krieg im Liniendienst eingesetzt wurde. Sie vereinte Bestandteile des Wellington-Bombers – die Triebwerksgondeln, das Fahrwerk und die stoffbespannten Außenflügel mit geodätischer Fachwerkstruktur – mit einem neuen Rumpf mit tragender Außenhaut. Die Maschine flog erstmals im Juni 1945.

Höhenflosse für Einfahrt in Hangar seitlich klappbar

»DOUBLE BUBBLE«

Die Boeing 377 Stratocruiser war eine Weiterentwicklung des Militärtransporters C-97. Von vier klobigen und komplizierten 3500-PS-Sternmotoren angetrieben, flog sie erstmals 1947. Der Spitzname »double bubble« kommt vom Rumpfquerschnitt, der aus einem großen kreisrunden Ober- und einem kleineren kreisförmigen Unterdeck zusammengesetzt ist.

»Double-Bubble«-Rumpf mit Druckkabine

Runde Fenster halten der Druckdifferenz stand.

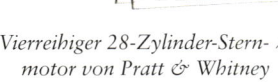

Hochgezogenes Heck bietet größere Bodenfreiheit beim Start.

37,50 m Spannweite

Vierreihiger 28-Zylinder-Sternmotor von Pratt & Whitney

Zwei Decks im Rumpf ohne Druckausgleich

UNTERWEGS NACH NORDAFRIKA

Die Breguet-763-Deux-Ponts hatte zwei Flugdecks und flog ab 1949 zunächst unter der Typenbezeichnung 761. Die ursprünglichen 1580-PS-SNECMA-14-R-Motoren wurden für die Serienproduktion durch Pratt-&-Whitney-Motoren ersetzt. Die zwölf verbesserten 763-Maschinen der Air France flogen vor allem auf Linien nach Nordafrika.

Kleine mittlere Seitenflosse

BRITISH EUROPEAN AIRWAYS
G-ALZB
Fahrwerk in hinteren Teil der Triebwerksgondeln einziehbar

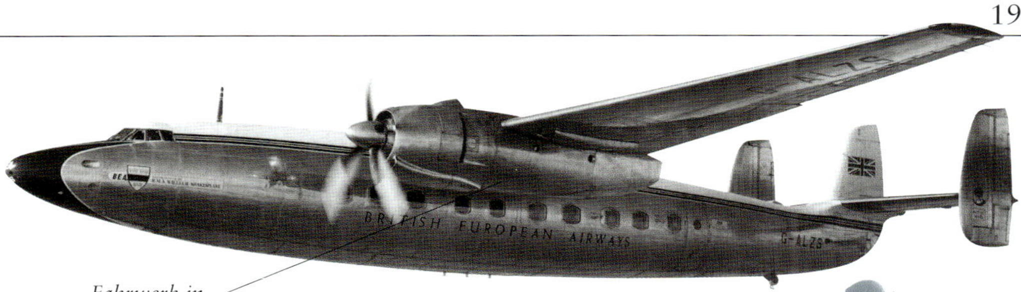

HÖCHST ELEGANT

Mit oben liegenden Tragflächen und Dreifachleitwerk verkörperte die Airspeed Ambassador die Eleganz der Propellerflugzeuge. Sie trat 1952 in Dienst und sollte mit 418 km/h Reisegeschwindigkeit die DC-3 und die Dakota verdrängen.

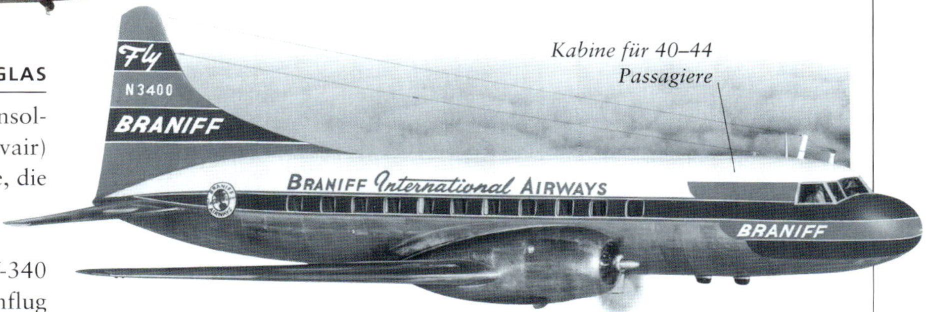

Fly
N3400
BRANIFF
BRANIFF International AIRWAYS
BRANIFF
Kabine für 40–44 Passagiere

KONKURRENZ FÜR DOUGLAS

Der amerikanische Flugzeughersteller Consolidated-Vultee Aircraft (ab 1954 Convair) präsentierte eine zweimotorige Baureihe, die die allgemein verbreitete DC-3 verdrängen sollte. Auf die CV-240 (Erstflug im März 1947) folgte die CV-340 *(rechts)*, die ein Jahr nach ihrem Jungfernflug im Oktober 1951 den Dienst aufnahm. Convair baute mehr als 1000 Maschinen in verschiedenen Varianten.

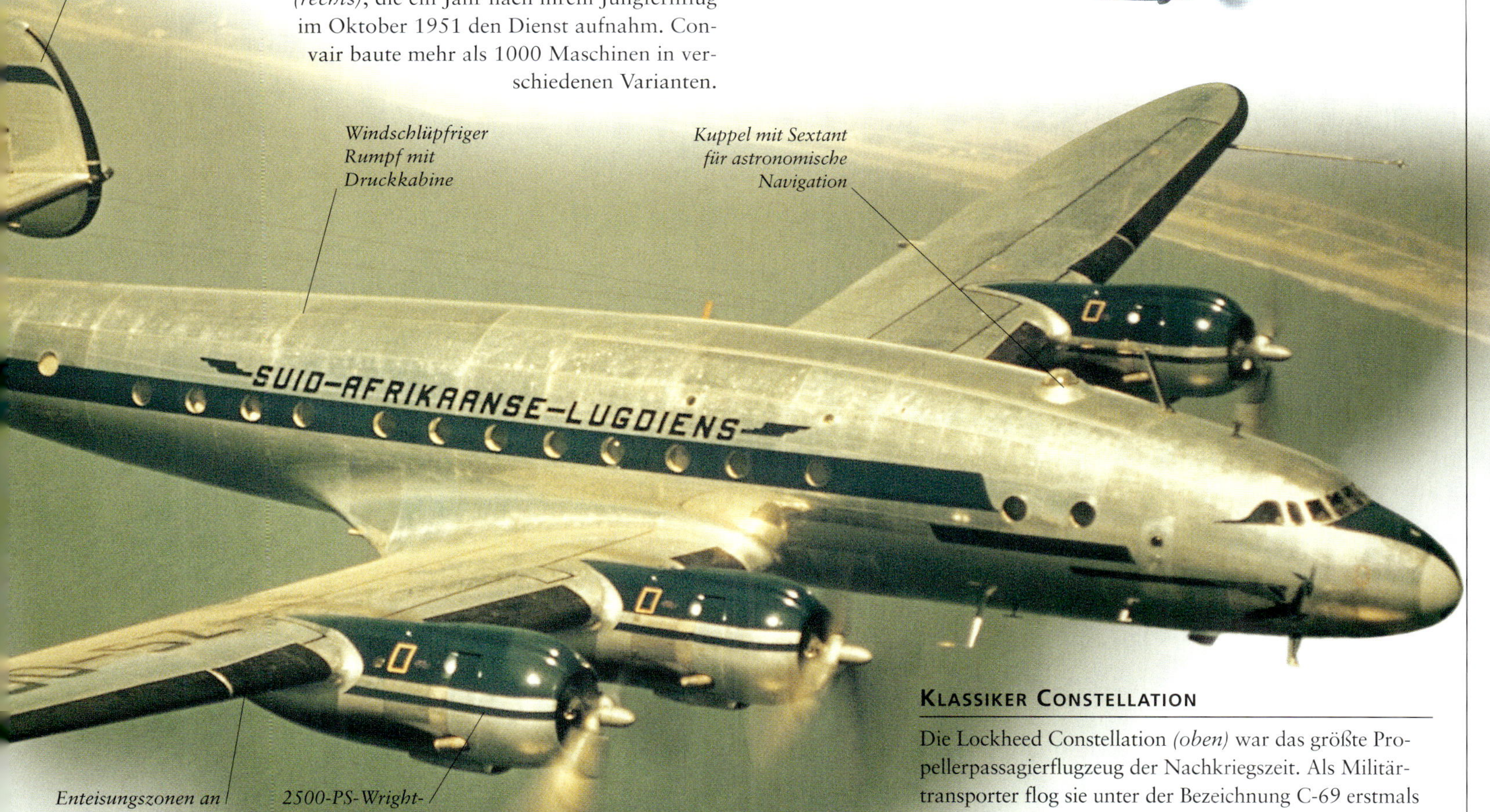

15 m Leitwerksspannweite
Windschlüpfriger Rumpf mit Druckkabine
Kuppel mit Sextant für astronomische Navigation
SUID-AFRIKAANSE-LUGDIENS
Enteisungszonen an Flügelvorderkante
2500-PS-Wright-Cyclone-R-3350-Sternmotor

KLASSIKER CONSTELLATION

Die Lockheed Constellation *(oben)* war das größte Propellerpassagierflugzeug der Nachkriegszeit. Als Militärtransporter flog sie unter der Bezeichnung C-69 erstmals 1943. Endpunkt der Entwicklung war 1956 die 1649 Starliner mit 99 Sitzen. Die Abbildung zeigt eine 749 der South African Airways von 1950.

Pratt-&-Whitney-Double-Wasp-Sternmotoren
PAS
EP-AEP

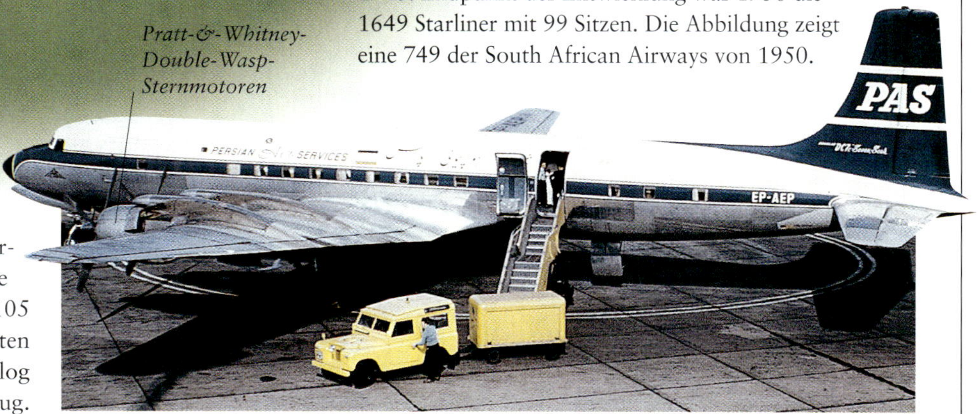

DOUGLAS SEVEN SEAS

Die Douglas DC-7C Seven Seas war der Endpunkt der Entwicklung kolbengetriebener Passagierflugzeuge. Über die Zwischenstufen DC-4 und DC-6 war sie aus dem Militärtransporter C-54 Skymaster hervorgegangen. Die DC-7, die 1955 erstmals flog, konnte in ihrer Druckkabine 60 bis 105 Passagiere befördern. Später wurde sie zwar von den ersten Passagierjets – z. B. der DC-8 – verdrängt, sie flog aber bis in die 1960er-Jahre noch als Frachtflugzeug.

1946·1969 JETS UND TURBOPROPS

BALD NACH IHREM ERSCHEINEN drängten Passagierjets mit Strahltriebwerken oder Propellerturbinen die kolbengetriebenen Nachkriegsmaschinen in den Hintergrund. Flugzeuge mit Propellerturbinen – auch als Turboprops bekannt – flogen komfortabel, sanft und vibrationsfrei. Ihre »altmodischen« Propeller erinnerten allerdings eher an das Zeitalter der Kolbentriebwerke, als dass sie die Ära des Düsenantriebs repräsentierten. Obwohl sie auf Kurzstrecken wirtschaftlicher waren, wurden sie von den reinen Jets weitgehend verdrängt.

STÖRUNGSFREIER FRACHTVERKEHR

Die Vickers Viscount, das erste Turboprop-Frachtflugzeug, flog am 16. Juli 1948 zum ersten Mal und hatte bis zum Ende der Produktion 1964 kaum technische Defekte. Als Triebwerke dienten vier Rolls-Royce-Dart-Propellerturbinen. Die Viscount flog für mehr als 60 Fluggesellschaften.

Cockpit weit vorne in der Nase

Verlängerter Rumpf fasste mehr Passagiere.

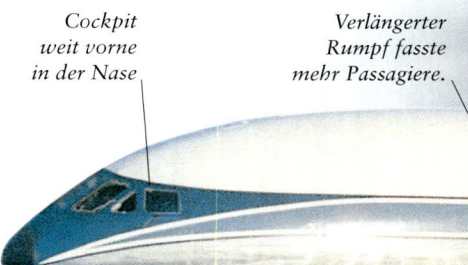

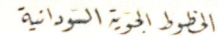

SUDAN AIRW

HIER BEGINNT DIE REVOLUTION ...

Die de Havilland Comet war der erste Passagierjet der Welt. Im Juli 1949 flog der erste Prototyp und 1952 nahm die Comet den Passagierdienst auf. Wegen eines Konstruktionsfehlers ereigneten sich dann einige Startunfälle. Obendrein brachen mehrere Maschinen während des Fluges auseinander. Die verbesserte 4C *(oben)* konnte die Verkaufszahlen nicht mehr heben.

Triebwerke in Flügelwurzel integriert

SOWJETISCHER RIESE

Die Tupolew Tu-114 war bis zum Erscheinen der Boeing 747 das größte Verkehrsflugzeug der Welt. Sie flog erstmals 1957 und trat 1961 in Dienst. Mit vier 14 795-kp-Propellerturbinen erreichte sie auf 9000 m Höhe eine Reisegeschwindigkeit von 770 km/h.

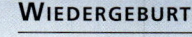

Zwei gegenläufige Vierblattpropeller

WIEDERGEBURT

Das obige Foto zeigt einen Prototypen der Tupolew Tu-104. Tragflächen, Fahrwerk, Heckpartie, Triebwerksaufhängung und Nase stammten von dem Bomber Tu-16, nur der Rumpf war neu. Die Tu-104 flog ab September 1956. Aufgrund der Probleme mit der Comet war sie damals das einzige düsengetriebene Verkehrsflugzeug im Einsatz.

ZWEIFACHE VERWENDUNG

Die Boeing 707 läutete die Ära ein, in der Passagierjets selbstverständlich sind. Als Boeing 367-80 musste sie zunächst beweisen, dass sie sich als Verkehrsflugzeug und militärisches Tankflugzeug gleichermaßen eignete. Das erste produktionsreife Modell, die 707-121, flog erstmals am 20. Dezember 1957. Von August 1958 bis April 1982 lieferte Boeing insgesamt 916 zivile 707-Jets an Fluggesellschaften in der ganzen Welt.

Flügel 35° gepfeilt

»Saubere« Tragfläche durch hängende Triebwerksgondeln

Ungepfeilte Höhenflosse mit großer V-Form

Flugdeck mit drei- bis fünfköpfiger Besatzung

Große Doppelspaltklappen senken Landegeschwindigkeit.

FILIGRANER FLIEGER

Die Douglas DC-8 war der zweite amerikanische Passagierjet. Sie ähnelte der Boeing 707, hatte jedoch geradere Flügel und feinere Linien. Zwar fand der Jungfernflug schon am 30. Mai 1958 statt, doch die ersten Maschinen der verlängerten Baureihe 60 flogen erst 1966. 1972 ging die 565. und letzte DC-8 an die skandinavische Fluggesellschaft SAS.

Hecksporn/ Rumpfbelüftung

Größere Reichweite durch Zusatztanks

T-Leitwerk mit keulenförmiger Verkleidung zur Widerstandsreduzierung

Vollkommen »sauberer« Flügel ohne Triebwerke

ELEGANTES FLUGZEUG

Vier Rolls-Royce-Triebwerke der Vickers Armstrongs VC10 saßen paarweise am Heck. So blieben die Tragflächen »sauber« und der Geräuschpegel in der Kabine war niedrig. Die VC10 flog erstmals im Juni 1962 und begann zwei Jahre später ihren Dienst bei der BOAC. Der Nachfolger Super VC10 hatte einen verlängerten Rumpf.

Die Caravelle hat das gleiche Bugsegment wie die Comet.

Heckanbringung der Triebwerke reduziert Brandgefahr.

Zwei Rolls-Royce- Conway-Triebwerke pro Aufhängung

ERFOLGREICHER JET

Die Sud-Aviation-SE.210 Caravelle flog erstmals im Mai 1955 und ging an Air France, SAS und Varig (Brasilien). Die ersten Versionen dieses zweistrahligen Mittelstreckenflugzeugs hatten Rolls-Royce-Avon-Triebwerke. Bis 1972 wurden 282 Stück gebaut. Die Caravelle war damit der erfolgreichste Passagierjet, der von einem einzelnen westeuropäischen Land entwickelt wurde.

1946-1969 DÜSENJÄGER UND -BOMBER

In den 1950er- und 1960er-Jahren gab es eine breite Palette inzwischen klassischer Militärjets. Namen wie Hunter, Phantom, Mirage, Harrier, Vulcan oder Super Sabre wurden weltberühmt. Während des schwelenden Kalten Krieges versuchten die Hersteller in Ost und West, miteinander Schritt zu halten, was die Entwicklung von Flugzeugen, Waffen und anderen Technologien betraf. Man wollte das »Abschreckungsgleichgewicht« aufrechterhalten. Die Weiterentwicklung und Verbesserung der Flugzeuge wurde so mit Hochdruck vorangetrieben.

Sowjetisches Erfolgsmodell

Die Mikoyan-Gurewitsch MiG-21 »Fishbed« war eines der erfolgreichsten Militärflugzeuge der UdSSR. 9000 Maschinen wurden dort 1958–1980 in verschiedenen Varianten gebaut; dazu Lizenzbauten in China, der Tschechoslowakei und in Indien.

Der erste Überschalljäger

Die North American F-100 Super Sabre konnte als erster Jäger der Welt jenseits der Schallgrenze operieren. Sie absolvierte am 25. Mai 1953 ihren Jungfernflug und wurde im November des gleichen Jahres von der US-Luftwaffe in Dienst gestellt. Mit einer Pratt-&-Whitney-J-57-Strahlturbine erreichte die F-100D in 10 670 m Höhe eine Höchstgeschwindigkeit von 1436 km/h.

Funkantenne

Flügel 40° gepfeilt

Todesnase

Die Hawker Hunter flog erstmals am 21. Juli 1951. Als Triebwerk diente eine Rolls-Royce-Avon-Strahlturbine. Vier 30-mm-Aden-Bordkanonen waren geschickt unter der Nase angebracht. Viele Armeen setzten die Hunter ein und bis 1959 wurden 1972 Stück produziert.

U.S. AIR FORCE   FW-281   42281

Nase mit ovaler Lufteintrittsöffnung

Antenne am Fuß der Seitenflossenvorderkante

Französischer Bomber

Der Erstflug des französischen Nuklearbombers Dassault Mirage IV A fand 1961 statt. Ein zusätzlicher Raketenantrieb ermöglichte es, notfalls von kurzen Pisten zu starten. Zwei 7000-kp-SNECMA-Atar-9K-Strahlturbinen mit Nachbrenner sorgten bei Normalbedingungen für eine Höchstgeschwindigkeit von 2340 km/h (Mach 2,2).

Zusatztanks

DIE ERSTEN »V-BOMBER«

Die Avro Vulcan war der erste schwere Bomber mit Deltaflügeln. Zusammen mit der Vickers Valiant und der Handley Page Victor gehörte er zu den so genannten »V-Bombern« der RAF. Am 3. September 1953 flog der erste Prototyp und 1956 nahm die Vulcan den Dienst auf. Die Abbildung zeigt eine B.Mk 2 mit vier Bristol-Siddeley-Olympus-Strahlturbinen, die jeweils 7711 kp bzw. mit Nachbrenner 9072 kp Schub leisteten.

Bei der ersten Serie war die Vorderkante der Deltaflügel geschwungen.

Radarkuppel mit elektronischen Abwehrsystemen

Doppel-Deltaflügel

Lufteinlassöffnungen vor dem Flügel

SCHNELLER SCHWEDE

1960 wurde der schwedische Überschalljäger Saab J 35 Draken (rechts) mit ungewöhnlichen Doppel-Deltaflügeln in Dienst gestellt. Auch Finnland, Österreich und Dänemark setzten ihn ein. Das letzte Modell, die J 35F, hatte ein 5765-kp-RM-C6-Triebwerk und vier Falcon-Luft-Luft-Raketen.

SABRE MIT PFEILFLÜGELN

Die North American F-86 Sabre, die im Oktober 1947 ihren Erstflug machte, war der erste Düsenjäger mit Pfeilflügeln. Sie kam in verschiedenen Varianten bei vielen Luftstreitkräften zum Einsatz. Die F-86K (wie diese Maschine der Niederländischen Luftwaffe) wurde für die NATO produziert und war mit Bordkanonen und Raketen bewaffnet.

Navigator im hinteren Cockpit

Pilot im vorderen Cockpit

Luftbetankungsstutzen

Vorflügel verbessern Flugverhalten

Bombenzieleinrichtung unter Glaskuppel

Nach hinten einziehbares Bugfahrwerk

Ablenkblech trennt Luftzustrom der Triebwerke von der Rumpfumströmung ab.

VIETNAM-VETERAN

Der bemerkenswerteste Düsenjäger des Westens war in den 1960er-Jahren die McDonnell Douglas F-4 Phantom II. Sie flog erstmals am 27. Mai 1958 und tat bei der US-Marine, der US-Luftwaffe und bei vielen anderen Streitkräften ihren Dienst. Im Vietnamkrieg spielte sie eine bedeutende Rolle. Die Abbildung zeigt eine F-4E des taktischen US-Luftwaffenkommandos.

Triebwerksgondel

Flügel mit einem Hauptholm

HÖHENFLUG

Die English Electric Canberra versah ab 1951 als erster britischer Düsenbomber ihren Dienst bei der RAF. Die von Rolls-Royce-Avon-Turbinen getriebene Maschine bewährte sich auch als Aufklärer für große Höhen. Die abgebildete B.2/6 diente als Prüfstand für einen Raketenantrieb.

Bugkanzel für den Bombenschützen

1946·1969 LOCKHEED SR-71

DIE SR-71 »BLACKBIRD« ist eines der erstaunlichsten Flugzeuge des 20. Jahrhunderts. Der US-Geheimdienst CIA (Central Intelligence Agency) gab 1957 eine Studie in Auftrag über die Anforderungen an den Nachfolger des Spionageflugzeugs U-2 bezüglich Flughöhe, Geschwindigkeit und Unsichtbarkeit für gegnerische Radarsysteme. Die Lockheed-»Skunk Works«, in denen viele Geheimprojekte ausgeheckt wurden, legten zwei Jahre später den Entwurf A-12 vor. Das schnellste bemannte Flugzeug der Welt sollte mit Mach 3 dreimal so schnell sein wie die zeitgenössischen Jäger und doppelt so hoch fliegen können. Der Erstflug der SR-71 fand am 24. April 1962 statt.

Nach innen geneigte Pendelseitenruder

Rumpfkante, in die Flügelvorderkante übergehend

Gondel mit Pratt-&-Whitney-JT11D-20B-(J58)-Staustrahlturbine

Ringförmige Lufteintrittsöffnung

Beweglicher konischer Zentralkörper zur Regulierung der Luftzuführung

Hauptfahrwerksklappe

Schwarze, Radarstrahlen schluckende Lackierung, daher »Blackbird«

Außenhaut des Flugwerks aus Titanlegierung

Kleine Hochdruckreifen

FRÜHE BLACKBIRD

Die Abbildung zeigt die Lockheed A-12, den Prototyp der SR-71. Der Nachfolger YF-12A stellte im Mai 1965 mehrere Rekorde auf: 3331 km/h über einen 15/25 km-Kurs und eine dauerhafte Flughöhe von 24 463 m. Der letzte Flug einer A-12/YF-12 fand im November 1979 statt.

Hinteres Cockpit für Aufklärungs-Systemoffizier

Treibstofftanks im Rumpf, vom hinteren Cockpit bis zum Heck; Fassungsvermögen 46 180 l

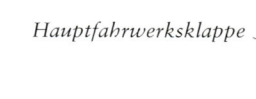

U.S. AIR FORCE

Schacht für je nach Mission wechselbare Bordsysteme im Bug, Panoramakamera

Lande- und Rollscheinwerfer am Bugfederbein

Modulares Aufklärungssystem unter der Rumpfkante

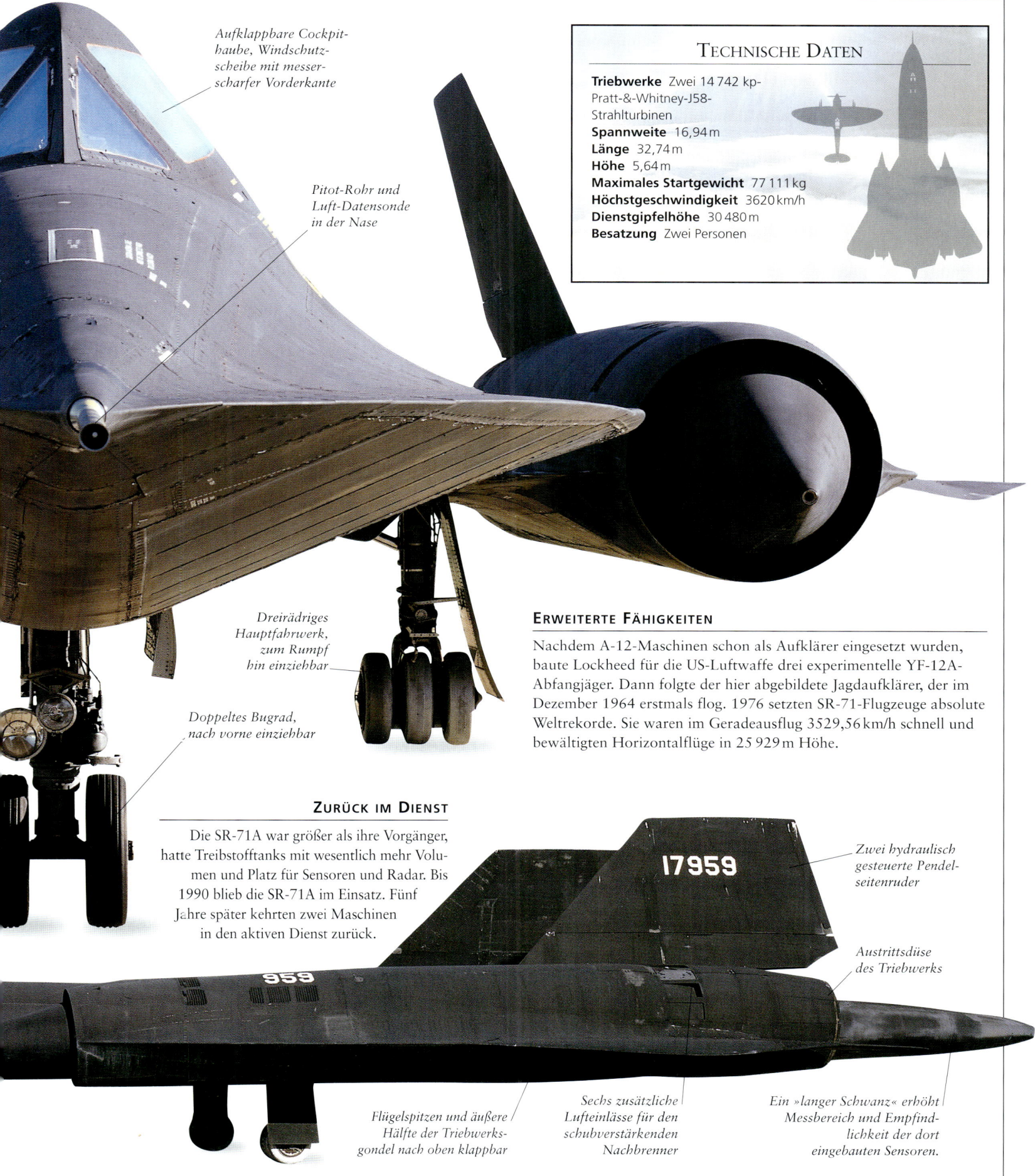

Aufklappbare Cockpit-
haube, Windschutz-
scheibe mit messer-
scharfer Vorderkante

Pitot-Rohr und
Luft-Datensonde
in der Nase

TECHNISCHE DATEN

Triebwerke Zwei 14 742 kp-
Pratt-&-Whitney-J58-
Strahlturbinen
Spannweite 16,94 m
Länge 32,74 m
Höhe 5,64 m
Maximales Startgewicht 77 111 kg
Höchstgeschwindigkeit 3620 km/h
Dienstgipfelhöhe 30 480 m
Besatzung Zwei Personen

Dreirädriges
Hauptfahrwerk,
zum Rumpf
hin einziehbar

Doppeltes Bugrad,
nach vorne einziehbar

ERWEITERTE FÄHIGKEITEN

Nachdem A-12-Maschinen schon als Aufklärer eingesetzt wurden,
baute Lockheed für die US-Luftwaffe drei experimentelle YF-12A-
Abfangjäger. Dann folgte der hier abgebildete Jagdaufklärer, der im
Dezember 1964 erstmals flog. 1976 setzten SR-71-Flugzeuge absolute
Weltrekorde. Sie waren im Geradeausflug 3529,56 km/h schnell und
bewältigten Horizontalflüge in 25 929 m Höhe.

ZURÜCK IM DIENST

Die SR-71A war größer als ihre Vorgänger,
hatte Treibstofftanks mit wesentlich mehr Volumen und Platz für Sensoren und Radar. Bis
1990 blieb die SR-71A im Einsatz. Fünf
Jahre später kehrten zwei Maschinen
in den aktiven Dienst zurück.

Zwei hydraulisch
gesteuerte Pendel-
seitenruder

Austrittsdüse
des Triebwerks

17959

959

Flügelspitzen und äußere
Hälfte der Triebwerks-
gondel nach oben klappbar

Sechs zusätzliche
Lufteinlässe für den
schubverstärkenden
Nachbrenner

Ein »langer Schwanz« erhöht
Messbereich und Empfind-
lichkeit der dort
eingebauten Sensoren.

1946·1969 DIE FIRMA BOEING

BOEING WILLIAM BOEING gründete am 15. Juli 1916 die Firma Pacific Aero Products und benannte sie im folgenden Jahr in Boeing Airplane Company um. Nach über 80 Jahren ununterbrochener Tätigkeit ist Boeing heute der älteste Flugzeughersteller der USA. Seine Produktpalette umfasst eine Vielzahl hervorragender ziviler und militärischer Maschinen.

Zusätzlicher Heckschwimmer

DIE ERSTE BOEING

William E. Boeing und der Marineoffizier Conrad Westervelt konstruierten das erste Boeing-Modell, ein Doppeldecker-Wasserflugzeug, das in einem Bootshaus auf dem Lake Union bei Seattle in zwei Exemplaren gebaut wurde. Die neuseeländische Regierung kaufte beide für ihren im Test befindlichen Luftpostdienst.

Unterteilter Hochauftriebs-Vorflügel über die gesamte Spannweite

LANGSTRECKEN-TWIN

Der Erstflug des zweistrahligen Langstreckenflugzeugs 777 fand im Juni 1994 statt. Das jüngste Boeing-Modell verwendet Leichtbaumaterialien wie Aluminiumlegierungen, kohle- und glasfaserverstärkte Kunststoffe und verfügt über ein digitales »Fly-by-wire«-Flugsteuerungssystem.

APU (Auxiliary Power Unit)-Energieversorgungstriebwerk im Heck

Pratt-&-Whitney-Hornet-Sternmotor

Sechsrädrige Hauptfahrwerke mit lenkbaren Hinterachsen

Doppelspaltklappen zwischen Triebwerken und Rumpf

GESCHÄFTE UND KOMFORT

Boeing baute die 247 *(unten)* im Auftrag von United Air Lines. Die Maschine mit zwei luftgekühlten Pratt-&-Whitney-Wasp-Sternmotoren flog erstmals 1933. Zehn Passagiere reisten darin für die damalige Zeit ausgesprochen komfortabel. Zum Service gehörten eine kleine Küche, ein WC und die Bedienung durch eine Stewardess.

Ganzmetall-Schalenrumpf

POSTFLUGZEUGE

Das Ganzmetallflugzeug Monomail *(oben)* flog 1930 erstmals und hatte als eines der ersten Flugzeuge ein einziehbares Fahrwerk. Boeing baute nur zwei Maschinen für Boeing Air Transport. Die zweite, mit der Bezeichnung 221, fasste sechs Passagiere. Später wurden beide zu Achtsitzern umgebaut.

WICHTIGE DATEN

1916 Bau zweier B&W-Wasserflugzeuge. Pacific Aero Products Company gegründet
1917 Umbenennung in Boeing Airplane Company
1933 Gründung der Tochtergesellschaft Boeing Aircraft Company
1947 Die beiden Unternehmen fusionieren.
1960 Boeing kauft den Hubschrauberhersteller Vertol.
1961 Umbenennung in The Boeing Company
1986 Boeing kauft North American Aviation.
1997 Boeing kauft McDonnell Douglas.

FÜR DEN KRIEG

Die Boeing B-29 flog erstmals 1942. Sie verfügte im Rumpf für die Besatzung über drei Bereiche mit Druckausgleich und über 10–13 Defensiv-MGs, die auf vier ferngesteuerte Geschütztürme und eine bemannte Gefechtskanzel im Heck verteilt waren – ein großer Fortschritt gegenüber dem Vorgängermodell B-17. Die B-29 konnte eine Bombenlast von 9000 kg tragen.

Schmale Flügel mit großer Spannweite für Auftrieb in großer Höhe

2200-PS-Wright-Double-Cyclone-Motoren mit jeweils zwei Kompressoren

Heckwaffenstand gegen Angriffe von hinten

294106

Je nach Ausführung und Modell 305–550 Passagiere

SCHNITTIGER BOMBER

Die Konstruktion des Nuklearbombers B-47 war 1947 revolutionär, u.a. durch die 35°-Pfeilung der Tragflächen und durch die sechs unter den Tragflächen hängenden Triebwerke. 18 kleine Raketen-Triebwerke unterstützten die beschleunigungsschwachen Strahlturbinen beim Start.

Turbofantriebwerke von General Electric, Pratt & Whitney oder Rolls-Royce können eingepasst werden.

Spaltklappen von den Triebwerken nach außen

Zwei General-Electric-J35-Triebwerke

Pilot und Copilot/Heckschütze sitzen hintereinander.

Bugkanzel für Navigator/Bombenschütze

NEUES DESIGN

Der Passagierjet Boeing 727-100 sollte die auf Kurz- und Mittelstrecken bis dahin eingesetzten Propeller- und Turboprop-Maschinen ablösen. Abweichend von der bei Boeing üblichen Bauweise waren drei Triebwerke um das Heck gruppiert. Die Energieversorgung über eine APU und eine eigene Gangway im Heck machten sie praktisch unabhängig von Abfertigungsfahrzeugen. Die stärker motorisierte 727-200 fasst 189 Passagiere.

Bis zu 119 Passagier-Sitzplätze

Staurohr mit S-förmigem Luftkanal zum mittleren Triebwerk

Hochgesetztes Höhenleitwerk, außerhalb des Triebwerkstrahls

N8102N

FLY EASTERN

1946·1969 BOEING B-52G

BOEING PLANTE DIE Boeing B-52 Stratofortress 1948 als konventionellen Bomber und als strategischen Nuklearbomber für die 1950er-Jahre. Doch sie ist heute noch aktuell und gehört in der jüngsten Variante B-52H auch noch im 21. Jahrhundert zur Ausrüstung amerikanischer Luftwaffen-Kampfeinheiten. Am 15. April 1952 flog das erste Mitglied dieser Familie, die YB-52, zum ersten Mal. Zwei Jahre später folgte die B-52A mit dem inzwischen üblichen, an Passagiermaschinen erinnernden Flugdeck. 1955 kam die erste Stratofortress beim Strategischen Luftwaffenkommando der US-Streitkräfte in Dienst. Die gelungene Konstruktion wurde seither ständig modifiziert und die Ausrüstung regelmäßig modernisiert.

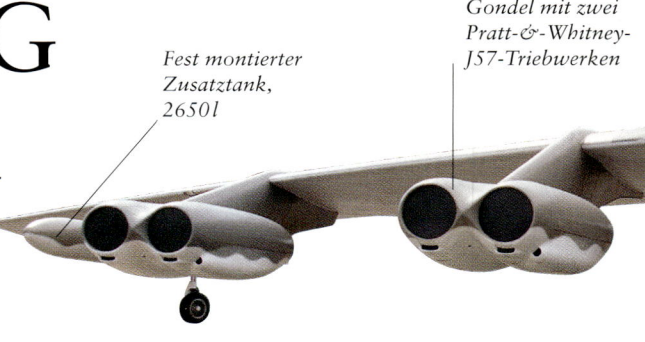

Gondel mit zwei Pratt-&-Whitney-J57-Triebwerken

Fest montierter Zusatztank, 26501

FLÜGEL VOLLER TREIBSTOFF

Durch zweiholmige Kastenbauweise sind die Tragflächen der B-52 extrem elastisch und biegen sich im Flug nach oben durch, was sich durch das Gewicht der Triebwerksgondeln und des Treibstoffs im Flügel ausgleicht. Die B-52G, die 1958 erschien, brachte die meisten Neuerungen mit sich. Sie verfügte über das bis dato größte Tragflächen-Tankvolumen (ohne Zusatztanks). Rumpf und Tragflächen zusammen fassten 176305l. Diese Ausführung hatte keine Querruder; die Quersteuerung wurde nur durch Spoiler auf der Flügeloberseite gewährleistet.

GROSSE SEITENFLOSSE

Auf der Abbildung ist die große Seitenflosse der frühen B-52 gut zu erkennen. 100-mal wurde diese Version mit ihrem völlig neuen Navigations- und Bombenabwurfsystem gebaut, was auch eine wesentliche Umgestaltung der Mannschaftskabine erfordert hatte.

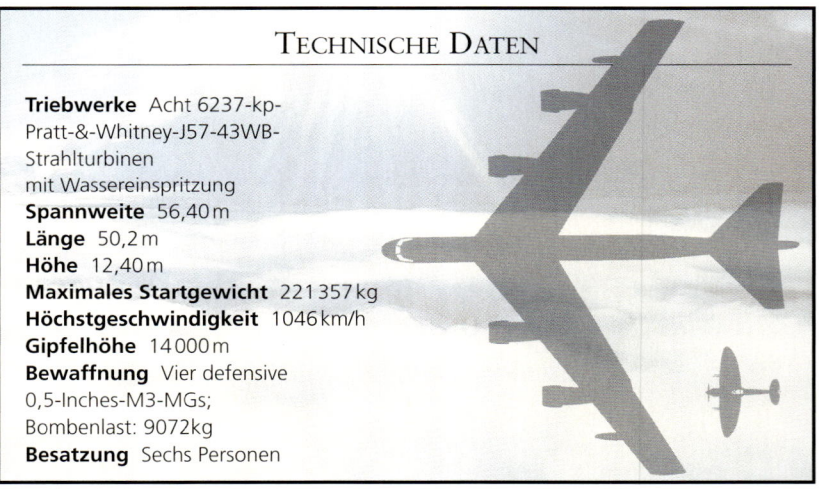

TECHNISCHE DATEN

Triebwerke Acht 6237-kp-Pratt-&-Whitney-J57-43WB-Strahlturbinen mit Wassereinspritzung
Spannweite 56,40 m
Länge 50,2 m
Höhe 12,40 m
Maximales Startgewicht 221 357 kg
Höchstgeschwindigkeit 1046 km/h
Gipfelhöhe 14 000 m
Bewaffnung Vier defensive 0,5-Inches-M3-MGs; Bombenlast: 9072 kg
Besatzung Sechs Personen

ALQ-117-Radarwarnantenne

Kuppel mit Restlichtverstärker für Tiefflug bei Nacht

Antennen für elektronische Abwehrmaßnahmen

Vorderes Hauptfahrwerk; Backbordräder werden nach vorne, Steuerbordräder nach hinten eingezogen.

Hängende Triebwerksgondeln mit je zwei Triebwerken

Fahrwerksklappe des linken hinteren Hauptfahrwerks

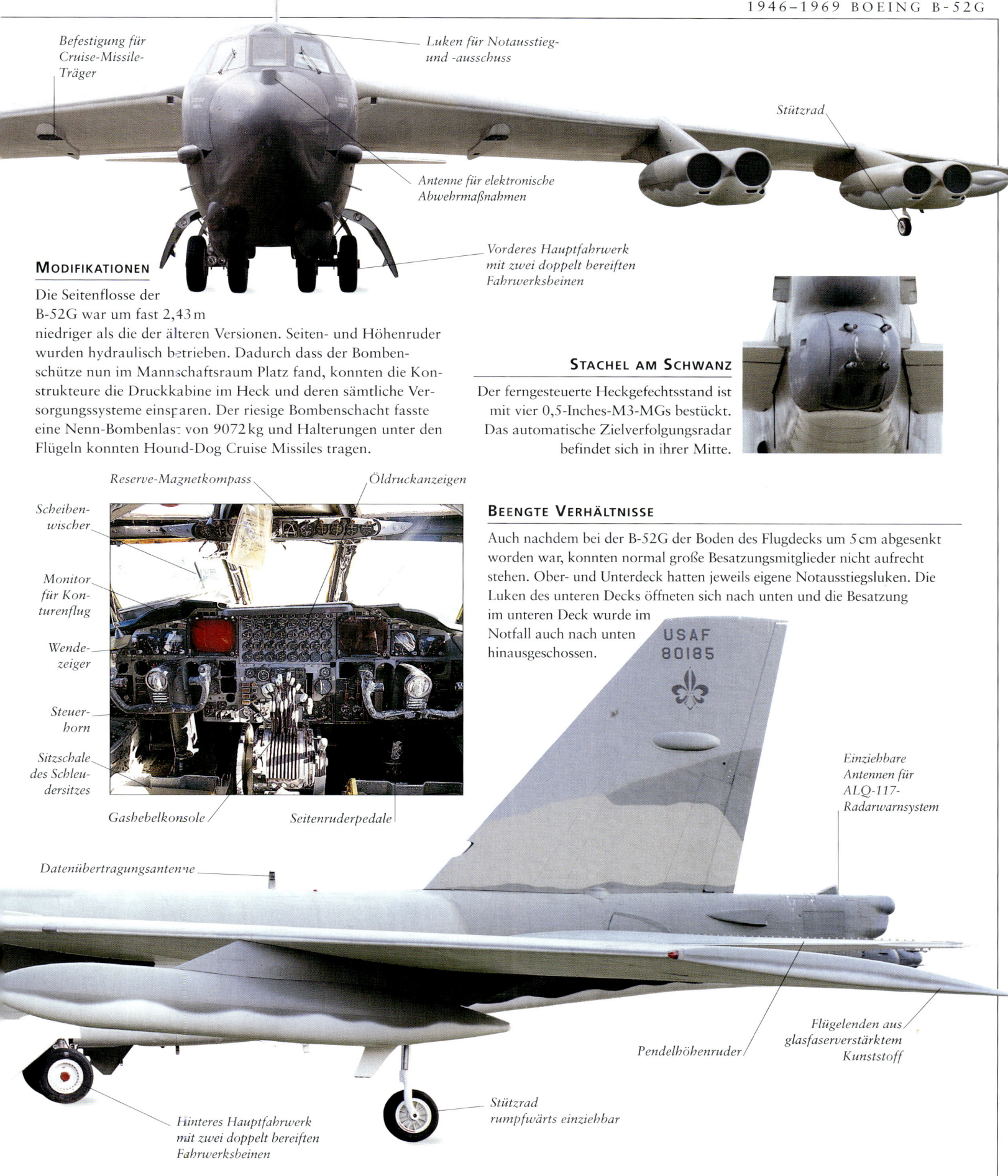

Befestigung für Cruise-Missile-Träger

Luken für Notausstieg- und -ausschuss

Stützrad

Antenne für elektronische Abwehrmaßnahmen

Vorderes Hauptfahrwerk mit zwei doppelt bereiften Fahrwerksbeinen

MODIFIKATIONEN

Die Seitenflosse der B-52G war um fast 2,43 m niedriger als die der älteren Versionen. Seiten- und Höhenruder wurden hydraulisch betrieben. Dadurch dass der Bombenschütze nun im Mannschaftsraum Platz fand, konnten die Konstrukteure die Druckkabine im Heck und deren sämtliche Versorgungssysteme einsparen. Der riesige Bombenschacht fasste eine Nenn-Bombenlast von 9072 kg und Halterungen unter den Flügeln konnten Hound-Dog Cruise Missiles tragen.

STACHEL AM SCHWANZ

Der ferngesteuerte Heckgefechtsstand ist mit vier 0,5-Inches-M3-MGs bestückt. Das automatische Zielverfolgungsradar befindet sich in ihrer Mitte.

Reserve-Magnetkompass

Öldruckanzeigen

Scheibenwischer

Monitor für Konturenflug

Wendezeiger

Steuerhorn

Sitzschale des Schleudersitzes

Gashebelkonsole

Seitenruderpedale

BEENGTE VERHÄLTNISSE

Auch nachdem bei der B-52G der Boden des Flugdecks um 5 cm abgesenkt worden war, konnten normal große Besatzungsmitglieder nicht aufrecht stehen. Ober- und Unterdeck hatten jeweils eigene Notausstiegsluken. Die Luken des unteren Decks öffneten sich nach unten und die Besatzung im unteren Deck wurde im Notfall auch nach unten hinausgeschossen.

USAF 80185

Einziehbare Antennen für ALQ-117-Radarwarnsystem

Datenübertragungsantenne

Pendelhöhenruder

Flügelenden aus glasfaserverstärktem Kunststoff

Stützrad rumpfwärts einziehbar

Hinteres Hauptfahrwerk mit zwei doppelt bereiften Fahrwerksbeinen

1946·1969 BOEING 747-400

EIN PROTOTYP der berühmten Boeing 747 absolvierte am 9. Februar 1969 seinen Jungfernflug. Boeing war mit dem Projekt ein großes Risiko eingegangen, bekam jedoch den Einsatz in den folgenden Jahren mit Zinsen zurück. Die 747 eröffnete das Zeitalter der Großraumflugzeuge und machte Flugreisen für jedermann erschwinglich. Die 747-400 sieht in jeder Hinsicht aus wie alle anderen 747-Versionen und auch die Rumpfmaße gleichen denen der 747-300, es handelt sich jedoch um einen generalüberholten Entwurf mit aerodynamischen Verbesserungen und neuen Triebwerken.

Große Lufteintritts-öffnungen für Turbo-fan-Triebwerke mit hohem Luftdurchsatz

Triebwerksgondeln an Trägern unter dem Flügel

TECHNISCHE DATEN

Triebwerke Vier 26 300-kp-Rolls-Royce-RB.211-524-Turbofans
Spannweite 64,40 m
Länge 70,60 m
Höhe 19,40 m
Maximales Startgewicht 362 880 kg
Übl. Reisegeschwindigkeit Mach 0,85
Reiseflughöhe* 10 577 m
Reichweite 10 982 km
Passagiere 420
(bei Drei-Klassen-Ausstattung)
Besatzung Vier Piloten und bis zu 14 Personen im Service
*bei maximalem Startgewicht

VIEL PLATZ AN BORD

Am 30. Dezember 1969 bekam die 747 (hier der Prototyp) mit vier 19 732-kp-Pratt-&-Whitney-JT9D-Turbofan-Triebwerken die Zulassung, 490 Passagiere zu transportieren. Der erste Abnehmer war Pan American und der erste Linienflug mit einer 747-100 führte am 22. Februar 1970 von New York nach London.

FÜR LANGSTRECKENFLÜGE AUSGELEGT

Ebenso wie bei der 747-300 befindet sich im nach oben erweiterten Bug der 747-400 ein zusätzliches gestrecktes Passagierdeck. Die verbesserte Aerodynamik gleicht die Gewichtszunahme aus. Die 747-400 fliegt Langstreckenlinien, z. B. von den USA nach Asien, ohne Zwischenlandung und ohne dass dafür die Nutzlast verringert werden müsste.

Zweigeteiltes Seitenruder

Bei vollen Tragflächentanks biegen sich die Außenflügel am Boden nach unten, was die Spannweite am Boden um 48 cm erhöht

Seitenflosse in zwei-holmiger Kastenbauweise

Hintere Passagiertür

Unterteilte Krügerklappen unter der Flügelvorderkante

Hauptfahrwerk mit vier vierrädrigen Federbeinen

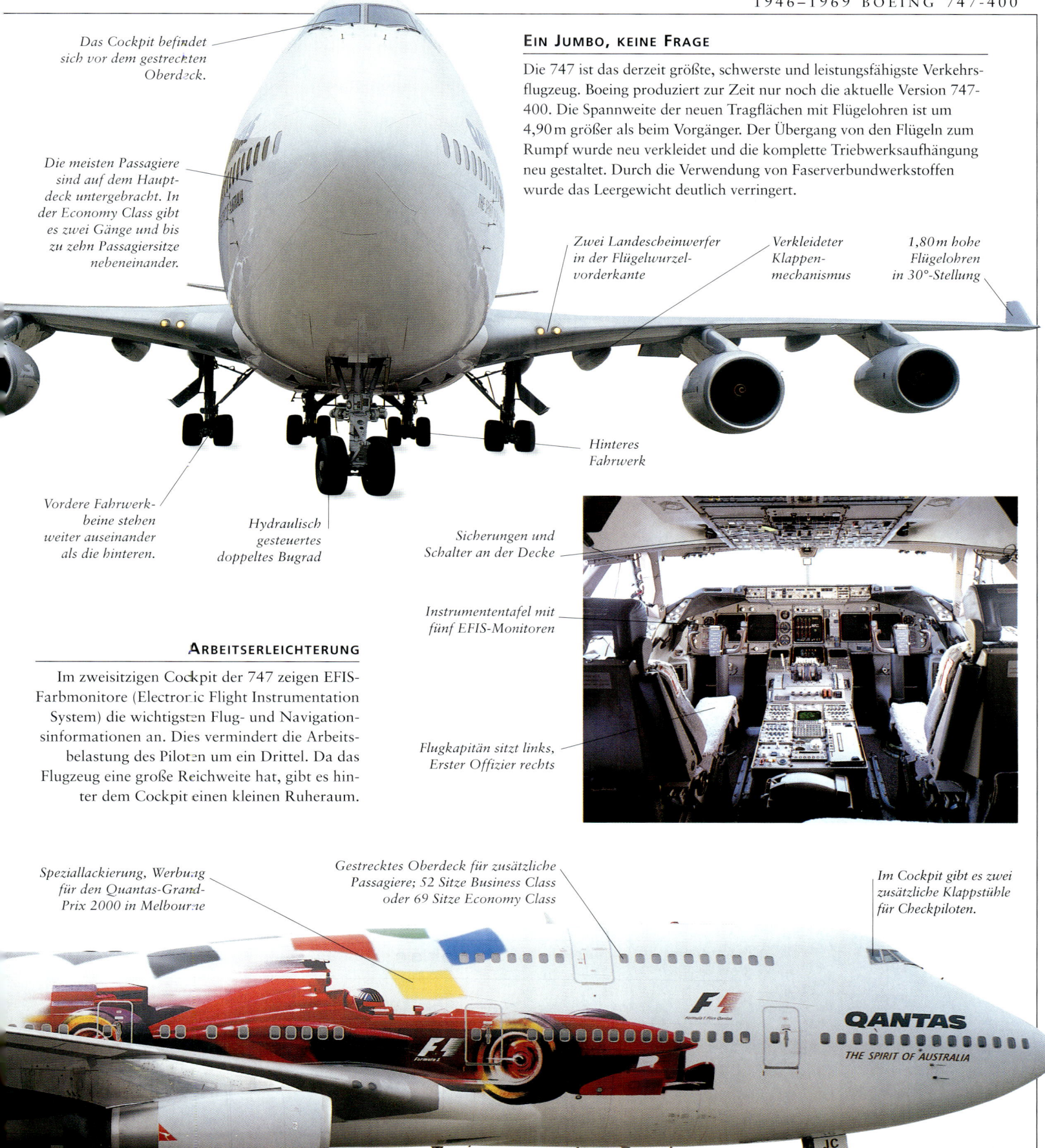

Das Cockpit befindet sich vor dem gestreckten Oberdeck.

Die meisten Passagiere sind auf dem Hauptdeck untergebracht. In der Economy Class gibt es zwei Gänge und bis zu zehn Passagiersitze nebeneinander.

EIN JUMBO, KEINE FRAGE

Die 747 ist das derzeit größte, schwerste und leistungsfähigste Verkehrsflugzeug. Boeing produziert zur Zeit nur noch die aktuelle Version 747-400. Die Spannweite der neuen Tragflächen mit Flügelohren ist um 4,90 m größer als beim Vorgänger. Der Übergang von den Flügeln zum Rumpf wurde neu verkleidet und die komplette Triebwerksaufhängung neu gestaltet. Durch die Verwendung von Faserverbundwerkstoffen wurde das Leergewicht deutlich verringert.

Zwei Landescheinwerfer in der Flügelwurzelvorderkante

Verkleideter Klappenmechanismus

1,80 m hohe Flügelohren in 30°-Stellung

Hinteres Fahrwerk

Vordere Fahrwerkbeine stehen weiter auseinander als die hinteren.

Hydraulisch gesteuertes doppeltes Bugrad

Sicherungen und Schalter an der Decke

Instrumententafel mit fünf EFIS-Monitoren

ARBEITSERLEICHTERUNG

Im zweisitzigen Cockpit der 747 zeigen EFIS-Farbmonitore (Electronic Flight Instrumentation System) die wichtigsten Flug- und Navigationsinformationen an. Dies vermindert die Arbeitsbelastung des Piloten um ein Drittel. Da das Flugzeug eine große Reichweite hat, gibt es hinter dem Cockpit einen kleinen Ruheraum.

Flugkapitän sitzt links, Erster Offizier rechts

Speziallackierung, Werbung für den Quantas-Grand-Prix 2000 in Melbourne

Gestrecktes Oberdeck für zusätzliche Passagiere; 52 Sitze Business Class oder 69 Sitze Economy Class

Im Cockpit gibt es zwei zusätzliche Klappstühle für Checkpiloten.

Voll verkleidete Triebwerksgondel für Rolls-Royce-R.B.211-Triebwerk

Nach vorne einziehbares Bugfahrwerk

1946·1969 SENKRECHTSTARTER

SCHON FRÜH ERKANNTE MAN die Vorteile, die ein Flugzeug bietet, das auf der Stelle senkrecht abheben und landen kann. Man musste allerdings jahrelang experimentieren, bis man praktikable Lösungen entwickeln konnte. Der erste düsengetriebene Senkrechtstarter war das Rolls-Royce Thrust Measuring Rig (das »Fliegende Bettgestell«), das sich bereits 1953 wankend in die Luft erhob, aber nicht zur praktischen Verwendung gedacht war. Hier sehen Sie eine kleine Auswahl mehr oder weniger erfolgreicher VTOL-Flugzeuge (Vertical Take-Off and Landing).

Bugstange mit Steuerdüse

In die Flügelenden einziehbare Stützräder

Großer Spinner mit gegenläufigen Propellern

Schwenkbarer Schleudersitz

ERSTES SOWJETISCHES V/STOL-FLUGZEUG

Die Yakowlew Yak-36 war das erste V/STOL-Flugzeug (Vertical or Short Take-Off and Landing) der UdSSR und flog erstmals 1956. Zehn Exemplare mit je zwei Tumanskij-R-11V-Strahlturbinen wurden gebaut. Rückstoß-Steuerdüsen an den Flügelenden, am Heck und am Ende der langen Bugstange sorgten für Flugstabilität.

POGO

Zwei 5850-kp-Allison-Propellerturbinen mit gegenläufigen Propellern sollten 1954 die treffend als Pogo bezeichnete Convair XFY-1 senkrecht in die Luft heben. Der Übergang vom Vertikal- zum Horizontalflug und umgekehrt gelang zwar, doch war es höchst problematisch, das Flugzeug, nachdem es sich in die Senkrechte gedreht hatte, rückwärts auf den Boden zu bringen.

Spezial-LKW-Ladefläche

EIN FRANZÖSISCHES PROJEKT

Die SNECMA C.450 Coléoptère *(oben)* bestand aus einem Rumpf mit Strahlturbine (3700 kp Standschub) und einem Ringflügel mit 3,20 m Durchmesser. Der erste freie Flug gelang im Mai 1959, doch als die Coléoptère zwei Monate später abstürzte, wurde das Projekt gestoppt.

SENKRECHTE VERANKERUNG

Die amerikanische Ryan X-13 Vertijet schaffte es im November 1956 als erstes reines Düsenflugzeug, vom Horizontal- in den Vertikalflug überzugehen und umgekehrt. Fünf Monate später gelang erstmals der komplette Übergang – vertikal – horizontal – vertikal – und die Vertijet senkte sich zur senkrechten Verankerungsplattform herab.

HARRIER GEHT IN FÜHRUNG

Die British Aerospace (BAe) Harrier wurde als erster V/STOL-Jäger regulär in Dienst gestellt. Als Triebwerk dient eine Rolls-Royce-Pegasus-Strahlturbine mit vier Strahlumlenkungsdüsen. Die Harrier geht – über das Zwischenstadium Hawker Siddeley Kestrel – auf die Hawker P.1127 zurück, die im Juli 1961 erstmals flog und im September 1961 zum ersten Mal den Übergang vom Horizontalflug zum Vertikalflug und zurück schaffte. Weitere Entwicklungen führten zur Sea Harrier und zur BAe/McDonnell Douglas AV-8 Harrier II.

LERX (Leading-Edge Root Extension) für höheren Auftrieb und bessere Steuerbarkeit

MIT VIER TRIEBWERKEN NACH OBEN

Die britische Short S.C.1 schleppte wie viele andere frühe VTOL-Flugzeuge im Horizontalflug unnötigen Ballast. Ein Rolls-Royce-R.B.108-Triebwerk musste im Normalflug vier schwenkbare, nur für den Senkrechtstart benötigte Triebwerke befördern. Die Short S.C.1 flog erstmals am 2. April 1957 und schaffte drei Jahre später den ersten kompletten Übergang: Horizontalflug – vertikaler Sinkflug – vertikaler Steigflug – Horizontalflug.

Schacht mit vier Rolls-Royce-RB.108-Triebwerken für Senkrechtstart

Eingezogener Luftbetankungsstutzen

Luft-Luft-Rakete AIM-9L Sidewinder

DEUTSCH-NIEDERLÄNDISCH-ITALIENISCHES GEMEINSCHAFTSPROJEKT

Hier eine VAK 191B auf dem Prüfstand. Sie wurde in den 1960er-/ 1970er-Jahren von den Vereinigten Flugtechnischen Werken (VFW), von Fokker und Fiat gemeinsam entwickelt. Als Auftriebs-/Vortriebs-Triebwerk diente ein Rolls-Royce/MTU-RB.193-12 mit vier Strahlumlenkdüsen. Dazu kamen im Bug und Heck zwei senkrecht eingebaute RB.162-81-Triebwerke. Das Projekt scheiterte am politischen Umfeld.

1946·1969 BAe HARRIER GR.5

DIE HARRIER GR.5 hat neben anderen Verbesserungen gegenüber dem Basismodell *(s. S. 115)* größere Flügel und das Flugwerk besteht, um Gewicht zu sparen, zu 26 % aus Kohlefaser-Verbundmaterial. Sie ist das Resultat einer gemeinsamen Studie von British Aerospace (BAe) und McDonnell Douglas. Das V/STOL-Flugzeug sollte die Anforderungen nach Air Staff Requirement 409 erfüllen: höhere Leistung, größere Treibstofftanks und größere Waffenlast, damit es auch in den 1990er-Jahren den in Deutschland stationierten RAF-Truppen für Bodenangriffe und zur Luftunterstützung zur Verfügung stand.

TECHNISCHE DATEN

Triebwerke 9865-kp-Rolls-Royce-Pegasus-105-Strahlturbine mit vier Strahlumlenkungsdüsen
Spannweite 9,25 m
Länge 14,40 m
Höhe 3,60 m
Maximales Startgewicht 14 060 kg
Höchstgeschwindigkeit 1064 km/h
Reichweite 3928 km
Bewaffnung Zwei 25-mm-Aden-Bordkanonen; zwei Sidewinder-AIM-9L-Luft-Luft-Raketen; 4173 kg Waffenlast/Abwurftanks
Besatzung Eine Person

LANGE ENTWICKLUNGSZEIT

Die Abbildung zeigt GR.5-Harrier des in Deutschland stationierten 4. RAF-Geschwaders Mitte der 1990er-Jahre. Das Gegenstück im US Marine Corps hieß AV-8B und flog erstmals 1978. Die RAF vollendete die Pläne des verbesserten Modells erst 1978 und wartete mit dem Jungfernflug des ersten GR.5-Prototyps bis April 1985.

Sprengschnur zerstört im Notfall die Cockpithaube, bevor der Pilot mit dem Schleudersitz hinausgeschossen wird.

Vordere schwenkbare Triebwerks-Schubdüsen der Rolls-Royce-Pegasus-105-Strahlturbine

Smith's Industries SU-128/A Head-Up-Display (HUD)

Zusätzliche Einlassklappen für erhöhte Luftzufuhr im Schwebeflug

Lenkbare Bugradschwinge nach vorne einziehbar

STÜCK FÜR STÜCK

BAe und McDonnel teilten sich die Produktion der GR.5. BAe fertigte das Heck und das Leitwerk, McDonnell Douglas den Bug und die einteilige Tragfläche. Endmontage und Testflüge fanden im BAe-Werk Dunsfold und vom angeschlossenen Flugfeld aus statt. Im März 1989 wurde das 3. Fliegergeschwader als erste RAF-Einheit mit GR.5-Maschinen ausgerüstet. Die meisten wurden später zur GR.7 umgerüstet.

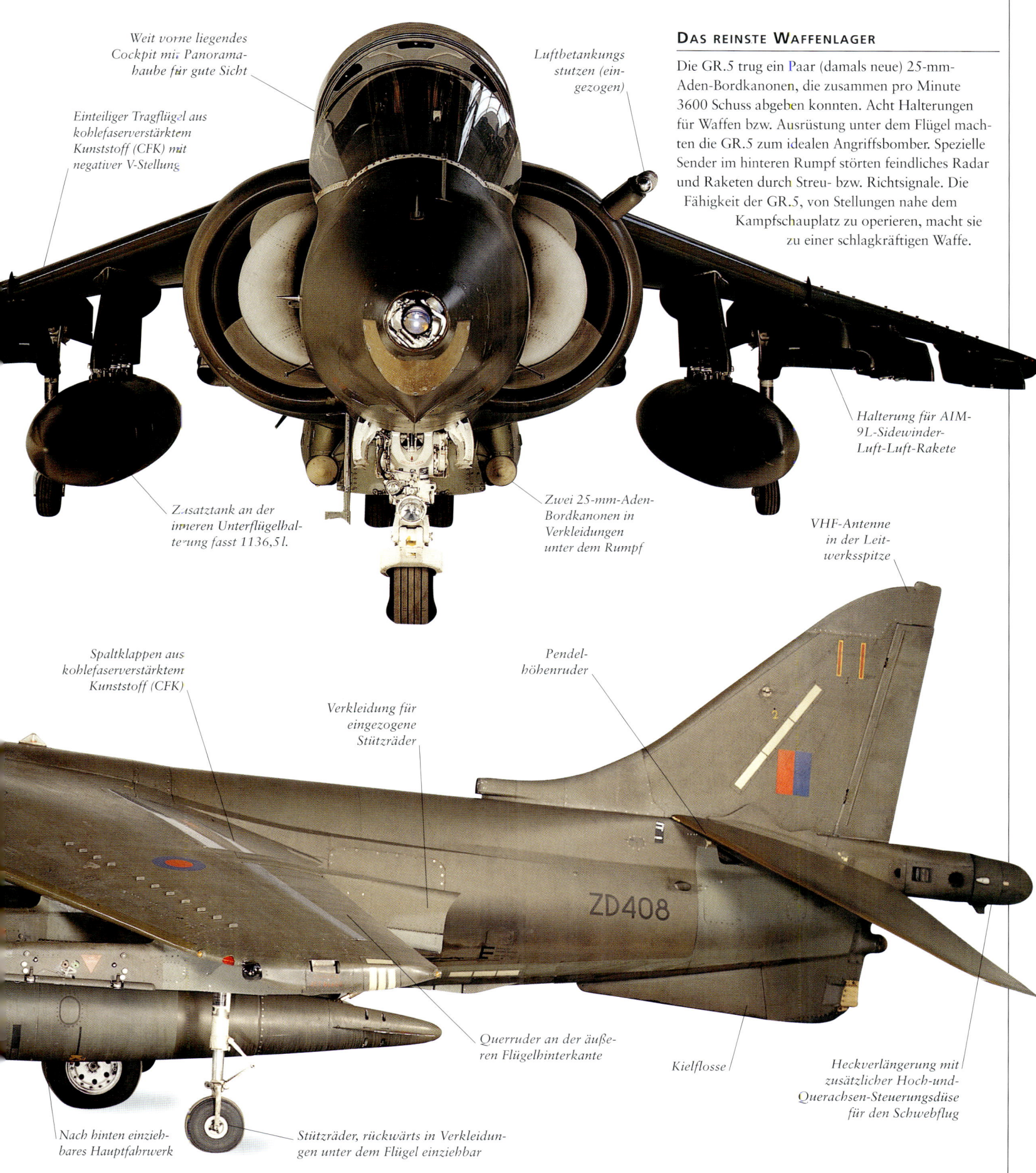

Weit vorne liegendes Cockpit mit Panoramahaube für gute Sicht

Einteiliger Tragflügel aus kohlefaserverstärktem Kunststoff (CFK) mit negativer V-Stellung

Luftbetankungsstutzen (eingezogen)

DAS REINSTE WAFFENLAGER

Die GR.5 trug ein Paar (damals neue) 25-mm-Aden-Bordkanonen, die zusammen pro Minute 3600 Schuss abgeben konnten. Acht Halterungen für Waffen bzw. Ausrüstung unter dem Flügel machten die GR.5 zum idealen Angriffsbomber. Spezielle Sender im hinteren Rumpf störten feindliches Radar und Raketen durch Streu- bzw. Richtsignale. Die Fähigkeit der GR.5, von Stellungen nahe dem Kampfschauplatz zu operieren, macht sie zu einer schlagkräftigen Waffe.

Halterung für AIM-9L-Sidewinder-Luft-Luft-Rakete

Zusatztank an der inneren Unterflügelhalterung fasst 1136,5 l.

Zwei 25-mm-Aden-Bordkanonen in Verkleidungen unter dem Rumpf

VHF-Antenne in der Leitwerksspitze

Spaltklappen aus kohlefaserverstärktem Kunststoff (CFK)

Verkleidung für eingezogene Stützräder

Pendelhöhenruder

ZD408

Nach hinten einziehbares Hauptfahrwerk

Stützräder, rückwärts in Verkleidungen unter dem Flügel einziehbar

Querruder an der äußeren Flügelhinterkante

Kielflosse

Heckverlängerung mit zusätzlicher Hoch-und-Querachsen-Steuerungsdüse für den Schwebflug

DIE CONCORDE

1946·1969

DIE IDEE ZU DEM EINZIGEN wirtschaftlich erfolgreichen Überschall-passagierflugzeug entstand Mitte der 1950er-Jahre. Die britische und die französische Regierung kamen dann im November 1962 überein, dieses Projekt gemeinsam zu verwirklichen. Im März 1969 absolvierten zwei Prototypen der Aérospatiale und der British Aerospace ihre Jungfernflüge. British Airways und Air France eröffneten 1979 gleichzeitig den Linienverkehr. In Bristol und in Toulouse wurden zusammen 16 Concorde gebaut, von denen Anfang 2000 noch 13 im Einsatz waren. Am 25. Juli 2000 kam es zu einem tragischen Absturz einer Air-France-Maschine bei Paris, bei dem 113 Menschen ums Leben kamen.

Verkleidete Servosteuerung des Seitenruders

Außenhaut aus Aluminium, hitzebeständig bis 120°C (bei Mach 2,2)

Rumpf mit dem geringsten möglichen Durchmesser für vier nebeneinander liegende Sitze

Extrem breite Flügelwurzel sorgt trotz des dünnen Tragflächenprofils für ausreichende Flügelfestigkeit.

Zwei Olympus-Triebwerke unter der Tragfläche pro Verkleidung

Nase abgesenkt

Hauptfahrwerk seitlich nach innen einziehbar

Bugfahrwerk nach vorne einziehbar

TECHNISCHE DATEN

Triebwerke Vier 17 259-kp-Rolls-Royce/SNECMA-Olympus-593-Mk.602-Strahlturbinen mit Nachbrenner
Spannweite 25,56 m
Länge 61,70 m
Höhe 11,30 m
Startgewicht 79 265 kg
Maximale Reisegeschwindigkeit Mach 2,05 (2179 km/h)
Steiggeschwindigkeit 25,4 m/sec
Dienstgipfelhöhe 18 300 m
Passagiere 128 (mit engerer Bestuhlung 144)
Flugdeckbesatzung Drei Personen

Vierrädriges Hauptfahrwerk

Lenkbares zweirädriges Bugfahrwerk

Verkleidete Antenne

In die schwenkbare Nase einziehbares Visier

BRITISH AIRWAYS

Stromlinienförmiger Strak

NORMALE STARTBAHNEN

Tragflächenaußenhaut aus Aluminiumblechen

Die Concorde fasst 128 Passagiere und reist mit bis zu über 2100 km/h, d.h. mehr als doppelter Schallgeschwindigkeit. Trotzdem kann sie auf Pisten starten und landen, die für Unterschallflugzeuge ausgelegt sind. Die verstellbaren Einlassöffnungen der Triebwerke halten die Einstromgeschwindigkeit unabhängig von der Geschwindigkeit des Flugzeuges immer unter 483 km/h.

Das Flugdeck

Pilot und Copilot sitzen in der Concorde nebeneinander. Das dritte Besatzungsmitglied sitzt rechts dahinter und überwacht die Bordsysteme. Hinter den Piloten kann noch ein vierter Sitz montiert werden. Aus heutiger Sicht wirkt die Instrumententafel etwas antiquiert.

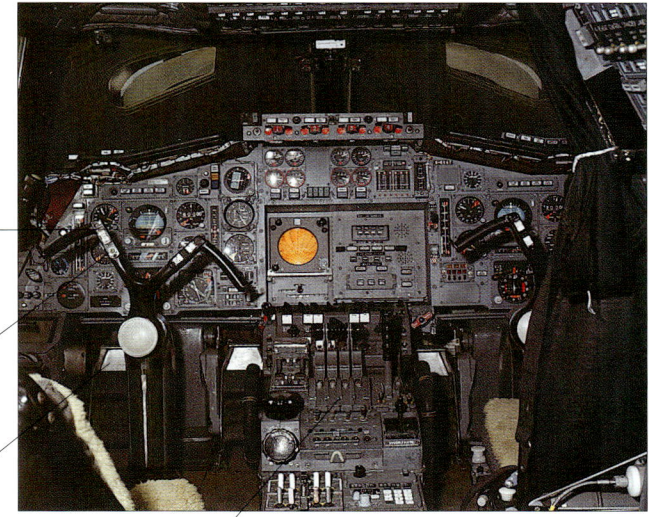

Bewegliche Nase

Wegen des hohen Anstellwinkels der Concorde im Langsamflug klappt beim Start und bei der Landung die schwenkbare Nase nach unten, um die Sicht zu verbessern. Sobald das Flugzeug zum Reiseflug ansetzt, schützt ein ausfahrbares stromlinienförmiges Visier die Frontscheiben vor der Reibungshitze, die beim Überschallflug entsteht.

Fahrtmesser (darunter Machmeter, verdeckt)

Steuerhorn zur Steuerung der Elevons (kombinierte Quer- und Höhenruder)

Seitenruderpedale

Mittelkonsole mit vier Gashebeln

Komplexe Flügelwölbung sorgt für guten Wirkungsgrad bei hohen und bei niedrigen Geschwindigkeiten.

Gehäuse für die Servosteuerung der kombinierten Quer-Höhen-Ruder

Dehnungsfugen in der Flügelvorderkante

Der Landeanflug

Die Concorde nähert sich der Landebahn mit einem ungewöhnlich hohen Anstellwinkel, sodass die Cockpitbesatzung sich in 11,20 m Höhe befindet, wenn die Räder den Boden berühren. Auf der Abbildung zeigt die Nase maximal (12,5°) nach unten.

Antenne für VOR-Funkfeuer-Navigation

Schallisolierte, klimatisierte Druckausgleichs-Passagierkabine

G-BOAF

Schubumkehr im hinteren Bereich der Triebwerksgondeln

Einziehbarer zweirädriger Hecksporn

Farnborough 76

INTERNATIONAL
SBAC Flying Display and Exhibition
September 9, 10, 11 and 12

Admission Charges

	Thursday 9 Trade & Public	Friday 10 Public Premiere	Sat 11/Sun 12 Main Public Days
Adults	£2.50	£3.50	£2.50
Children (under 14)	£2.50	£1.50	£1.00
Cars (not including occupants)	£2.00	£2.50	£2.00
Coaches (not including occupants)	£5.00	£5.00	£5.00
Motor Cycles (not including riders)	£1.00	£1.00	£1.00

Tickets can be purchased at the gates, or in advance from:
APCOA, Sheraton Hotel, West Drayton, Middlesex, UB7 0HJ,
tel. no. 01-987 6026/6027. No dogs allowed.

MODERNE TECHNOLOGIE

IN DEN LETZTEN JAHRZEHNTEN des 20. Jahrhunderts beschleunigte sich der Fortschritt in allen Bereichen, obwohl immer kompliziertere Zivil- und Militärflugzeuge immer längere Entwicklungszeiten erforderten und höhere Kosten verursachten. Die große Zahl von Großraumflugzeugen ermöglichte Millionen Menschen weite Flugreisen und technische Neuerungen veränderten die Arbeit der Piloten. Neue Werkstoffe verringerten das Gewicht und verbesserte Aerodynamik steigerte die Flugleistung. Auch die Waffensysteme entwickelten sich weiter und die Tarnkappentechnologie schuf völlig neuartige Jäger und Bomber. Inzwischen gibt es selbst gebaute Ultraleichtflugzeuge in unübersehbarer Zahl, der Flug mit Muskelkraft ist Wirklichkeit geworden. Das Passagierflugzeug mit 500 Sitzplätzen steht kurz vor der Verwirklichung und das Kipprotorverwandlungsflugzeug wird bald praxistauglich sein.

ZU VERKAUFEN

Die großen Luftfahrtschauen in Le Bourget (Paris), Farnborough (England) oder Berlin-Schönefeld sind eigentlich Handelsmessen, auf denen die Flugzeughersteller den potentiellen Kunden ihre Produkte vorführen können.

VEREINTES EUROPA

Die Panavia, ein Konsortium britischer, deutscher und italienischer Flugzeughersteller, entwickelte den Tornado mit Schwenkflügeln – ein gelungenes Beispiel internationaler Kooperation. Die Abbildung zeigt den Allwetterjäger GR.1.

HUBSCHRAUBER

1970·2000

WEGEN DER MECHANISCHEN und aerodynamischen Komplexität von Drehflüglern zog sich die Entwicklung des Hubschraubers in die Länge. Als die Entwicklung jedoch abgeschlossen war, bewies der Hubschrauber seine vielfältige Verwendbarkeit – bei Krankentransport, Versprühen von Pflanzenschutzmitteln, Truppentransport, Lastenbeförderung, Bauarbeiten, Polizeidienst und U-Boot-Bekämpfung. In letzter Zeit verwendet man Hubschrauber auch sehr erfolgreich zur Panzerabwehr.

Vorderer Rotorträger mit Übersetzungsgetriebe

Triebwerke beiderseits des hinteren Rotorträgers

BANANEN-HUBSCHRAUBER

Der mittelschwere Transporthubschrauber Boeing Vertol CH-47 Chinook *(oben)* flog erstmals 1961. Zwei Lycoming-T-55-Wellenturbinen treiben zwei Dreiblattrotoren in Tandemanordnung mit je 18,30 m Durchmesser an. Wegen des ungewöhnlichen Flugbildes erhielten sie den Spitznamen Bananen-Hubschrauber.

Zwei 1320-Wellen-PS-Turboméca-Turmo-111C4-Wellenturbinen nebeneinander über dem Cockpit

KÜHNES EXPERIMENT

Der Spanier Marquis Pateras Pescara baute in den 1920er-Jahren mehrere plumpe Hubschrauber und erprobte sie mit einigem Erfolg. Das abgebildete Versuchsmodell mit doppelten, gegenläufigen Rotorblättern auf einer Achse wurde von einem Salmson-Sternmotor angetrieben und flog 1925 relativ stabil. Ciervas Autogiro allerdings stellte Pescaras Modelle in den Schatten *(siehe S. 12/13)*.

Cockpit für zweiköpfige Besatzung

AMPHIBIENHUBSCHRAUBER

1962 erschien der Allwetter-Passagierhubschrauber Sikorsky S-61N als Nachfolger des zwei Jahre älteren S-61. Die Kabine fasst 26–28 Passagiere und der versiegelte Unterrumpf macht den Hubschrauber sogar wasserungstauglich. Als Triebwerke dienen zwei General-Electric-CT58-Wellenturbinen mit je 1500 Wellen-PS.

Räder in Stabilisierungsschwimmer einziehbar

Leitwerksträger mit Fünfblatt-Heckrotor

REKORD-LASTENHUBSCHRAUBER

Der bei weitem größte und stärkste Hubschrauber, der je gebaut wurde, war der sowjetische Mil V-12 von 1967. Der schwere Lastenhubschrauber trug an den Flügelenden je zwei 6500-Wellen-PS-Soloviev-D-25VF-Wellenturbinen. Diese trieben zwei Fünfblattrotoren mit je 35 m Durchmesser. Die Höchstgeschwindigkeit betrug 260 km/h. Der V-12 stellte 1969 mehrere Weltrekorde auf – er transportierte z.B. 40 000 kg Nutzlast auf einmal.

Rotorkopf

Heckrotor kompensiert Drehmoment des Hauptrotors.

Triebwerks- und Getriebeverkleidung

Antriebswelle für Heckrotor verläuft oben im Heckausleger.

Schiebetür

LAZARETTHUBSCHRAUBER

Der Westland/Aérospatiale Puma HC Mk 1 *(links)* ist eine Weiterentwicklung des französischen SA 300, der 1965 seinen Jungfernflug hatte. Als taktischer Angriffshubschrauber und Truppentransporter kam er 1971 zur RAF. Er fasst 16 Soldaten oder als Lazaretthubschrauber vier Tragbahren und vier sitzende Verwundete.

Raketen in Halterungen unter dem Stummelflügel

SIKORSKY STALLION

Der erste zweimotorige Prototyp der Baureihe CH-53 absolvierte 1964 seinen Jungfernflug. Die rechts abgebildete schwere Mehrzweckausführung CH-53E Super Stallion wurde auf die Anforderungen der US-Navy und des US Marine Corps zugeschnitten. Mit drei 4380-Wellen-PS-General-Electric-T64-Wellenturbinen befördert er bis zu 55 Soldaten oder sieben Frachtpaletten. Der MH-53E Sea Dragon dient in der US Navy als Minenräumer.

APACHE ZUM ANGRIFF

Die Firma Hughes Helicopters, die seit 1984 McDonnell Douglas Helicopter Co heißt, entwickelte den AH-64, der 1984 erstmals flog. Zwei Jahre später flog der AH-64 Apache *(oben)* Einsätze für die US-Armee. Seine Hauptaufgabe ist die Panzerabwehr bei Tag und Nacht sowie bei jedem Wetter. Unter der Nase befindet sich eine 30-mm-Bordkanone und unter den Stummelflügeln sind verschiedene Raketenhalterungen.

BELL AH-1S COBRA

1970-2000

DER BELL **AH-1S** COBRA war in den 1980er-Jahren der Panzerabwehrhubschrauber der US-Armee. Als Model 209 flog er erstmals am 7. September 1965. Der ursprüngliche Entwurf bestand zu 85 % aus Komponenten des Versorgungs- und Transporthubschraubers UH-1 Huey Cobra, u. a. die Rotoren, die Kraftübertragung und die Triebwerke. Der AH-1 bewährte sich bei den Kampfhubschraubereinheiten in Vietnam, viele AH-1 waren später auch in Europa stationiert.

TECHNISCHE DATEN

Triebwerk 1800-Wellen-PS-Avco-Lycoming-T53-L-703-Wellenturbine
Rotordurchmesser 13,40 m
Maximale Länge 16,18 m
Höhe 4,09 m
Gewicht 4563 kg
Höchstgeschwindigkeit 227 km/h
Steiggeschwindigkeit Ab Start 494 m/min
Dienstgipfelhöhe 3718 m
Bewaffnung 20-mm-Bordkanone; die vier Halterungen an den Stummelflügeln tragen meist vier BGM-71-TOW-Raketen und zwei Magazine mit jeweils 7–19 Flugabwehrraketen.
Besatzung Zwei Personen

DREI FEUERTROMMELN

Der AH-1S verfügt über neuartige Verbund-Rotorblätter und eine 1800-PS-Avco-Lycoming-T53-Wellenturbine mit erhöhter Leistung. Der Bugwaffenstand ist bestückt mit einer 20-mm-General-Electric-M197-Bordkanone mit drei Trommelmagazinen und einer Feuerrate von 3000 Schuss/min.

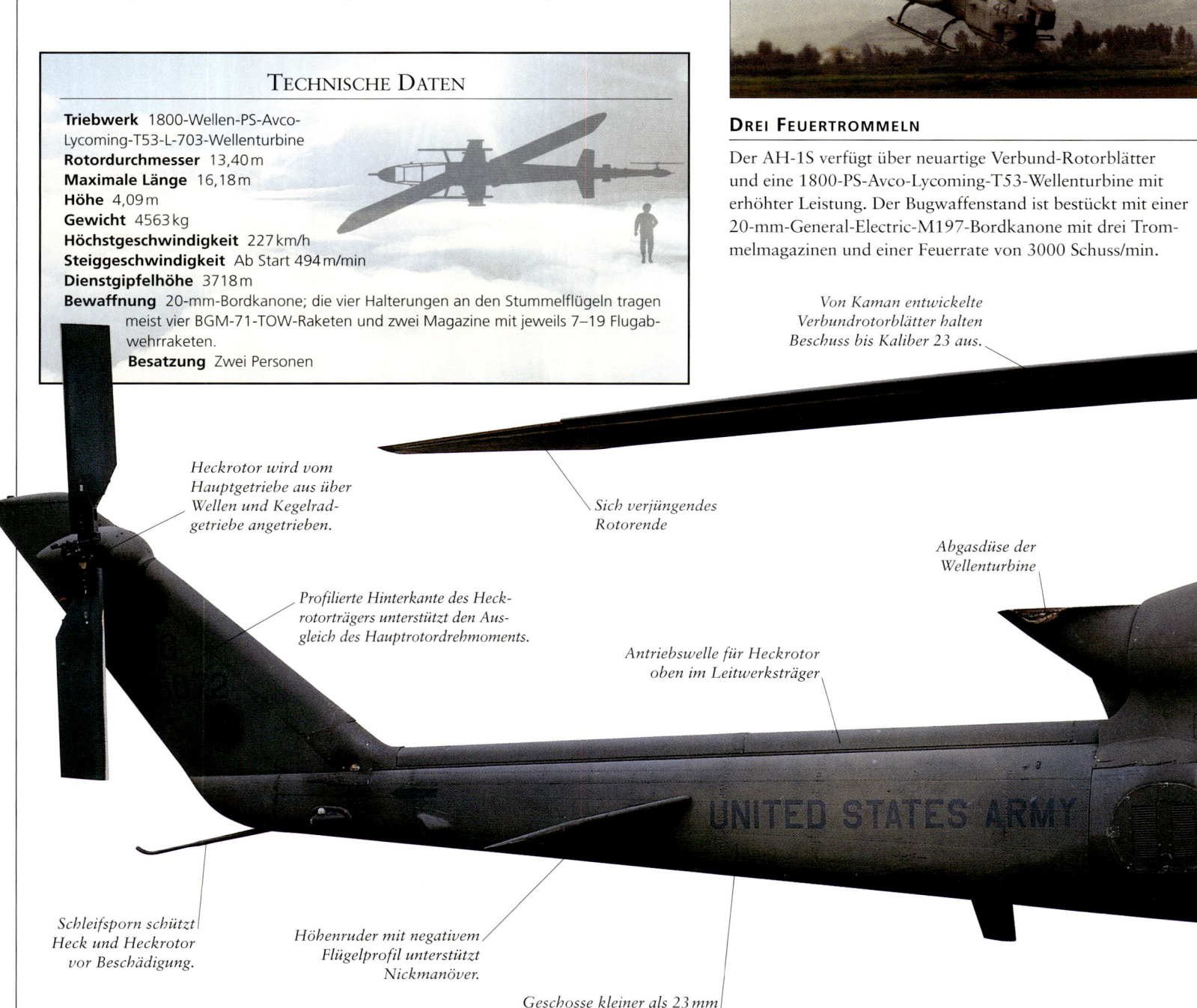

Von Kaman entwickelte Verbundrotorblätter halten Beschuss bis Kaliber 23 aus.

Heckrotor wird vom Hauptgetriebe aus über Wellen und Kegelradgetriebe angetrieben.

Sich verjüngendes Rotorende

Abgasdüse der Wellenturbine

Profilierte Hinterkante des Heckrotorträgers unterstützt den Ausgleich des Hauptrotordrehmoments.

Antriebswelle für Heckrotor oben im Leitwerksträger

UNITED STATES ARMY

Schleifsporn schützt Heck und Heckrotor vor Beschädigung.

Höhenruder mit negativem Flügelprofil unterstützt Nickmanöver.

Geschosse kleiner als 23 mm können dem Leitwerksträger nichts anhaben.

SCHLANKER TIEFFLIEGER

Die beiden Besatzungsmitglieder der Cobra sitzen
hintereinander. Der Hubschrauber ist sehr schmal,
sodass er bei riskanten Tieflugangriffen gegen
feindliche Panzerfahrzeuge ein schlechtes Ziel
bietet. Die Stummelflügel tragen Panzer- und
Flugabwehrraketen.

Steuerstange für
Anstellwinkel
der Rotorblätter

Rotormast-
verkleidung

Frontscheibe
aus gepanzer-
tem Glas

Erhöhter Pilotensitz
ermöglicht Sicht
nach vorne.

Stummelflügel entlasten den
Hauptrotor und bieten Platz
für Bewaffnung.

Vier Raketenwerfer für
TOW-Raketen außen-
bords, Raketenhalte-
rungen innenbords

Landekufen sind
robuster als Räder.

Sucher der
Zielvorrichtung

Bedienhebel für
Zielvorrichtung
mit Abzug

DER BUGSCHÜTZE

Der Bordschütze/Copilot sitzt vor dem Piloten.
Ihm stehen neben dem eigentlichen Visier verschiedene elektronische Zielvorrichtungen zur
Verfügung. Er bedient das Buggeschütz, das
aber auch vom Pilot abgefeuert werden kann.

Rotorkopf
dreht sich mit
294–324 U/min.

DER WÄRME AUF DER SPUR

Die Rumpfnase beherbergt in einer von Hughes konstruierten drehbaren Bugkanzel die Infrarot-Zielvorrichtung M65. Sie ortet für die
TOW-Raketen potenzielle Ziele, die somit auch nachts beschossen
werden können. Die seitliche Cockpitpanzerung aus »Noroc« von
Heavy Norton schützt die Besatzung vor kleinkalibrigem Beschuss.

Cockpittüren nach oben
klappbar; Pilot besteigt
Cockpit von steuerbord,
Bordschütze von backbord.

Zwei 7,26-mm-Kleinkaliber-
geschütze mit 4000 Schuss/min
in M28-Waffenstand

1970-2000 GROSSRAUMFLUGZEUGE

DIE EINFÜHRUNG VON Großraumflugzeugen ermöglichte die Massenbeförderung in der Luft. Dadurch dass eine Maschine mehrere hundert Passagiere befördern konnte, sanken die Flugpreise auf ein für viele Menschen erschwingliches Niveau und das Flugzeug konnte mit anderen Verkehrsmitteln konkurrieren. Nach dem Auftritt der Boeing 747 im Jahre 1969 haben inzwischen mehrere bedeutende Flugzeughersteller so genannte Großraumflugzeuge ins Rennen geschickt.

Triebwerksgondel

Lufteinlass mit S-förmigem Luftkanal zum Hecktriebwerk

STARTSCHWIERIGKEITEN

Lockheed wandte sich mit der L-1011 TriStar erneut dem Verkehrsflugzeug-Markt zu. Anfangs machten jedoch die drei Rolls-Royce-RB.211-Strahlturbinen Schwierigkeiten und Lockheed geriet ins Hintertreffen. Die TriStar flog erstmals am 16. November 1970 und wurde je nach Bedarf in unterschiedlichen Varianten angeboten. Die Standard-Mittelstreckenausführung fasst maximal 400 Passagiere.

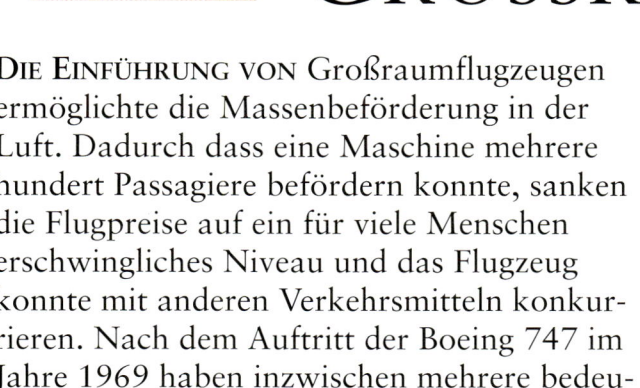

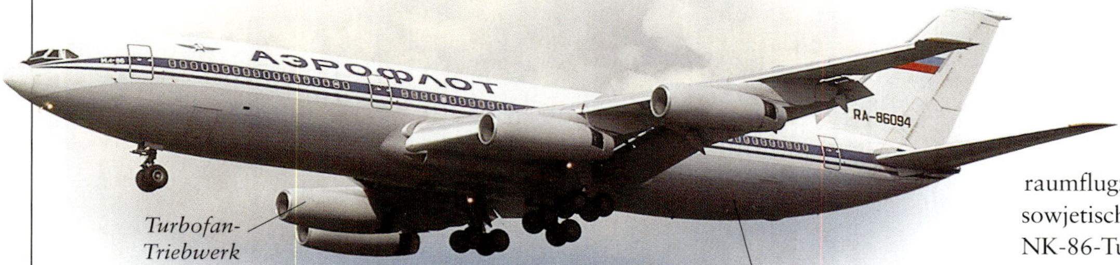

Turbofan-Triebwerk

Containerfrachträume im Unterdeck

KURZLEBIGE TRIEBWERKE

Die Sowjetunion schloss sich mit der Iljuschin-Il-86-300 dem Reigen der Großraumflugzeuge an. Trotz der relativen Kurzlebigkeit sowjetischer Triebwerke – in diesem Fall vier Samara-NK-86-Turbofans – wurden bis zum Produktionsende 1994 immerhin 99 Maschinen ausgeliefert, die meisten an Aeroflot *(links)* und Vnukovo Airlines. 350 Passagiere finden in neunsitzigen Reihen Platz, verschiedene Klassen gibt es nicht. Die übliche Reisegeschwindigkeit beträgt 900 km/h.

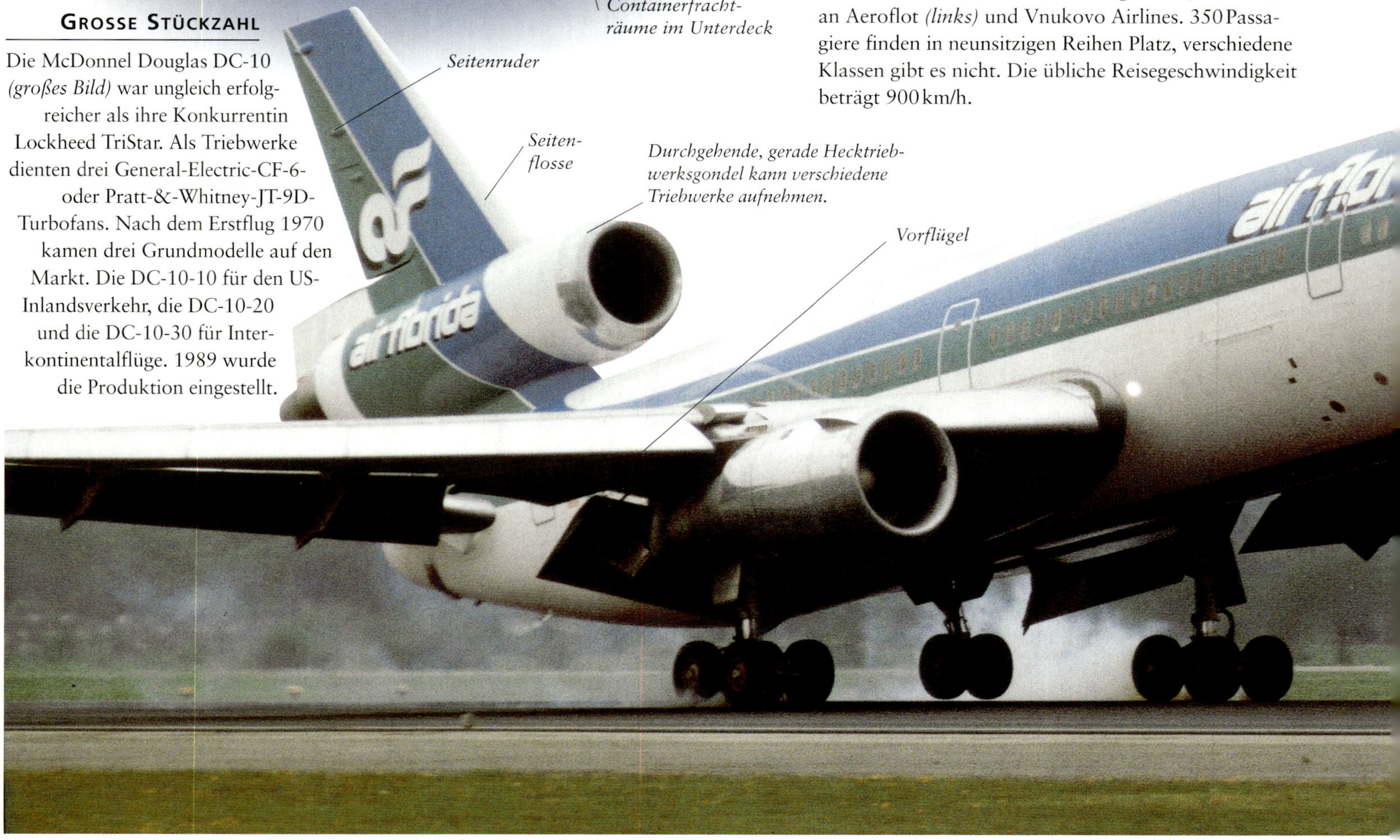

GROSSE STÜCKZAHL

Die McDonnel Douglas DC-10 *(großes Bild)* war ungleich erfolgreicher als ihre Konkurrentin Lockheed TriStar. Als Triebwerke dienten drei General-Electric-CF-6- oder Pratt-&-Whitney-JT-9D-Turbofans. Nach dem Erstflug 1970 kamen drei Grundmodelle auf den Markt. Die DC-10-10 für den US-Inlandsverkehr, die DC-10-20 und die DC-10-30 für Interkontinentalflüge. 1989 wurde die Produktion eingestellt.

Seitenruder

Seitenflosse

Durchgehende, gerade Hecktriebwerksgondel kann verschiedene Triebwerke aufnehmen.

Vorflügel

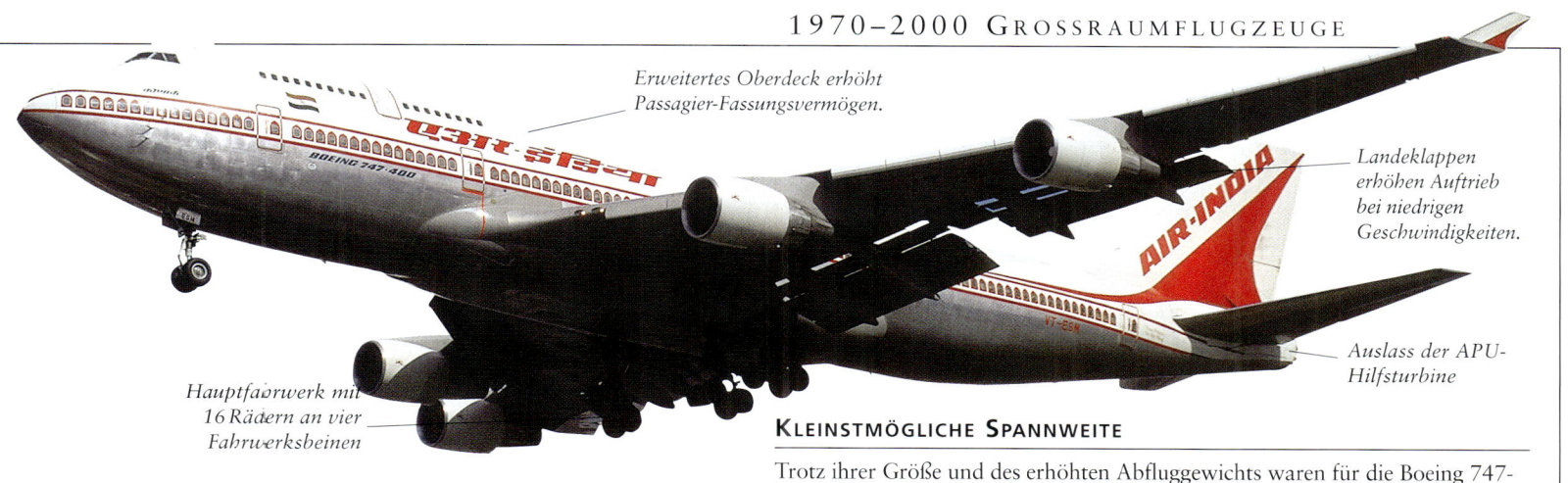

Erweitertes Oberdeck erhöht Passagier-Fassungsvermögen.
Landeklappen erhöhen Auftrieb bei niedrigen Geschwindigkeiten.
Auslass der APU-Hilfsturbine
Hauptfahrwerk mit 16 Rädern an vier Fahrwerksbeinen
AIR-INDIA
BOEING 747-400

KLEINSTMÖGLICHE SPANNWEITE

Trotz ihrer Größe und des erhöhten Abfluggewichts waren für die Boeing 747-400 keine aerodynamischen oder konstruktiven Neuerungen nötig. Man verwendete jedoch diverse Hochauftriebssysteme (Krügerklappen, Doppelspaltklappen), um die Spannweite so klein wie möglich zu halten.

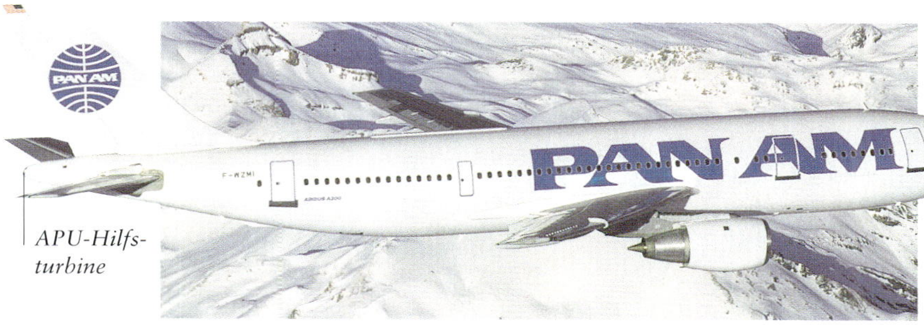
PAN AM
APU-Hilfsturbine

PREMIERE IN FRANKREICH

Die Abbildung zeigt einen Airbus A300 der inzwischen nicht mehr bestehenden Pan American World Airways. Mit zwei General-Electric-CF-6-Turbofans flog dieser Typ erstmals im Oktober 1972. Air France bediente damit ab 1974 die Linie Paris–London.

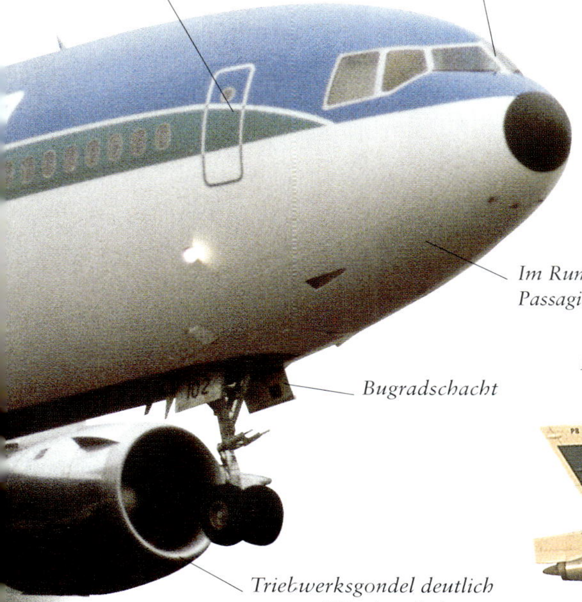
Weit vorne liegendes Cockpit für gute Sicht
Mannschaftstür
Im Rumpf sitzen neun Passagiere nebeneinander.
Bugradschacht
Triebwerksgondel deutlich vor der Flügelvorderkante

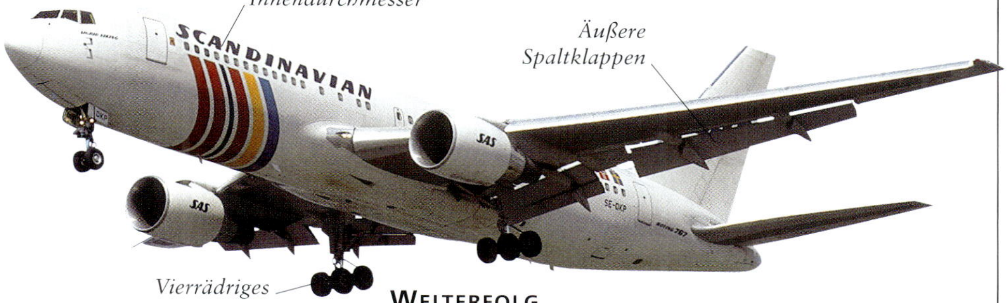
Kabine mit 4,70 m Innendurchmesser
Äußere Spaltklappen
Vierrädriges Hauptfahrwerk
SCANDINAVIAN
SAS

WELTERFOLG

Die Boeing 767 flog erstmals im September 1981 und nahm ein Jahr später den Dienst bei United Airlines auf. Sie fand in der ganzen Welt zahlreiche Abnehmer. Die abgebildete 767-300 fasst 350 Passagiere und hat eine Reichweite von 8050 km.

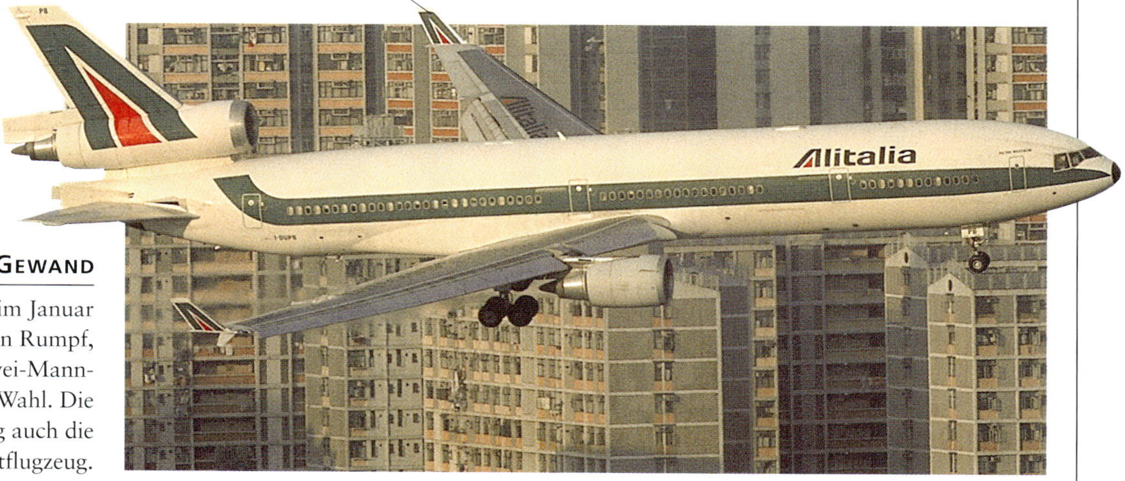
Flügelohren vermindern Luftwiderstand und Treibstoffverbrauch.
Alitalia

ALTER BEKANNTER IM NEUEN GEWAND

Die McDonnell Douglas MD-11 flog erstmals im Januar 1990. Gegenüber der DC-10 hat sie einen längeren Rumpf, verbesserte Aerodynamik und ein modernes Zwei-Mann-Cockpit. Verschiedene Triebwerke stehen zur Wahl. Die Alitalia verwendet neben der Standardausführung auch die MD-11(C), ein kombiniertes Passagier- und Frachtflugzeug.

1970·2000 DIE AIRBUS-FAMILIE

ALS IM DEZEMBER 1970 das Unternehmen Airbus Industrie gegründet wurde, war Boeings Vormachtstellung auf dem Flugzeugmarkt zum ersten Mal ernsthaft gefährdet. Die Regierungen Frankreichs, Deutschlands, Hollands und Spaniens unterstützten das Gemeinschaftsprojekt der europäischen Flugzeughersteller Aérospatiale, Deutsche Airbus, Hawker Siddeley (später British Aerospace), Fokker VFW und CASA. Seit Erscheinen des Airbus A300, des weltweit ersten zweistrahligen Großraumflugzeugs, fliegt das Airbus-Konsortium von Erfolg zu Erfolg.

Gegenüber der A320 fehlen drei Rumpfspanten vor und vier hinter der Tragfläche.

DIE KLEINERE ALTERNATIVE

Das Kurz- und Mittelstreckenflugzeug A319 absolvierte seinen Erstflug 1995. Der Rumpf ist 3,50 m kürzer als bei der A320 und fasst nur 134 Passagiere, alle in einer Klasse. Swiss Air setzte die Maschine ab Mai 1996 ein und seit 1999 gibt es die A319 auch als »corporate jet«-Ausführung für Firmen.

Rumpf besteht überwiegend aus hochfester Aluminiumlegierung.

NUR ZWEI MANN IM COCKPIT

Der Airbus A300 erhielt als erster Großraumjet mit zweiköpfiger Flugbesatzung die Verkehrszulassung. Den Bordingenieur sparte man ein. Der Erstflug des Prototyps A300B1 mit zwei Turbofans unter den Flügeln fand im Oktober 1972 statt. Die Produktion begann jedoch mit der größeren Ausführung A300B2, die im Mai 1974 den Dienst bei Air France aufnahm. Später wurde sie von der B4 mit stärkeren Triebwerken und größeren Tanks abgelöst.

Flügelohren (winglets)

Tragfläche mit hoher Streckung

Seitenflosse aus Faserverbundmaterial; erstmals Faserverbundbauteile für Primärstrukturen

MIT SCHLANKEM RUMPF

Der schlanke Kurz- und Mittelstreckenjet A320 erschien bereits, als A300 und A310 immer noch produziert wurden. Er flog erstmals im Februar 1987 und die erste Maschine ging im März 1988 an Air France. Die verkürzte A319 und die gestreckte A321 vervollständigten später die neue Baureihe. Die Endmontage der A320 fand zuerst in Toulouse statt, wurde aber mit Produktionsbeginn des A330/340 nach Hamburg verlegt.

FORTSCHRITTLICHE FLÜGEL

Die A310 war im Prinzip baugleich mit ihren Vorgängermodellen. Sie hatte allerdings neu gestaltete Tragflächen und fasste über 200 Passagiere. Auf die A310-200, die am 8. Juli 1985 erstmals flog, folgte die abgebildete A310-300 *(unten)*, die als einziges A310-Modell winglets an den Flügelenden aufweist.

APU-Hilfsturbine im Heck

Rumpf und Cockpit von A340 und A330 sind identisch.

Komplettes Leitwerk nach hinten gepfeilt

Höhenflosse mit variablem Anstellwinkel zur T-immung und getrennt angesteuerten Höhenrudern

LANGSTRECKENFLUGZEUG

Die vierstrahlige A340 *(oben)* ist zwar für Interkontinentalflüge ausgelegt, die Flugelektronik und die »fly-by-wire«-Anzeigen im Cockpit sind jedoch mit denen der zweistrahligen A330 identisch – das spart Ausbildungsflüge. Die Lufthansa kaufte im März 1993 die erste Maschine, andere Fluggesellschaften folgten, als sie feststellten, dass die Reichweite der McDonnell Douglas MD-11 zu klein ist.

Flügel mit hohem Wirkungsgrad

Rolls-Royce-Trent-Turbofans, Standardtriebwerke der A330-300

GLEICHZEITIGE ZULASSUNG

Die A330-300 flog erstmals im November 1992. Das Mittel- und Langstreckenflugzeug mit zwei General-Electric-Triebwerken erhielt im Oktober 1993 als erstes Flugzeug gleichzeitig die Verkehrszulassungen für Europa und für die USA. Air Inter kaufte Ende Dezember 1993 die erste A330 und stellte sie im Januar 1994 in Dienst.

Vorflügel an der Vorderkante verbessern Starteigenschaften.

Verkleidete Klappen-Anlenkungen an der Flügelhinterkante

Triebwerksgondel mit großem Durchmesser für General-Electric-CF6-50A-Turbofans

Die Rumpfhöhe beträgt 8,50 m, die Gesamthöhe 22,80 m.

GEPLANTER GIGANT

Die AXX soll mit 656 Passagieren auf zwei Decks das größte Verkehrsflugzeug aller Zeiten werden. Die meisten Großflughäfen kommen mit ihrer Spannweite von 77 m wohl schon heute zurecht – mehrere gleichzeitig anfliegende A3XX aber sind sicher eine Herausforderung für die Flughafenorganisation.

1970-2000 FLIEGER FÜR JEDERMANN

FLUGZEUGE FÜR DEN PRIVATEN und geschäftlichen Gebrauch gibt es seit den Anfangstagen der Luftfahrt, aber bis in die 1920er-Jahre konnten sich nur die Reichsten eigene Flugzeuge leisten. Die ersten Segelflugzeuge und leichten Doppeldecker wie die de Havilland Moth ermöglichten es in den 1930er-Jahren einem viel größeren Personenkreis, selbst zu fliegen. Seit dem Zweiten Weltkrieg ist die Anzahl der Privatflugzeuge – vom Businessjet bis zum Ultraleichtflugzeug – beträchtlich angewachsen. Das eigene Flugzeug – besonders der eigene Jet – ist das ultimative Statussymbol.

FLOH AUS FRANKREICH

Der Franzose Henri Mignet präsentierte 1933 die H.M.14 Pou Du Ciel, einen Tandemflügler zum Selbstbau. Viele Menschen auf der ganzen Welt bauten sich ihren »Fliegenden Floh«, aber wegen eines Konstruktionsfehlers kamen mehrere Menschen bei Abstürzen ums Leben. Der Bausatz wurde verboten. Modifizierte Modelle fliegen noch heute.

AUTO ODER FLUGZEUG?

Es hat mehrere Versuche gegeben, ein »fliegendes Auto« zu bauen, d.h. ein Flugzeug, das nach der Landung auf normalen Straßen fahren kann, aber keiner hat so recht eingeschlagen. Relativ erfolgreich war der Aerocar, den der Amerikaner Molt Taylor in den 1950er-Jahren konstruierte. Ein 143-PS-Motor trieb per Kardanwelle eine Druckschraube und über eine zweite Kardanwelle die Vorderräder des Fahr-/Flugzeugs an.

Schleifsporn

OPTIMIST

Segelfliegen erfordert großes Können. Das Segelflugzeug entwickelt sich stetig weiter und die deutschen Konstrukteure, die über 90 % der weltweit verwendeten Segelflugzeuge herstellen, versuchen durch den Einsatz neuer Werkstoffe und durch verbesserte Aerodynamik die Flugleistungen zu steigern. Das englische Billigst-Segelflugzeug Edgley EA9 Optimist *(oben)* besteht großenteils aus dem Faserverbundwerkstoff Fibrelam und die Sinkgeschwindigkeit liegt unter 60 cm/sec. Der Optimist wird auch als Bausatz angeboten.

Vorflügel verzögern Strömungsabriss und ermöglichen niedrigere Landegeschwindigkeit.

Drahtverspanntes Fachwerk aus Holz, mit Baumwolle bespannt und lackiert

IMMER NOCH BELIEBT

Die de Havilland D.H.82A Tiger Moth ging in den späten 1920er-Jahren aus der Moth und der Gipsy Moth hervor. Sie absolvierte ihren Erstflug 1931 und diente im Zweiten Weltkrieg als Schulungsflugzeug für die Grundausbildung der RAF und der Empire- und Commonwealth-Streitkräfte. Viele der mehreren tausend »Tigers« wurden nach dem Krieg an Privatpersonen und Vereine verkauft. Noch heute schwärmen viele Piloten für diesen Veteranen.

DIE FREIHEIT DES FLIEGENS

Viele Großunternehmen und wohlhabende Privatpersonen besitzen eigene Flugzeuge, die sie von Flugplänen und Großflughäfen unabhängig machen. Typische Businessjets sind die Falcon-Modelle des französischen Flugzeugherstellers Dassault Aviation. Die dreistrahlige Falcon 900 befördert bis zu 19 Passagiere mit einer Geschwindigkeit von bis zu 950 km/h.

Flugsegel wird durch profilierte Aluminium-Stäbe in Form gehalten.

Hohe Flügelstreckung für optimalen Auftrieb

Eingesetzte Querruder

Pilot steuert durch Gewichtsverlagerung.

Plexiglashaube für gute Sicht

WIE VOR 100 JAHREN

Otto Lilienthal begründete in den 1890er-Jahren mit seinem ersten Menschenflug das heute so populäre Drachenfliegen. Wer es beherrscht, kann mit den heutigen Sportdrachen beeindruckende Leistungen vollbringen. Trotzdem – das Prinzip ist dasselbe wie vor 100 Jahren.

Kufe schützt den Rumpf bei der Landung.

Der in einem Drehpunkt gelagerte Drachenflügel wird nach dem gleichen Prinzip gesteuert wie bei Hängegleitern.

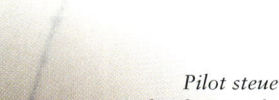

FLIEGEN ALS ZEITVERTREIB

Eine Stufe über dem Sportdrachen steht das Ultraleichtflugzeug. Die abgebildete Solar Wings Pegasus XL-Q mit Rotax-462-Motor ist im Prinzip ein motorisierter gewichtsgesteuerter Hängegleiter, andere Modelle dagegen sind dreiachsgesteuerte Leichtflugzeuge mit normaler Steuerung. Es gibt unzählige Varianten, aber alle sind einfach zu handhaben und benötigen keinen großen Flugplatz.

1970-2000 JÄGER UND BOMBER

DIE KOSTEN FÜR MODERNE KAMPFFLUGZEUGE sind immens. Die Luftstreitkräfte kleinerer und ärmerer Staaten benötigen daher Flugzeuge, die verschiedene Aufgaben gleichzeitig erfüllen können. Deshalb entwirft man heute neben hoch spezialisierten Maschinen auch vielseitige Mehrzweck-Kampfflugzeuge, die für die unterschiedlichsten Waffensysteme geeignet sind. Allwettertauglichkeit ist selbstverständlich und die Tarnkappentechnologie macht Jäger und Bomber für feindliches Radar unsichtbar. Moderne Waffensysteme können mehrere Ziele gleichzeitig identifizieren und beschießen.

GEWICHTIGE UNTERSTÜTZUNG

Die Fairchild A-10 Thunderbold ist ein Angriffsflugzeug zur Unterstützung von Bodengefechten. An den Flügeln trägt sie Bomben und Raketen und im Bug befindet sich eine 30-mm-General-Electric-GAU-8A-Bordkanone. Die Höchstgeschwindigkeit beträgt 706 km/h.

RASEND SCHNELL

Die wendige, weltweit verbreitete McDonnell Douglas F/A-18 Hornet ist ein land- bzw. trägergestützter, nachtflugtauglicher Allzweck-Angriffsjäger. Darüber hinaus wird sie als Aufklärer eingesetzt. Zwei 7257-kp-General-Electric-F404-GE-Turbofans beschleunigen sie auf 1915 km/h bzw. Mach 1,8.

Zwei nach außen geneigte Seitenflossen mit eingesetzten Seitenrudern

Zwei Triebwerke nebeneinander im hinteren Rumpf

Im Nachbrenner wird zusätzlicher Treibstoff eingespritzt und verbrannt; dies erhöht die Schubkraft.

LANGFRISTIGE INVESTITION

Der Bomber und Raketenjäger Tupolew Tu-22M »Backfire« kam 1975 zur sowjetischen Luftwaffe und wird voraussichtlich noch bis über das Jahr 2010 hinaus Russland in die Lage versetzen, Langstreckenangriffe zu fliegen. Mit zwei Samara-NK-25-Turbofans erreicht die Maschine in großer Höhe eine Geschwindigkeit von 2000 km/h.

Großzügig dimensionierte Triebwerksgondeln; Einlassöffnungen unter Flügelwurzel

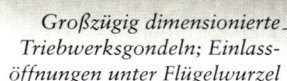

FLINK UND WENDIG

Der leistungsfähige Abfangjäger Suchoi Su-27 »Flanker« wurde in großen Stückzahlen für die sowjetische Luftwaffe gebaut. Viele Maschinen sind heute in Russland, China, Syrien und Vietnam im Einsatz. Die Su-27 ist extrem wendig und erreicht eine Höchstgeschwindigkeit von 2150 km/h.

AMERIKANISCHER ADLER

Der ein- bis zweisitzige Abfangjäger McDonnell Douglas F-15 Eagle ist mit zwei 10855-kp-Pratt-&-Whitney-F-100-Turbofans ausgerüstet. Die Höchstgeschwindigkeit beträgt Mach 2,5. Zur immensen Waffenlast der F-15 gehören unter anderem vier Luft-Luft-Raketen des Typs AIM-7 Sparrow oder AIM-120 AMRAAM.

Radarsuchsystem Hughes APC-63 in der Nase

Einlasskanäle mit Klappen zur Regelung des Luftdurchsatzes

Verlängerte Flügelwurzelvorderkanten (»LERX«) verbessern die Strömungsverhältnisse bei hohem Anstellwinkel.

Große Cockpithaube für Rundumsicht

SCHNELLER FALKE

Der Vielzweck-Luftkampfjäger Lockheed Martin F-16 Falcon kann auch Ziele am Boden angreifen. Er ist sehr wendig und die große Cockpithaube bietet eine hervorragende Rundumsicht. Ein Pratt & Whitney-F100-Triebwerk beschleunigt die F-16 auf bis zu 2172 km/h bzw. Mach 2,05.

Halterung mit Luft-Luft-Raketen AIM-9L Sidewinder

Pendel-Höhenflosse

UNSICHTBARER GEIST

Der Tarnkappenbomber Northrop Grumman B-2A Spirit flog erstmals 1989. Form, Aufbau und Lackierung sollen das Flugzeug für Radarsysteme möglichst unsichtbar machen. Die Bombenlast von bis zu 18145 kg befindet sich im Inneren und die Höchstgeschwindigkeit beträgt Mach 0,8.

Auslassöffnungen über der Tragfläche, somit vor Bodenradar und IR-Sensoren abgeschirmt

Multifunktionsradar APG-65 in der Nase

Großes Seitenleitwerk

Bewegliche Entenflügel dienen am Boden auch als Luftbremse.

GEMEINSAME ANSTRENGUNGEN

Der Abfangjäger Eurofighter 2000 Typhoon ist ein Gemeinschaftsprodukt der deutschen Daimler-Chrysler Aerospace (seit Juli 2000 EADS Deutschland), der italienischen Alenia, der spanischen CASA und der British Aerospace. Im Unterschall-Nahkampf ist er sehr wendig, er ist aber auch für Aufklärung und Erdzielangriffe geeignet. Die beiden 6124-kp-Eurojet-EJ-200-Turbofans bringen ihn auf Mach 2.

1970-2000 MiG-21F-13

DIE MIG-21 WAR DAS ERSTE in Serie produzierte sowjetische Flugzeug, das im Horizontalflug doppelte Schallgeschwindigkeit erreichte. Die Maschine mit dem NATO-Codenamen »Fishbed« war in den 1960er- und 1970er-Jahren der wichtigste Kurzstreckenjäger der Sowjetunion. Am 16. Juni 1955 absolvierte der erste Mikojan-Gurewitsch-Deltaflügler, der Prototyp Ye-4, seinen Jungfernflug. Die Großserienproduktion begann 1960 mit der MiG-21F-13. Die 13 in der Bezeichnung bezieht sich auf die Möglichkeit, infrarotgelenkte Luft-Luft-Raketen vom Typ K-13 an den Flügelhalterungen der Maschine mitzuführen.

Grenzschichtzaun auf Tragfläche lenkt Flügelumströmung.

Tragflächen mit negativer V-Form (Flügelspitzen tiefer als Flügelwurzel)

Blende schützt Einlassöffnung am Boden vor Verschmutzung.

SCHLECHT AUSGERÜSTET

Die MiG-21 ist zuverlässig, kann mehrere Tage hintereinander bis zu sechs Angriffe täglich fliegen. Die Betriebskosten sind, abgesehen vom Treibstoffverbrauch, niedrig. Navigationssystem, Waffenlast, Allwetterradar sowie die Reichweite sind jedoch mangelhaft. Die MiG-21 hat nur ein einfaches, für Erdzielangriffe kaum geeignetes Luft-Luft-Verfolgungsradar.

Klappen zur Abdeckung des Hauptfahrwerksschachts

Lenkbares Bugrad mit Federbein

Seitenruder

Verkleidung der Nachbrennerdüsen-Verstellung

Kühlluft-Einlassschlitz

Nachbrennerdüse

Kielflosse

Positionslampe am Flügel

Ausfahrbare Bremsklappe

LUFTKAMPF-ASS

Die MiG-21F-13 trug als unkompliziertes und billiges Flugzeug anfangs nur leichte Bewaffnung: eine 30-mm-NR-30-Bordkanone, zwei K-13-Raketen und eine Aufklärungskamera unter dem Cockpit. Sie eignet sich sehr gut für den Luftkampf. Sie ist wendig und gut steuerbar, neigt jedoch ein wenig zum Abkippen, was eine Unterbrechung der Luftzufuhr und damit Aussetzer der Strahlturbine bewirken kann.

Hauptfahrwerk nach innen in Rumpf und Flügel einziehbar

Raketenhalterung unter der Tragfläche

ÜBERALL ZU HAUSE

Die MiG-21 wurde in Russland und im Ausland stetig intensiv weiterentwickelt. Einschließlich der ausländischen Lizenzbauten wurden bisher mehr als 13 500 Maschinen hergestellt. Mehr als 56 Staaten setzen die MiG-21 in ihren Luftstreitkräften ein und sie hat an mindestens 30 Kriegen teilgenommen. Noch heute sind viele Maschinen im Einsatz.

TECHNISCHE DATEN

Triebwerk 6200-kp-Tumanskij-RD-11-300-Strahlturbine mit Nachbrenner
Spannweite 7,15 m
Länge 15,76 m
Höhe 4,10 m
Maximales Startgewicht 8212 kg
Höchstgeschwindigkeit 2220 km/h (Mach 2,1) in 11 000 m Höhe
Steiggeschwindigkeit 180 m/sec
Dienstgipfelhöhe 18 000 m
Bewaffnung Zwei 23-mm-Bordkanonen; max. vier K-13-Luft-Luft-Raketen; vier 250-kg-Bomben oder vier 220-mm- bzw. 325-mm-Luft-Boden-Raketen
Besatzung Eine Person

Funkantenne

Plexiglashaube bietet gute Sicht – außer nach hinten.

Frontscheibe aus Panzerglas

Spitzer Zentralkörper im Lufteinlass fährt abhängig von der Geschwindigkeit automatisch vor und zurück.

85

Verkleideter Geschützlauf seitlich am Rumpf

Bugrad nach vorne in Rumpf einziehbar

Klappen zur Abdeckung des Bugfahrwerksschachts

Flugdatensonde mit Pitotrohr

Halterung für abwerfbaren Zusatztank

1970-2000 MILITÄRTRANSPORTER

GRÖSSERE MILITÄRTRANSPORTER transportieren nicht nur Truppen, Fahrzeuge und Ausrüstung, sondern sie fungieren auch als Luftbetankungsflugzeuge, als fliegende Radarfrühwarnsysteme oder Gefechtszentralen. Andere wiederum sind auf Seeaufklärung oder U-Boot-Bekämpfung spezialisiert. Es ist unerlässlich, dass Truppentransporter auch auf kurzen und holprigen Pisten starten und landen können. Weitere Anforderungen an ein Militärtransportflugzeug sind steile An- und Abflüge.

U-BOOT-JÄGER

Die Hawker Siddeley Nimrod MR.2 nahm 1970 als erster landgestützter Seeaufklärer mit vier Triebwerken den Dienst auf. Sie basiert auf der de Havilland Comet. Mit vier Rolls-Royce-Spey-Turbofans erreicht sie eine Höchstgeschwindigkeit von 788 km/h und kann zwölf Stunden in der Luft bleiben.

Röhrenförmiger Rumpf, innen frei von Verstrebungen für maximale Raumausnutzung

FLIEGENDER WACHTPOSTEN

Das Bild zeigt das fliegende AWACS-Frühwarn-und-Überwachungssystem Boeing E-A3 Sentry in der Version AEW Mk 1. Auf dem Heck einer Boeing 707 ist eine drehbare Radarantenne mit 9,14 m Durchmesser montiert. Die US-Luftwaffe setzt die Sentry seit 1977 ein, die NATO seit 1983. Sie kann bis zu 1600 km vom Stützpunkt entfernt sechs Stunden lang Wache fliegen.

GRUNDPFEILER DER VERTEIDIGUNG

Schon 1956 nahm die erste Lockheed C-130 Hercules den Truppendienst auf und die neueste Ausführung C130-J wird noch viele Jahre aktiv sein. Das Flugzeug kann andere Maschinen während des Fluges betanken und trägt elektronische Abwehrsysteme an Bord. Angetrieben wird die Hercules von vier 4508-Wellen-PS-Propellerturbinen.

Vierblatt-Verstellpropeller mit Umkehrschub

Radarsystem in der Nase

Treibstofftanks im Außenflügel

Betankungsvorrichtung unter der Tragfläche

FLIEGENDE ZAPFSÄULE

Bei den Luftbetankungsflugzeugen BAC VC 10 K.2 der RAF handelt es sich um umgerüstete Passagierflugzeuge des Typs VC 10 bzw. Super VC 10. Sie nahmen den Dienst 1984 auf und später folgten die Modelle K.3 und K.4.

RUSSISCHER RIESE

Die Antonow An-22 »Cock« hat eine Spannweite von 64,40 m und flog erstmals 1965. Vier NK-12MA-Turboprops mit 14 995 Wellen-PS treiben die größten mechanisch gekoppelten gegenläufigen Propeller der Welt an.

Vielrädriges Fahrwerk in die seitliche Rumpfausbeulung einziehbar

Tragfläche über dem Rumpf, Laderaum ohne störende Bauelemente

Weit vorne liegendes Cockpit für optimale Sicht

BEWÄHRTER KRAFTPROTZ

Der Mittel- und Langstreckentransporter Iljuschin Il-76 flog erstmals im März 1971 und dient außer in Russland auch noch bei anderen Luftstreitkräften. Die Abbildung zeigt eine Il-76MF mit einer Nutzlast von 52 000 kg. Der Erstflug fand 1995 statt.

GERÄUMIGER GLOBETROTTER

Der Langstreckentransporter Lockheed C-5 Galaxy *(unten)* hat eine Spannweite von fast 68 m. Die ersten Maschinen gingen 1969 an das Transportkommando der US-Luftwaffe. Seither werden sie weltweit für Truppenbewegungen und -versorgung eingesetzt.

1970-2000 LOCKHEED F-117A

SCHON 1975 BEGANN LOCKHEED unter der Projektbezeichnung
Have Blue, ein »Stealth«-Flugzeug zu entwickeln. Die Oberfläche sollte aus lauter facettenartig im Grenzwinkel angeordneten kleinen Teilflächen bestehen, damit sie kein klares
Radarsignal reflektiert. Die ersten beiden Prototypen waren
kaum flugfähig, ließen aber für die Zukunft hoffen. Ab 1978
baute Lockheed fünf Senior-Trend-Experimentalflugzeuge und
lieferte 1982 die ersten F-117-Nighthawk-Angriffsjäger aus.
Die US-Luftwaffe orderte 59 Maschinen zu einem Stückpreis
von 42,6 Mio. Dollar. 1988 wurde die Öffentlichkeit
informiert und 1991 spielten Nighthawks im
Golfkrieg eine entscheidende Rolle beim
»Desert Storm« gegen den Irak.

NACH BEDARF MODERNISIERT

Die Facettenoberfläche des ungewöhnlichen Flugzeugs ist auf der Abbildung gut zu erkennen.
Ursprünglich bestand die Zelle fast ausschließlich
aus Aluminiumlegierungen, doch ersetzte man
inzwischen einige Bauteile, z. B. die beweglichen Multifunktionsruderflächen,
durch thermoplastisches, kohlefaser-
verstärktes Verbundmaterial. Auch
Bordsysteme und Ausrüstung
wurden nach und nach
aufgerüstet.

HEIMLICH, ABER SCHNELL

Die Flügelunterseiten der F-117 gehen
nahtlos in den Rumpf über, der als Auftriebskörper entworfen wurde. Eine matt-
schwarze, radarabsorbierende Beschich-
tung überzieht fast das gesamte Äußere
des Flugzeugs. Da die Landegeschwindigkeit konstruktionsbedingt bei 227 km/h
liegt, benötigt die F-117 Bremsfallschirme
zur Verkürzung der Landestrecke.

*Lufteintrittsöffnun-
gen der Triebwerke
vergittert, um
Verdichter vor Radar
abzuschirmen*

*Hauptfahrwerk
nach vorne
einziehbar*

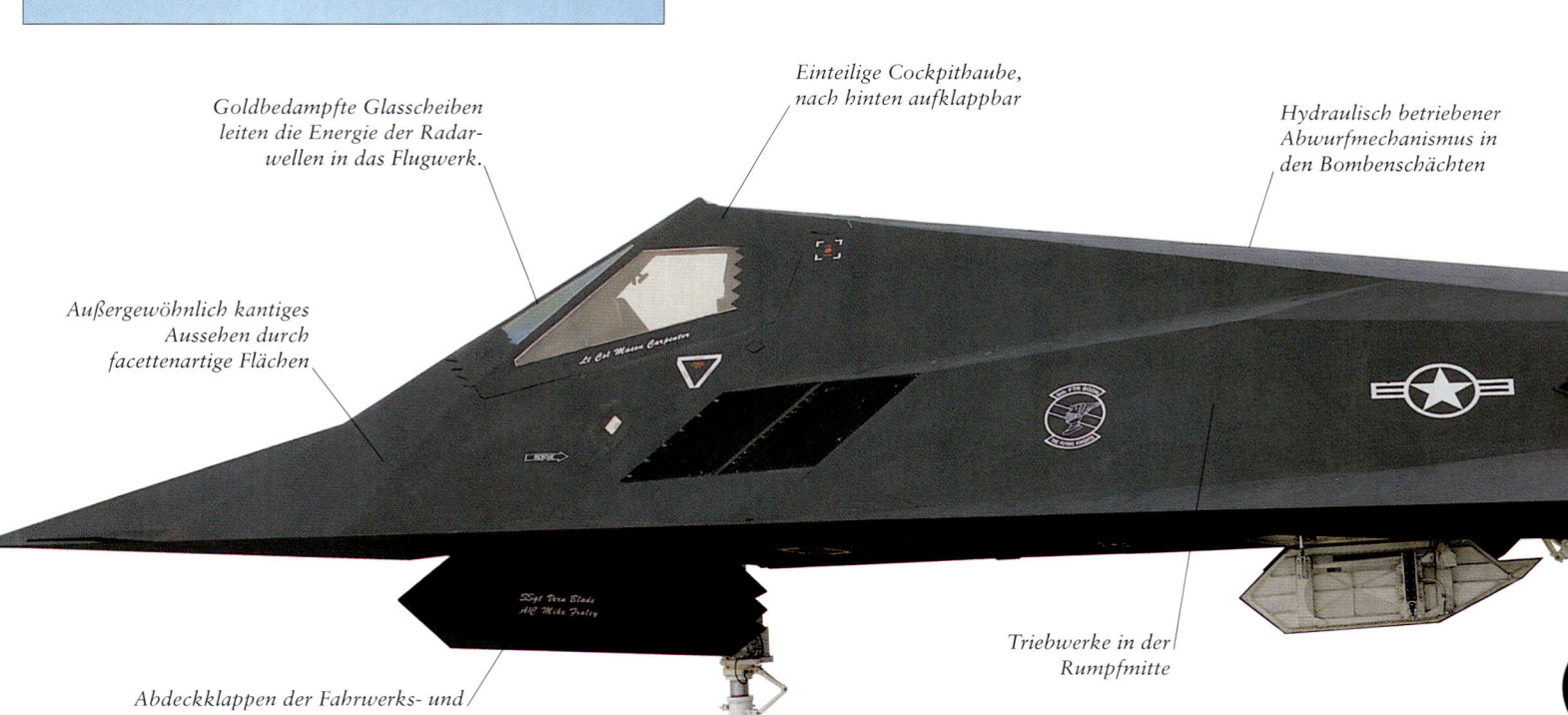

*Goldbedampfte Glasscheiben
leiten die Energie der Radar-
wellen in das Flugwerk.*

*Einteilige Cockpithaube,
nach hinten aufklappbar*

*Hydraulisch betriebener
Abwurfmechanismus in
den Bombenschächten*

*Außergewöhnlich kantiges
Aussehen durch
facettenartige Flächen*

*Abdeckklappen der Fahrwerks- und
Bombenschächte vorne und hinten gezackt,
um Radarstrahlen zu zerstreuen*

*Triebwerke in der
Rumpfmitte*

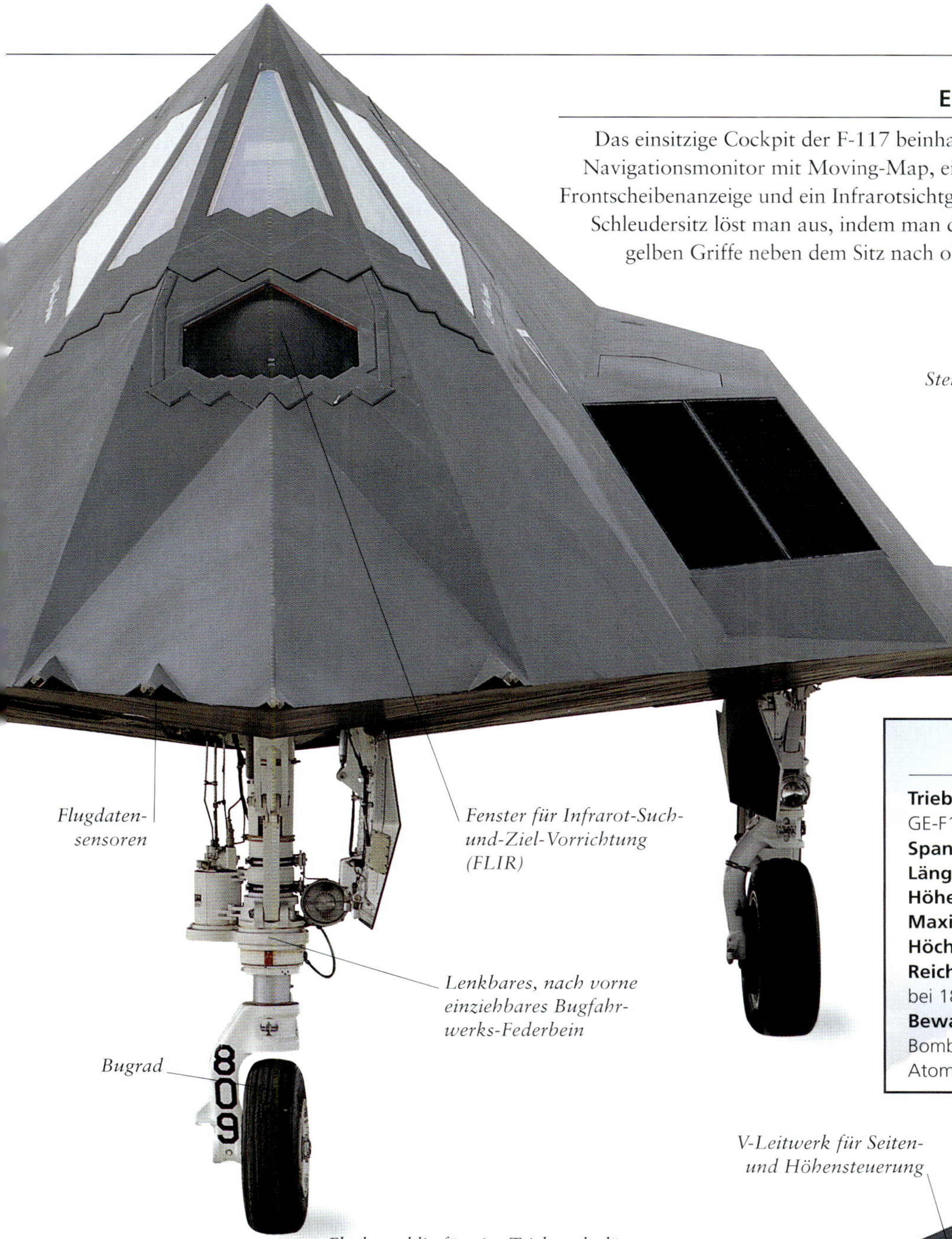

EINSITZER

Das einsitzige Cockpit der F-117 beinhaltet einen Navigationsmonitor mit Moving-Map, eine HUD-Frontscheibenanzeige und ein Infrarotsichtgerät. Den Schleudersitz löst man aus, indem man die beiden gelben Griffe neben dem Sitz nach oben zieht.

Steuersäule

Radar-Höhenmesser und Fluglagen-Anzeigeinstrumente

Multifunktionelles Display für Bordsysteme

Flugdaten-sensoren

Fenster für Infrarot-Such- und-Ziel-Vorrichtung (FLIR)

Lenkbares, nach vorne einziehbares Bugfahr-werks-Federbein

Bugrad

TECHNISCHE DATEN

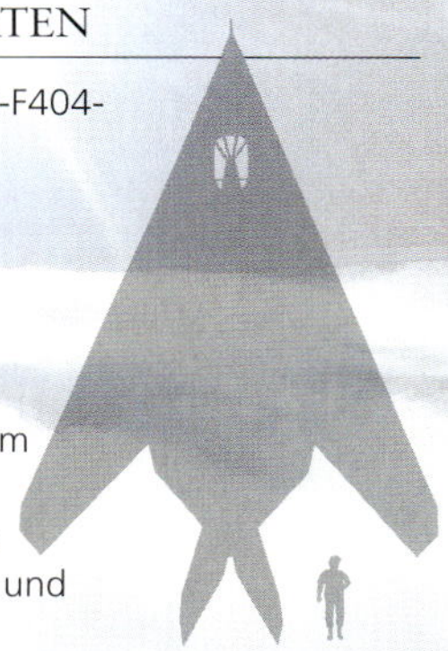

Triebwerke Zwei 4900-kp-General-Electric-F404-GE-F1D2-Turbofans ohne Nachbrenner
Spannweite 13,20 m
Länge 20,10 m
Höhe 3,80 m
Maximales Startgewicht 23 814 kg
Höchstgeschwindigkeit 1040 km/h
Reichweite ohne neue Betankung 861 km bei 1814 kg Zuladung
Bewaffnung Bis zu 907 kg lasergesteuerte Bomben, dazu taktische Dispenser, Raketen und Atombomben

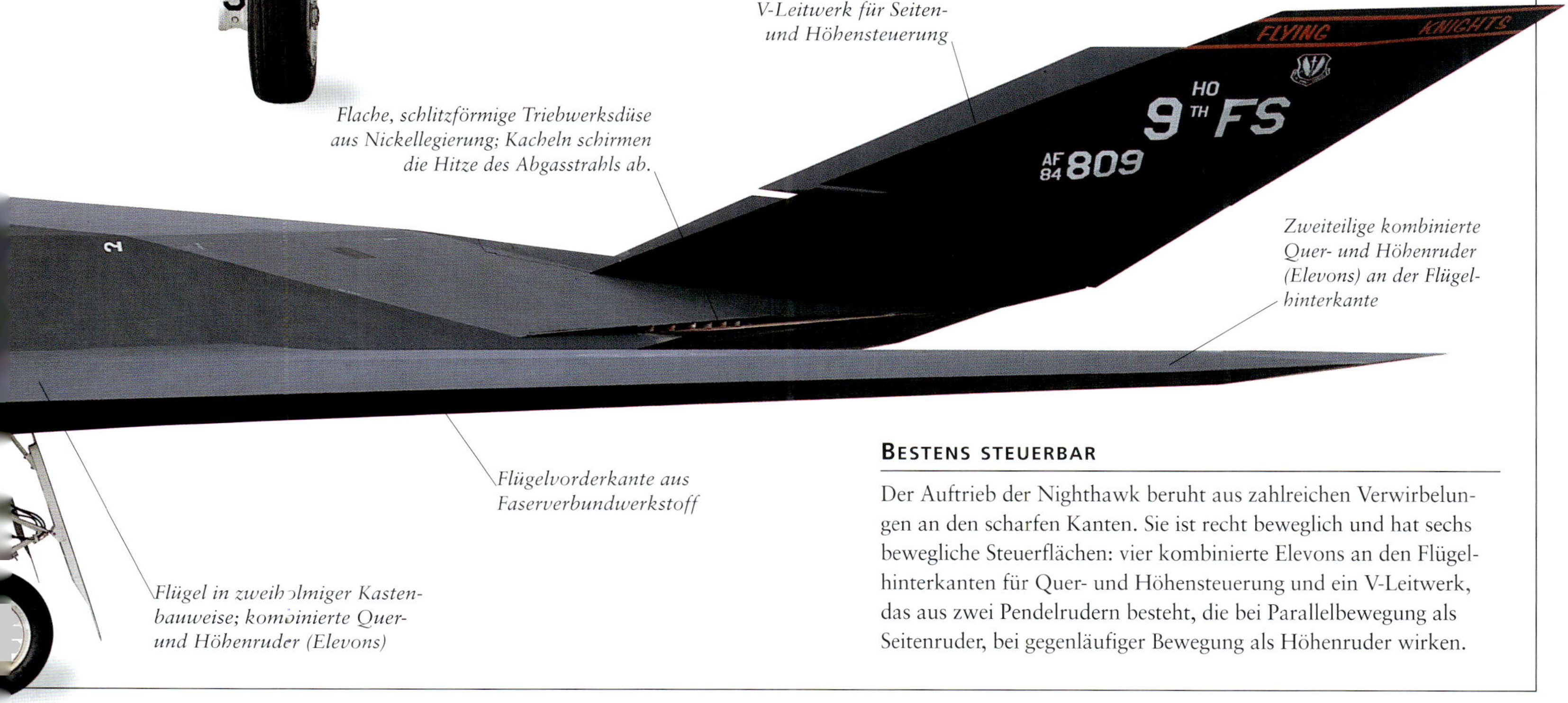

V-Leitwerk für Seiten- und Höhensteuerung

Flache, schlitzförmige Triebwerksdüse aus Nickellegierung; Kacheln schirmen die Hitze des Abgasstrahls ab.

FLYING KNIGHTS

9 HO TH FS

AF 84 809

Zweiteilige kombinierte Quer- und Höhenruder (Elevons) an der Flügel-hinterkante

Flügelvorderkante aus Faserverbundwerkstoff

BESTENS STEUERBAR

Der Auftrieb der Nighthawk beruht aus zahlreichen Verwirbelun-gen an den scharfen Kanten. Sie ist recht beweglich und hat sechs bewegliche Steuerflächen: vier kombinierte Elevons an den Flügel-hinterkanten für Quer- und Höhensteuerung und ein V-Leitwerk, das aus zwei Pendelrudern besteht, die bei Parallelbewegung als Seitenruder, bei gegenläufiger Bewegung als Höhenruder wirken.

Flügel in zweiholmiger Kasten-bauweise; kombinierte Quer- und Höhenruder (Elevons)

1970-2000 DIE ZUKUNFT DES FLIEGENS

DIE ZUKUNFT DES FLUGZEUGS ist ebenso unfassbar wie seine Vergangenheit. Wir können uns tatsächlich vorstellen, in 90 Minuten von New York nach Tokio zu fliegen, vielleicht sogar ohne Piloten; oder den Weltraum in wieder verwendbaren Raumschiffen zu erkunden. Unbemannte Flugzeuge könnten durch Großstädte fliegen. Doch abgesehen von den technischen Hürden steigen die Investitionskosten der Luft- und Raumfahrtunternehmen derart, dass sie oft technische Neuerungen im Keim ersticken. Deshalb muss die Finanzierungslast durch globale Zusammenarbeit auf mehrere Schultern verteilt werden und weitaus effizientere Produktionsmethoden als die heutigen müssen entwickelt werden.

GUT FÜRS GESCHÄFT

Das Unternehmen VisionAire entwickelt den Business-Jet Vantage mit untypischen, vorwärts gepfeilten Tragflächen. Man beachte die Verlagerung des Triebwerks, die abgewandelte Rumpfform mit oben liegenden Lufteinlässen, das neue Flügelprofil und die tief liegenden Tragflächen. Reisegeschwindigkeit: 650 km/h, Liefertermin: 2002

FERNGESTEUERTE KRIEGSFÜHRUNG

Dieses finstere Ungeheuer ist der Entwurf eines »unbemannten Luftkampfgerätes« (UCAV) von Northrop Grumman – ein preiswertes, für Radar unsichtbares, wieder verwendbares zielgenaues Waffensystem. Von einer Kommandozentrale fern des Zielgebiets gesteuert, könnte es über feindlichem Territorium in Ruhe Zieldaten sammeln und dann exakt programmierte Waffen abschießen. Dann könnte es zum Stützpunkt zurückkehren, auftanken und neue Waffen aufnehmen.

Steuerflächen in Entenkonfiguration vor dem Flügel

RAUBVOGEL

Das Budget zur Entwicklung des Abfangjägers Lockheed Martin/Boeing-F-22 Raptor mit zwei Pratt-&-Whitney-F119-100-Turbofans wurde gekürzt und die US-Luftwaffe hat ihre Vorbestellungen teilweise zurückgezogen. Dennoch schreitet die Testphase zügig voran und die Hersteller versuchen, die Fähigkeiten der Maschine noch zu erweitern. Sie soll 2005 den Dienst aufnehmen.

Große Lufteinlassöffnung vorne im Rumpf

Nach außen geneigtes Doppelleitwerk beiderseits der Triebwerke

Kantenloser Flügel-Rumpf-Übergang

Außenhaut der Flügel aus Faserverbundmaterial

DIAMANT DER LÜFTE

Dies ist eine Studie von Lockheed Martin für eine zweistrahlige Passagiermaschine mit Tandemflügeln. Die Vorderflügel sind positiv gepfeilt, die Hinterflügel negativ. An den Flügelenden sind sie über vertikale Flossen miteinander verbunden. Dieses Layout verleiht den Flugzeugen Längsstabilität für einen großen Schwerpunktsbereich.

Vollständig einziehbares dreirädriges Fahrwerk

Flossen zwischen den Flügelenden für besseres Strömungsverhalten und höheren Wirkungsgrad der Tragflügel

UNBEMANNTES AUGE

Im Rahmen eines Programms der US-Regierung, ein unbemanntes Aufklärungsflugzeug für Dauerflugeinsatz in großen Flughöhen zu entwickeln, konstruierte Lockheed Martin/Boeing das Tarnkappenflugzeug Dark Star *(oben)*. Das Projekt Dark Star wurde wegen überhand nehmender Kosten gestrichen, aber langfristig lässt sich die Fertigstellung eines solchen Flugzeugs nicht vermeiden.

Nahtloser Flügel-Rumpf-Übergang

Leitwerksträger mit Doppelleitwerk

Druckkabine für zwei Piloten, die sich abwechseln

Auftriebskörper mit Knickflügeln und geringer Spannweite

FLIEGENDE RELAISSTATION

Die Scaled Composites Proteus, ein Prototyp für eine fliegende Relaisstation, ist ein »Flugzeug für den Dauereinsatz in großen Höhen« (HALO). Die Proteus kann Mobiltelefonverbindungen und Breitbanddatenübertragung preiswerter bereitstellen als Satelliten. Das von Angel Technologies erdachte Flugzeug soll dazu mit 30° Neigung 18 h pro Einsatz kreisen.

EIN FLÜGEL VOLLER MENSCHEN

Auf beiden Seiten des Atlantik arbeitet man an Nurflügler-Entwürfen für Passagiermaschinen. Die Abbildung zeigt eine Airbus-Studie mit vier aufgesetzten Turbofans, 1000 Sitzplätzen im zentralen Auftriebskörper und einer Reisegeschwindigkeit von Mach 0,85.

Anbringung Triebwerke über Flügel verringert Lärmbelastung am Boden.

Auftriebserzeugender Rumpf

Große winglets an den Flügelenden

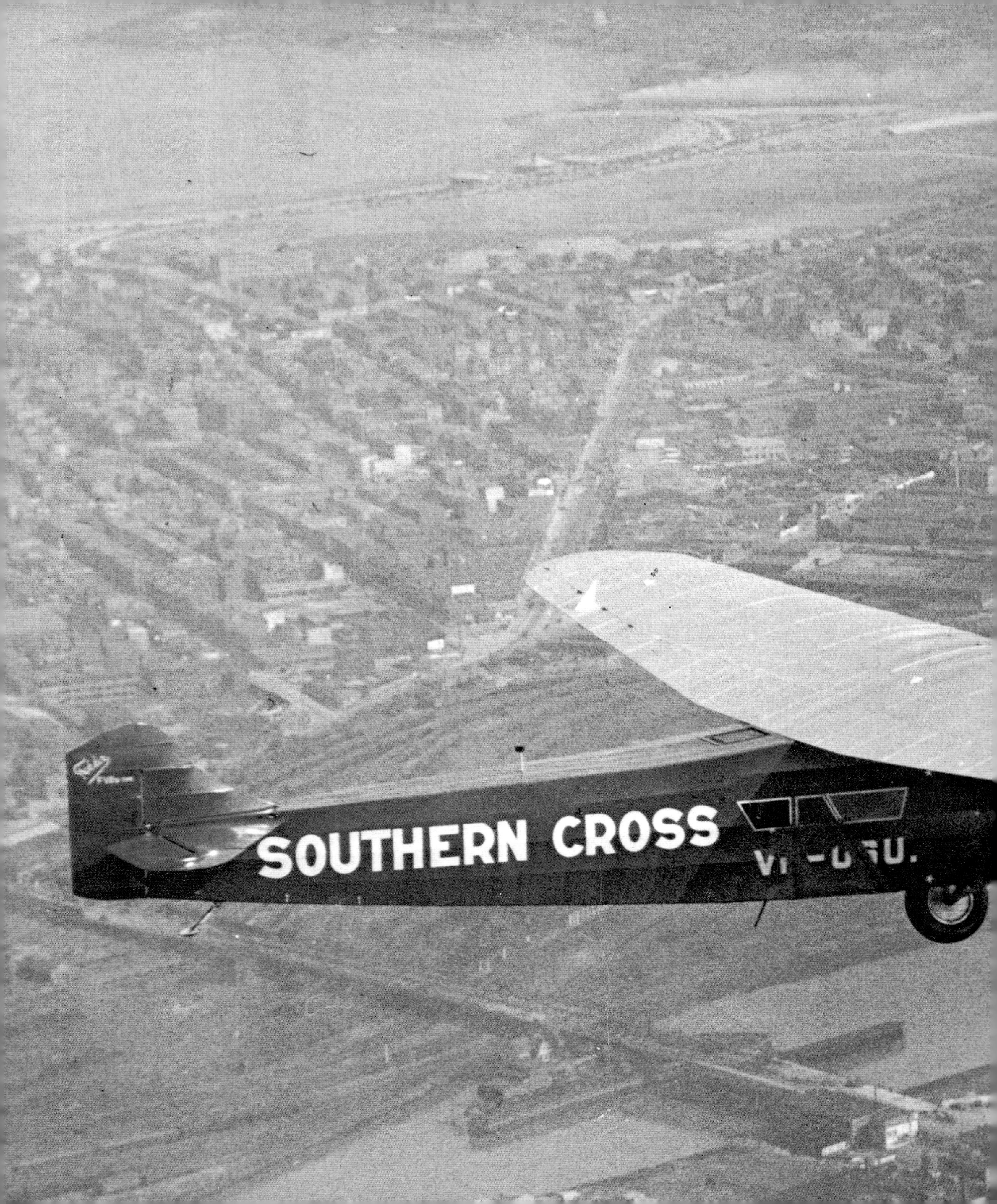
SOUTHERN CROSS

TEIL DREI

DIE GROSSEN PIONIERE DER LUFTFAHRT

Großartige Flugzeuge sind das Ergebnis bemerkenswerter Leistungen von Pionieren der Luftfahrt, von Wissenschaftlern, Konstrukteuren, Herstellern und Piloten; diese außergewöhnlichen Frauen und Männer forschen und testen weltweit in Windkanälen, Fabriken, Forschungsinstituten – und natürlich in der Luft. Die Kurzbiografien auf den folgenden Seiten stellen herausragende Persönlichkeiten vor, die einen entscheidenden Beitrag zur Luftfahrt leisteten. Jedes Jahr kommen neue Namen hinzu.

CLÉMENT ADER
1841–1925

Der wohlhabende französische Elektro-ingenieur Clément Ader schaffte den ersten motorisierten Start der Geschichte im Oktober 1890 in Armainvilliers, Frankreich. Ihm gelang dieses Meisterstück in seiner ersten Flugmaschine, der dampfbetriebenen Éole mit Fleder-

ADERS
AVION
III

mausflügeln, die er zwischen 1882 und 1890 gebaut hatte. Obwohl er nur eine Strecke von 50 m flog, reichte dies der französischen Armee aus, um weitere Experimente Aders zu fördern. Er begann die Entwicklung der *Avion II*, gab das Projekt bald auf und beschäftigte sich dann mit der *Avion III*, die zwei Dampfmaschinen zum Antrieb von Zugluftschrauben besaß. Dieses Projekt wurde 1897 nach zwei missglückten Versuchen aufgegeben. Für C. Aders später aufgestellte Behauptungen, er sei doch geflogen, gab es keine offiziellen Zeugen. Ader begann dann mit dem Bau der *Avion IV*, doch verlor die französische Armee 1898 ihr Interesse an Flugmaschinen und beendete die Zusammenarbeit mit C. Ader.

SIR JOHN ALCOCK
1892–1919

Dem in Manchester, England, geborenen John Alcock gelang die erste Nonstop-Überquerung des Atlantiks in einem Flugzeug. Nachdem er 1912 den Flugschein gemacht hatte, kam er beim Rennflug London–Manchester im Jahre 1914 auf den dritten Platz. Als der Erste Weltkrieg ausbrach, ging J. Alcock zur RNAS (Royal Naval Air Service) und wurde Ausbilder. 1917 wurde er zum Kommandanten ernannt und erhielt im

September diesen Jahres die Tapferkeitsmedaille »Distinguished Service Cross«. Später geriet er nach einer Notlandung während eines Langstrecken-Bombenangriffs in türkische Gefangenschaft. Nach dem Krieg war J. Alcock für Vickers Ltd. tätig und unternahm mit Leutnant Arthur Whitten Brown im Juni 1919 einen Nonstop-Flug von Neufundland nach Irland. Beide wurden dafür in den Adelsstand erhoben. J. Alcock kam am 18. Dezember 1919 ums Leben, als seine Viking Amphibian an der Côte d'Evrard in Frankreich beim Versuch einer Notlandung im Nebel abstürzte.

OLEG ANTONOW
1906–1984

Der sowjetische Konstrukteur Oleg Antonow baute 1924 seinen ersten Segelflieger namens Golub. Zwei Jahre später begann er ein Studium am Polytechnischen Institut in Leningrad und konstruierte weitere Segelflugzeuge. Nach Abschluss des Studiums im Jahre 1930 arbeitete er in dem neuen Werk für Segelflugzeuge in Moskau und wurde später dort Chefkonstrukteur. 1938 wechselte er in das Konstruktionsbüro von Jakowlew und war an der Konstruktion von Leichtflugzeugen beteiligt, wurde dann jedoch zur Mitarbeit an einem STOL-Beobachtungsflugzeug verpflichtet. Danach gehörte er zum Konstruktionsteam des A-7 – einem der ersten Lastensegler für Truppentransporte. 1946 gründete er das Konstruktionsbüro Antonow, das eine Reihe von Transportern herstellte: An-2, An-10, An-12, An-22, An-24 sowie die An-124. Antonows An-225 Mriya ist das schwerste und leistungsstärkste Flugzeug, das je gebaut wurde.

ITALO BALBO
1896–1940

General Italo Balbo war der bekannteste Pilot Italiens zwischen den Weltkriegen. Er diente bei der Alpenarmee während des Ersten Weltkriegs und wurde Mitglied der faschistischen Bewegung unter Benito Mussolini. Obgleich er wenig von der Luftfahrt verstand, wurde er 1926 zum Minister

für Luftfahrt ernannt. Er erlernte in kurzer Zeit das Fliegen und reorganisierte die Regia Aeronautica, Italiens Luftwaffe. 1933 leitete er den Flug einer Großformation von 24 Savoia-Marchetti-SM.55X-Flugbooten von Italien über den Atlantik nach Chicago mit anschließender Landung auf dem Lake Michigan. Seit dieser Aktion dient der Name *Balbo* in Italien als Sammelbegriff für große Flugzeugformationen. I. Balbo wurde danach zum Gouverneur von Libyen ernannt. Beim Ausbruch des Zweiten Weltkriegs forderte er – im Widerspruch zu Mussolinis Plänen – Italien auf, sich mit Großbritannien zu verbünden. Er

unternahm weiterhin Luftpatrouillen über Nordafrika und kam 1940 ums Leben, als er bei der Rückkehr von einem Patrouillenflug von der Luftabwehr seiner eigenen Flugbasis abgeschossen wurde.

FRANK S. BARNWELL
1880–1938

Der in Kent, England, geborene Hauptmann Frank Barnwell war verantwortlicher Konstrukteur für das außergewöhnliche Kampfflugzeug Bristol F.2B und viele andere Flugzeuge der Firma Bristol von 1910 bis 1930. Barnwell war zunächst Lehrling in einer Schiffsbaufirma und arbeitete danach bei seinem Bruder in einem kleinen Ingenieurbüro in der Nähe von Stirling in Schottland, wo die Brüder mehrere

Segelflugzeuge und Motorflugzeuge bauten. Ab 1911 war er in der British & Colonial Aeroplane Co., der späteren Bristol Aeroplane Co., als Chefzeichner tätig. Unterbrochen durch eine kurze Dienstzeit beim RFC (Royal Flying Corps) von 1914 bis 1915, entwickelte er von 1913 bis 1921 eine Reihe von Konstruktionen, zu denen der Scout-Doppeldecker und der Eindecker M.1 Bullet sowie die außergewöhnliche Bristol F.2B gehörten. Im Herbst 1921 wurde er zum Technischen Offizier der RAAF (Royal Australian Air Force) ernannt, kehrte aber 1923 auf seinen alten Posten bei Bristol zurück und

JEAN BATTEN

konstruierte dort zahlreiche Flugzeuge, zu denen das Kampfflugzeug Bulldog, der Bomber Blenheim und der Eindecker Type 138 gehörten. 1938 baute er einen leichten einsitzigen Eindecker für die Civil Air Guard. Eine Maschine wurde für ihn persönlich hergestellt. Beim zweiten Flug am 2. August 1938 verunglückte der Konstrukteur bei einem Absturz tödlich.

JEAN BATTEN
1909–1982

Die aus Rotura, Neuseeland, stammende Jean Batten stellte mehrere Weltrekorde auf. 1929 segelte sie nach England und lernte im Dezember 1932 zu fliegen. Bei ihrem Rekordflug als Solo-Pilotin im Mai 1934 von England nach Australien flog sie die 16 900 km von Lympne, Kent, nach Darwin, Australien, in 14 Tagen, 22 Stunden und 30 Minuten. Sie verbesserte damit Amy Johnsons Rekord von 1930 um mehr als vier Tage. Anschließend unternahm sie den ersten Soloflug einer Frau von Darwin, Australien, nach Lympne, England, in 17 Tagen, 16 Stunden und 15 Minuten. Im November 1935 gelang ihr als erster Frau ein Soloflug von England über Südafrika nach Südamerika. Mit ihren Flügen von Lympne nach Natal, Südafrika, und der Überquerung des Südatlantiks stellte sie zwei Weltrekorde auf. Im Oktober 1936 unternahm sie den ersten Direktflug England–Neuseeland und erreichte dabei ebenfalls eine Rekordzeit wie bei dem Soloflug England–Australien. Ein Jahr später erzielte sie mit ihrem Soloflug Australien–England einen neuen Rekord und hielt nunmehr erstmals gleichzeitig beide Solorekorde für die Flüge England– Australien und zurück.

ALEXANDER GRAHAM BELL
1847–1922

Alexander G. Bell ist zwar besser bekannt als Konstrukteur des Telefons, doch gründete er 1907 die Aerial Experiment Association (AEA) mit Sitz in Nova Scotia, Kanada, und Hammondsport, New York, um Experimente mit Gleitern und Motorflugzeugen durchzuführen. 1908 wurden vier Motorflugzeuge gebaut und getestet, von denen die *June Bug* und *Silver Dart* am erfolgreichsten waren. *June Bug* gewann den Pokal der Zeitschrift *Scientific American* für den ersten öffentlichen Flug in den USA, der von Curtiss im Juli 1908 unternommen worden war. Obgleich die AEA im März 1909 scheiterte, experimentierte Bell weiterhin mit Flugzeugen und erprobte sein tetraedisches »Drachenprinzip«.

LAWRENCE DALE BELL
1894–1956

Lawrence D. Bell, Gründer der Flugzeugfirma gleichen Namens, trat 1912 in die Firma Glenn L. Martin als Mechaniker ein. Er stieg zum Vizepräsidenten und Generaldirektor auf und verließ die Firma im Januar 1925. Ab 1928 arbeitete er für die Firma Consolidated in Buffalo, New York, und blieb bis 1935 ihr Generaldirektor. L.D. Bell gründete dann sein eigene Firma Bell Aircraft zur Herstellung von Militärflugzeugen. Die Firma produ-

zierte so berühmte Flugzeuge wie das Kampfflugzeug P-39 Airacobra, das erste Düsenflugzeug der US Navy P-59 Airacomet und die schnellen Forschungsflugzeuge X-1 und X-2 mit Raketenantrieb. Zu der Familie von Helikoptern gehörten der UH-1 »Huey« Iroquois und das V-22 Osprey Convertiplan mit Schwenkrotor.

GIUSEPPE MARIO BELLANCA
1886–1960

Der in Sizilien geborene Giuseppe Bellanca baute einen zweisitzigen Druckschrauben-Doppeldecker und einen Eindecker. 1910 emigrierte er in die USA und konstruierte im folgenden Jahr ein neues Flugzeug, mit dem er sich selbst das Fliegen beibrachte. Daraufhin eröffnete er in Mineola auf Long Island, New York, eine Flugschule. Während seiner Tätigkeit als Beratender Ingenieur für die Wright Aeronautical Corporation in den 1920er-Jahren baute G. Bellanca weitere Flugzeuge. Dazu gehörte eine Maschine, in der er den neuen Sternmotor mit Luftkühlung seiner Firma demonstrierte. Zusammen mit Charles A. Levine gründete er 1927 die Firma Columbia Aircraft zur Produktion seiner unverwechselbaren Hochdecker. Am 31. Dezember 1927 gründete M. Bellanca die Columbia Bellanca Aircraft Corporation, die bis Ende der 1980er-Jahre eine Vielzahl von Flugzeugen herstellte.

NOEL PEMBERTON BILLING
1881–1948

Nachdem er mit dem Verkauf von Jachten und im Waffenschmuggel ein Vermögen verdient hatte, baute N.P. Billing 1908 seinen ersten Eindecker. 1909

NOEL PEMBERTON BILLING

errichtete er einen der ersten britischen Flugplätze in Fambridge, Essex. Im September 1913 wettete Noel P. Billing mit Frederick H. Page um 500 £, dass er das Fliegen an einem einzigen Tag erlernen und noch am selben Tag den Flugzeugführerschein erwerben könne – beides sollte ihm noch vor dem Frühstück gelingen! Mit der Wettprämie gründete er die Pemberton-Billing Ltd., die fortan seine »Supermarine«-Flugboote baute. 1916 gab er seine Firma auf und wurde Mitglied des britischen Parlaments. Unter dem Namen Supermarine Aviation Works wurde seine Firma besonders mit ihren Wasserflugzeugen, die die Schneider-Trophy gewannen, und mit ihrem Bomber Spitfire berühmt.

MARK BIRKIGT
1878–1953

Der Schweizer Mark Birkigt war ein sehr bekannter Autokonstrukteur. In die Luftfahrtgeschichte ist er für seine Konstruktion des V8-Motors eingegangen, der in so berühmten Flugzeugen wie dem britischen Kampfflugzeug S.E.5a sowie der französischen SPAD-Serie eingesetzt wurde. Seine Firma Hispano-Suiza, die er 1904 im spanischen Barcelona gegründet hatte, baute zwischen den Weltkriegen Flugzeugmotoren und erweiterte ihre Produktion auch auf Waffen. Die von der Firma hergestellte 20-mm-Bordkanone wurde während des Zweiten Weltkriegs und lange danach vielfach eingesetzt. In den 1940er-Jahren produzierte die Hispano-Suiza Rolls-Royce-Nene-Strahltriebwerke.

RONALD ERIC BISHOP
1903–1989

Ronald E. Bishop war der Konstrukteur der »de Havilland Comet«, des ersten Düsenverkehrsflugzeugs der Welt. Als Lehrling im Alter von 18 Jahren begann er bei der de Havilland Aircraft Company. Zum Zeitpunkt seiner Pensionierung im Jahre 1964 war er stellvertretender Generaldirektor und Chefkonstrukteur der Firma. Neben der Comet konstruierte er viele andere Flugzeuge. Seine bekannteste Maschine war die Mosquito – eines der vielseitigsten Flugzeuge des Zweiten Weltkriegs. Andere Typen waren das zweimotorige Marinekampfflugzeug Hornet, der Strahljäger Vampire, die leichten Transporter Dove und Heron und das Marinekampfflugzeug Sea Vixen.

ROBERT BLACKBURN
1885–1955

Durch Wilbur Wright zu einem Berufsweg in der Luftfahrt angeregt, baute Blackburn im folgenden Jahr sein erstes Flugzeug – einen schweren Eindecker, der niemals flog. Doch wurde der von Antoinette-Eindeckern inspirierte Eindecker zum Ausgangspunkt seiner eigenen Firma Blackburn Aeroplanes. Die Firma wurde 1914 in Blackburn Aeroplanes and Motor Co. Ltd. umbenannt. Zu den Flugzeugen des Unternehmens gehörte eine Familie von Aufklärern für die britischen Luftstreitkräfte, die Flugboote Iris und Perth, der Torpedobomber Shark, die Marinekampfflugzeuge Skua und Roc

LOUIS BLÉRIOT

sowie der tief fliegende Angriffsflieger Buccaneer. 1962 ging die Blackburn Aircraft Ltd. in der Hawker Siddeley Group auf.

LOUIS BLÉRIOT
1872–1936

Der französische Luftfahrtpionier Louis Blériot hat sich mit seinem motorisierten Flug über den Ärmelkanal einen Platz in den Geschichtsbüchern gesichert. L. Blériot verdiente zunächst mit Autoscheinwerfern ein Vermögen und widmete sich dann Luftfahrtexperimenten zusammen mit den Brüdern Voisin. 1906 stellte er sein eigenes Team zusammen und entwickelte verschiedene Konstruktionen. Als die Brüder Wright die Lenkbarkeit eines Flugzeuges mit Erfolg vorgeführt hatten, stellte Raymond Saulnier den Blériot-Eindecker XI her, in dem Blériot am 25. Juli 1909 seinen Flug über den Ärmelkanal unternahm. Das machte Blériot und sein Flugzeug berühmt und sicherte die Zukunft der Firma.

MARCEL BLOCH
1892–1986

1917 gründete Marcel Bloch mit Henri Potez die SEA (Société d'Études Aéronautiques) und baute das zweisitzige Aufklärungsflugzeug SEA.4. Bloch überstand die Absatzkrise der Nachkriegsjahre, indem er Möbel herstellte. 1930 gründete er schließlich die Avions Marcel Bloch, um moderne Ganzmetallflugzeuge für den zivilen und militärischen Sektor zu produzieren. Nach der Niederlage Frankreichs im Jahre 1940 lehnte er eine Zusammenarbeit mit den Nationalsozialisten ab und wurde im Konzentrationslager Buchenwald inhaftiert. 1945 änderte seine Familie ihren Namen von Bloch auf Dassault – da dies der Deckname seines Bruders während der Résistance gewesen war. M. Bloch gründete die Firma Avions Marcel Dassault, die zu einem der größten französischen Flugzeugunternehmen wurde.

WILLIAM E. BOEING
1881–1956

Nach dem Flug mit einem Curtiss-Wasserflugzeug im Jahre 1914 war der Absolvent der Yale-Universität und Holzkaufmann »Bill« Boeing aus

Seattle davon überzeugt, ein besseres Flugzeug bauen zu können. Zusammen mit dem Marinekommandeur der US Navy G. C. Westervelt konstruierte er das Wasserflugzeug B&W. Im Juli 1916 ließ er seine Firma Pacific Aero Products amtlich registrieren und benannte sie im April 1917 in Boeing Airplane Co. um. Zwischen den Weltkriegen baute das Unternehmen Verkehrsflugzeuge sowie Kampfflugzeuge für Armee und Marine der USA. Boeing ging 1934 in den Ruhestand – sein Unternehmen stellte in den folgenden Jahren viele herausragende Flugzeuge her, zu denen die Bomber B-17, B-29 und B-52 sowie die Verkehrsflugzeuge 727 und 747 gehörten. 1961 wurde der Firmenname in The Boeing Company geändert.

OSWALD BOELCKE
1891–1916

Der Pionier der deutschen Kampfflieger, Hauptmann Oswald Boelcke, machte seinen Flugschein zwei Wochen nach Beginn des Ersten Weltkriegs. Er flog zahlreiche Einsätze und erhielt 1915 das Eiserne Kreuz. Mit einem neuen Eindecker von Fokker, der mit fest montierten, synchronisierten und in Flugrichtung feuernden MGs ausgerüstet war, erzielte er 40 Abschüsse. Dabei entwickelte er eigene Regeln des Luftkampfes, die als »Boelckes Maximen« allen deutschen Piloten gelehrt wurden. Nachdem er die Einrichtung von speziellen Kampfverbänden angeregt hatte, wurde er von der russischen Front zurückbeordert, um 1916 den Prototyp einer Jagdstaffel zu bilden. Viele deutsche Spitzenpiloten erhielten zu jener Zeit ihre Kampfausbildung in dieser Staffel unter

seiner Anleitung. O. Boelcke verunglückte am 28. Oktober 1916 tödlich, als sein Doppeldecker Albatros mit einer anderen deutschen Maschine kollidierte.

GABRIEL BOREL
(Daten unbekannt)

1909 eröffneten Gabriel Borel und sein Bruder eine Flugschule im französischen Mourmelon, wo zwei ihrer Piloten, Léon Morane und Raymond Saulnier, einen Eindecker bauten, der als Morane-Borel bekannt wurde. Da das Flugzeug allgemein Anerkennung fand, konnte zwischen 1910 und 1914 eine Reihe von Wasserflugzeugen und Flugbooten in den Fabrikhallen von Borel hergestellt werden. Während des Ersten Weltkriegs baute die Firma Produkte für andere Unternehmen; 1918 wurde sie als Société Générale des Constructions Industrielles et Mécaniques umstrukturiert. Es entstanden die Prototypen der Kampfflugzeuge C.1 und C.2, doch blieben entsprechende Folgeaufträge aus.

SIR WILLIAM SEFTON BRANCKER
1877–1930

Seit 1896 Offizier der British Royal Artillery, war William S. Brancker während des Ersten Weltkriegs Direktor des Flugverkehrdienstes, Kommandeur des RFC (Royal Flying Corps) im Mittleren Osten und Generalmajor der RAF (Royal Air Foirce). Nach dem Krieg arbeitete W. S. Brancker für die Aircraft Manufacturing Co. von Holt Thomas und wurde 1922 zum Direktor der britischen Zivilluftfahrtbehörde ernannt. 1930 verunglückte er beim Absturz des Luftschiffes R.101 tödlich.

LOUIS BRÉGUET
1880–1955

Louis Bréguet, Sohn eines reichen Pariser Uhrmachers, wandte sich 1907 der Luftfahrt zu und baute einen großen, instabilen Helikopter. Sein erstes Flugzeug flog 1909 und wurde zu einer Serie von Ganzmetall-Doppeldeckern weiterentwickelt. Der Aufklärer Bréguet 14 war eines der herausragenden Flugzeuge des Ersten Weltkriegs. Nach dem Krieg gründete Bréguet die Luftverkehrsgesellschaft Compagnie de Messageries Aériennes, die spätere Air France. Seine

Flugzeugfabrik baute zahlreiche erfolgreiche Flugzeuge wie die Bréguet 19, die auf vielen Langstreckenflügen eingesetzt wurde. 1971 wurde das Unternehmen von M. Dassault übernommen und in Avions Marcel Dassault Bréguet Aviation (seit 1990 mit dem Kurznamen Dassault Aviation) umbenannt.

PAUL W. S. BULMAN
1896–1963

»George« Bulman, einer der bedeutendsten britischen Testpiloten, wurde 1915 von der Royal Artillery zur Flugstaffel des Royal Flying Corps (RFC) versetzt. Er diente bei der RAF (Royal Air Force) an der Royal Aircraft Establishment in Farnborough, England, von 1919 bis 1925 als Testpilot. Als Cheftestpilot bei der Hawker Aircraft testete er die klassische Serie der Doppeldecker und leichten Bomber sowie 1935 den Prototyp des

WILLIAM SEFTON BRANCKER

Kampfflugzeugs Hurricane. Während des Krieges blieb er bei Hawker, stieg zum Firmenchef auf und zog sich 1945 in das private Geschäftsleben zurück.

RICHARD EVELYN BYRD
1888–1957

Kommandeur Richard E. Byrd wurde für die angebliche Überquerung des Nordpols berühmt. Er schloss 1912 die US Naval Academy ab, war zunächst in der Verwaltung tätig und absolvierte während des Ersten Weltkriegs seine Pilotenausbildung. 1919 nahm er an der

BOEING (RECHTS) UND WESTERVELT MIT IHREM B&W WASSERFLUGZEUG

Planung eines Transatlantikflugs mit den Flugbooten Curtiss NC der US Navy teil. 1926 versuchten er und Floyd Bennett, mit einem Flugzeug erstmals in der Geschichte den Nordpol zu überfliegen, wofür der US-Kongress Byrd und Bennett mit der Medal of Honor würdigte. Später ist jedoch bekannt geworden, dass ihre dreimotorige Fokker ungefähr 240 km vor dem Nordpol wendete. R.E. Byrd gelang es 1927 mit seinem Flug nach Paris nicht, Lindbergh zu übertreffen. In den 1930er-Jahren erkundete er den Südpol und testete dort Überlebensmethoden.

SIR SYDNEY CAMM
1893–1966

S. Camm ging 1923 als Chefzeichner zur Hawker Engineering Co. (die spätere Hawker Aircraft Engineering Co.) und stieg innerhalb von zwei Jahren zum Chefkonstrukteur auf. Er wurde 1935 Vorstandsmitglied und war, als er starb, Chefkonstrukteur bei der Hawkers Siddeley Aviation. Er entwickelte unter anderem die Cygnet, Hart, Fury, Hurricane, Sea Fury, Typhoon, Tempest, Sea Hawk, Hunter und die P.1227 Kestrel.

GASTON UND RENÉ CAUDRON
1882–1915, 1884–1959

Die Brüder Caudron aus der französischen Picardie bauten 1908 ihr erstes Flugzeug und gründeten 1910 eine Flugschule und eine Flugzeugfabrik, in der sie ihre einzigartigen Doppeldecker bauten. Während des Ersten Weltkriegs produzierten sie Trainingsflugzeuge und zweimotorige Bomber; zwischen den Weltkriegen entstanden zahlreiche Verkehrsflugzeuge, Leichtflugzeuge und erfolgreiche Hochgeschwindigkeitseindecker. Obgleich die Brüder Caudron sich dann ab dem Jahr 1946 darauf verlegten, Segelflugzeuge zu bauen, gelang ihrer Firma nach dem Zweiten Weltkrieg der Neuanfang nicht.

SIR GEORGE CAYLEY
1773–1857

Der englische Baronet Sir George Cayley aus Yorkshire ist als »Vater des Flugzeugs« in die Geschichte eingegangen. Fast 100 Jahre vor dem ersten Motorflug der Brüder Wright fand er die Grundprinzipien der Fliegens »schwerer als Luft« und begründete die Wissenschaft der Aerodynamik. Er war der Erste, der die Systeme des Auftriebs und Vortriebs trennte und 1799 ein Starrflügel-Flugzeug mit einem unabhängigen Antrieb konzipierte. Als Erster baute er auch ein Gleitflugzeug und testete es 1809. Zum ersten Mal benutzte er rotierende Schrauben und machte 1804 aeronautische Studien mit einem Modellgleitflugzeug. Er erkannte erstmals die Vorteile der stromlinienförmigen Gestaltung und die von kammerartigen Tragflügeln. 1849 ließ er einen Dreidecker in Original-Größe mit einem Jungen an Bord fliegen und schickte vier Jahre danach seinen verängstigten Kutscher in einem Gleiter in die Lüfte. Ohne Motor und Steuerung gelangen G. Cayley die ersten Flüge »schwerer als Luft« der Geschichte.

CLYDE CESSNA
1880–1954

Clyde Cessna war der Gründer einer der wichtigsten Firmen für Kleinflugzeuge der USA. Nachdem er 1911 eine Flugzeugausstellung besucht hatte, bestellte er den Rumpf eines Blériot-Eindeckers und baute dafür eigene Flügel. Nach 13 Abstürzen hatte C. Cessna sich das Fliegen beigebracht und wurde Kunstflieger. 1916/17 baute er zwei weitere Eindecker, kehrte dann aber zunächst zur Landwirtschaft zurück. 1925 gründete er mit Walter Beech die Firma Travel Air. Zwei Jahre später verließ er die Firma und gründete Cessna Aircraft. C. Cessna ging 1937 in Pension und ernannte seinen Neffen Dwane Wallace zum Firmenchef.

SIR ROY CHADWICK
1893–1947

Der englische Konstrukteur Roy Chadwick war bereits als Jugendlicher ein begeisterter Flugmodellbauer und Anhänger der Luftfahrtpioniere. Im Alter von 18 Jahren traf er den Ingenieur Alliott Roe, arbeitete als sein persönlicher Assistent und später in dessen Zeichenbüro. 1913 wurde A. V. Roe & Co. Ltd. gegründet und bald nach dem Ausbruch des Ersten Weltkriegs war Chadwick für 100 Zeichner verantwortlich. Er konstruierte 1919 die Avro Baby und arbeitete später mit Juan de la Cierva an der Konstruktion des Autogiro. Zu den weiteren Konstruktionen für Avro gehörten: der Zweisitzer Avian, das Ausbildungsflugzeug Tutor für die RAF, die Anson sowie der Lancaster-Bomber, seine berühmteste Maschine. Nach dem Zweiten Weltkrieg konstruierte er das Transportflugzeug Tudor. In einem Prototyp der Tudor II. kam Chadwick am 23. August 1947 ums Leben, als die Maschine nach dem Start abstürzte.

OCTAVE CHANUTE
1832–1910

Der in Paris geborene Octave Chanute kam mit sechs Jahren nach New York, wo er zu einem wohlhabenden Bauingenieur für Eisenbahnbrücken wurde. Er entwickelte ein tiefes Interesse an der Luftfahrt und korrespondierte mit allen führenden Luftfahrtpionieren. 1894 veröffentlichte er *Progress in Flying Machines (Fortschritte bei den Flugmaschinen)* – eine beeindruckende, umfassende Studie des damaligen Entwicklungsstandes der Flugtechnik. 1896 begann er Experimente mit Mehrdeckern und Doppeldecker-Hängegleitern und führte die verspannte Pratt-Gitterbauweise in die Flugzeugkonstruktion ein. Diese Maschinen wurden von William Avery und Augustus Herring am Ufer des Lake Michigan geflogen. Seit 1900 war O.

OCTAVE CHANUTE

Chanute ein Vertrauter der Brüder Wright und machte deren Arbeit in einer Serie von Vorträgen und Artikeln Flugpionieren in Frankreich bekannt.

JUAN DE LA CIERVA
1895–1936

Der für die Entwicklung des Autogiro-Tragschraubers berühmte Juan de la Cierva wurde in Murcia, Spanien, geboren und interessierte sich bereits früh für das Fliegen. Nach Modelldrachen und -flugzeugen baute er

JUAN DE LA CIERVA

1910/11 zwei Segelflugzeuge in Original-Größe; 1912 folgte ein Motor-Doppeldecker und 1913 ein Eindecker. Nach seinem Abschluss als Bauingenieur konstruierte er 1919 einen großen dreimotorigen Doppeldecker, der aber beim Jungfernflug abstürzte. Mit dem Ziel, ein sicheres Fluggerät zu bauen, entwickelte Cierva sein Konzept des Autogiro. Die 1923 gebaute C.4, Ciervas erste erfolgreiche Maschine mit einem vollständig ausgebildeten Rotorkopf, unternahm den ersten gesteuerten Tragschraubenflug der Geschichte. 1925 zog Cierva nach England, wo eine Serie von Autogiros produziert wurde – viele davon von A. V. Roe. Nach der Gründung der Cierva Autogiro Co. im Jahre 1926, wurden Autogiros in Frankreich, Deutschland, Spanien und den USA in Lizenz gebaut. Cierva kam beim Absturz einer DC-2-Verkehrsmaschine bei Croydon, England, am 9. Dezember 1936 ums Leben.

VIRGINUS E. CLARK
1886–1948

Bereits während der Ausbildung an der US Naval Academy erwies sich V. E. Clark als brillanter Ingenieur. Er erlernte danach das Fliegen und studierte Aerodynamik. Nachdem er 1917 in das NACA (National Advisory Committee for Aeronautics) berufen worden war, unternahm er gründliche

Studien an Tragflügelprofilen und entwickelte eine eigene Serie. Am bekanntesten wurde die Clark Y, die einen hohen Auftrieb bei geringem Luftwiderstand erzeugte. Erwähnenswert ist ihre Verwendung in der Ryan NYP Spirit of St Louis von Charles Lindbergh. Oberst Clark konstruierte in den frühen 1920er-Jahren auch eine wirksame, den Luftwiderstand reduzierende Motorhaube für Sternmotoren. Nach Gründung der Clark Aircraft Corporation Ende der 1930er-Jahre verwendete er erstmals den Werkstoff Duramold für den Flugzeugbau – ein plastikverstärktes Holz, das sich als enorm zeit- und kostensparend erwies.

HENRI COANDA
1886–1972

Henry Coanda ist vor allem als Entdecker des »Coanda-Effektes« in die Geschichte eingegangen. Er entdeckte die Neigung von Luft oder Wasser, einer gekrümmten Fläche zu folgen. Geboren in Bukarest, Rumänien, schloss er 1909 die Hochschule für Luftfahrttechnik in Paris als bester Absolvent des ersten Jahrgangs ab. Bei der zweiten Pariser Flugschau von 1910 stellte er einen propellerlosen Doppeldecker mit einem 50-PS-Clerget-Motor vor, der eine Zweikreis-Turbinenschraube antrieb. Obgleich völlig unpraktisch und nicht einsatzfähig, wurde dieser Doppeldecker häufig irrtümlicherweise als das erste Düsenflugzeug bezeichnet. 1912 arbeitete H. Coanda für die British & Colonial Aeroplane Company in Bristol, England, für die er eine Reihe von hervorragenden, konventionell motorisierten Doppeldeckern und Eindeckern konstruierte, bevor er 1914 nach Rumänien zurückkehrte.

SIR ALAN COBHAM
1894–1973

Der britische Luftfahrtpionier Alan Cobham trat der Royal Artillery kurz vor dem Ersten Weltkrieg bei und wurde 1917 zum RFC (Royal Flying Corps) versetzt, wo er das Fliegen erlernte. Nach kurzer Tätigkeit für einen Veranstalter von Rundflügen wurde er 1921 Chefpilot und Manager bei der de Havilland Aeroplane Hire Service. 1924 flog er den Direktor der britischen Zivilluftfahrt Sir Sefton Brancker nach Kapstadt und zurück und unternahm 1926 einen Flug nach Australien und zurück. Diese und andere Flüge dienten der Ermittlung von Flugrouten, die später von der British Imperial Airways benutzt wurden. Die von ihm 1935 gegründete Firma Flight Refuelling Ltd. existiert noch heute.

JACQUELINE COCHRAN
Ca. 1906–1980

Die amerikanische Pilotin Jacqueline Cochran wurde in Florida geboren und von armen Adoptiveltern erzogen. Trotz einer schweren Jugend wurde sie zu einer erfolgreichen Unternehmerin und Inhaberin einer großen Kosmetikfirma. Sie heiratete den Flieger Floyd Odlum. 1932 erlernte sie in drei Wochen das Fliegen, nahm an Flugzeugwettbewerben teil und war 1934 Teilnehmerin des MacRobertson-Luftrennens England–Australien, das sie allerdings bereits in Rumänien aufgeben musste. 1938 gewann sie mit einem Seversky-Kampfflugzeug die Bendix-Trophy und unternahm 1939 als erste Frau eine Blindlandung. 1953 durchbrach sie mit einer in Kanada gebauten F-86-Sabre als erste Frau die Schallmauer und stellte am gleichen Tag den Geschwindigkeitsrekord für Frauen mit 1050 km/h auf.

JACQUELINE COCHRAN

SAMUEL FRANKLIN CODY
1867–1913

SAMUEL FRANKLIN CODY

S. F. Cowdery wurde in Iowa, USA, geboren und änderte seinen Nachnamen zum Andenken an »Buffalo Bill« Cody, dem er als erfahrener Reiter, Scharfschütze, Lassowerfer und Betreiber einer erfolgreichen Wildwest-Show nacheiferte. Nach 1890 zog er nach England und entwickelte für das Kriegsministerium einen Flugdrachen, der einen Menschen transportieren konnte. Dann wirkte er am Bau der *Nulli Secundus* mit, dem ersten steuerbaren britischen Militärflugzeug. Sich auf seine intuitiven Ingenieurfähigkeiten verlassend, baute Cody ein Flugzeug für die Armee und unternahm am 16. Oktober 1908 mit dem British Army Aeroplane No 1 den ersten stationären und gesteuerten Motorflug in Großbritannien. Nach Entlassung durch das Kriegsministerium im Jahre 1909 entwickelte er seine eigene Serie von Flugzeugen. Mit diesen Flugzeugen errang er 1910 den British Empire Michelin Cup und 1911 den 1. und 2. Michelin Cup und gewann die British Military Trials von 1912. S. F. Cody verunglückte 1913 tödlich, als das »Waterplane«, das er für das Rennen Circuit of Britain gebaut hatte, während des Fluges auseinander brach.

PAUL CORNU
1881–1944

Der französische Fahrrad- und Autohändler Paul Cornu ist für seine Behauptung berühmt, er habe den ersten bemannten Helikopter gebaut, der vertikal auf Grund eigener Kraft aufgestiegen sei. P. Cornu begann 1905 mit der Konstruktion und dem Bau von Modell-Helikoptern. 1906 bestärkte ihn der Erfolg mit einem großen Modell zum Bau eines Originalfluggeräts. Angetrieben von einem 24-PS-Antoinette-Motor erhob sich dieses mit doppelten Tandemrotoren versehene Gefährt angeblich am 3. November 1907 in der Nähe von Lisieux, Frankreich, mit einem Mann Besatzung auf eine Höhe von 30 cm. Dass diese Maschine die Fähigkeit besessen habe, bemannt oder unbemannt zu schweben, wurde später angezweifelt. P. Cornu verfügte nicht über die Geldmittel, um seine Ideen zum Hubschrauberflug weiterzuentwickeln.

DIEUDONNÉ COSTES
1896–1973

Als französischer Aufklärungspilot im Ersten Weltkrieg hatte er acht Abschüsse erzielt und nach dem Krieg für die Air Union Linienflüge über den Ärmelkanal gemacht, dann erregte Hauptmann Costes Aufsehen mit seiner Serie von Rekorden in Langstreckenflügen, die er als Chefpilot von Louis Bréquet unternahm. Dazu zählten seine Flüge von Paris nach Assuan, Ägypten, 1926 nach Persien sowie 1927 von Paris nach Omsk, Sibirien. Ende 1927 unternahm er einen Weltrundflug. Costes flog von Paris nach Senegal, Westafrika, dann nach Brasilien (mit einer ersten Direktüberquerung des Südatlantik), flog entlang der südamerikanischen Atlantikküste und der Pazifikküste Nordamerikas bis zum Bundesstaat Washington, USA. Von hier wurde das Flugzeug nach Japan verschifft und

D. Costes konnte von dort aus nach Paris zurückfliegen. 1930 startete er zum ersten Nonstop-Flug Paris–New York mit einer Bréquet XIX Super TR Point d'Interrogation. Er unternahm später eine 26 383 km lange »Goodwill«-Tour in den USA.

JOHN CUNNINGHAM
Geb. 1917

Ab 1938 war John Cunningham in der Entwicklungsabteilung für Leichtflugzeuge bei der de Havilland Aircraft Company beschäftigt. Der Ausbruch des Zweiten Weltkriegs im folgenden Jahr durchkreuzte seine Pläne, einen Langstreckenrekord mit einem Leichtflugzeug aufzustellen. Während des Krieges diente er in der RAF und war der erste Brite, dem der Abschuss eines feindlichen Bombers bei Nacht gelang. Dieses Meisterstück verschaffte Cunningham Ansehen als Nachtkampfpilot – in der Folge gelangen ihm Abschüsse von insgesamt 20 feindlichen Maschinen. 1946 wurde er Cheftestpilot bei de Havilland, war Pilot des Jungfernfluges der de Havilland Comet und startete 1955 zu einem 48 300 km langen Weltrundflug in einer Comet 3, für den er 56 Stunden benötigte. 1958 wurde J. Cunningham Direktor von de Havilland und später Leitender Geschäftsführer der British Aerospace.

GLENN H. CURTISS
1878–1930

Der Pionier und Erfinder G. H. Curtiss wurde in Hammondsport, New York, geboren, wo er eine erfolgreiche Fabrik für Fahr- und Motorräder gründete. Sein Talent mit Motoren umzugehen führte zu einer Anstellung in Alexander Graham Bells AEA (Aerial Experiment Association). 1908 konstruierte Curtiss das dritte Flugzeug der AEA, den June Bug, mit dem er seinen ersten öffentlichen Flug in den USA unternahm. Er verließ die Firma, um seine eigene Flugzeugfabrik zu gründen, in der dann die ersten einsatzfähigen Wasserflugzeuge und Flugboote hergestellt wurden. Seine Ausbildungsflugzeuge Curtiss JN »Jenny« setzte die Armee während des Ersten Weltkriegs häufig ein. Die großen Curtiss-Flugboote wurden zu

Langstrecken- Patrouillenflugzeugen für den RNAS (Royal Naval Air Service) entwickelt. Von den Brüdern Wright wegen Verletzung ihres Patents zur Flugzeugsteuerung verklagt, unterlag G. H. Curtiss nach einem erbitterten Kampf schließlich vor Gericht.

D

SIR GEOFFREY DE HAVILLAND
1882–1965

Der britische Flugzeugkonstrukteur G. de Havilland begann in der Motorindustrie und baute 1908 sein erstes Flugzeug. Diese Maschine versagte zwar, doch wurde sein zweites Flugzeug so erfolgreich, dass das britische Kriegsministerium den Konstrukteur samt der Maschine übernahm. De Havilland wurde Konstrukteur und Testpilot für die Royal Aircraft Factory in Farnborough, England, und stellte die B.E.1, B.E.2, F.E.2, S.E.1 und die B.S.1 her. In gleicher Funktion wechselte er 1914 zur Aircraft Manufacturing Company (Airco). 1920 gründete er seine eigene Firma und baute zahlreiche Flugzeuge –

DE HAVILLAND VAMPIRE

zu den berühmtesten gehören das Leichtflugzeug D.H.60 Moth, ferner die Mosquito, die Vampire und die Comet.

LÉON DELAGRANGE
1873–1910

Der in Orléans, Frankreich, geborene Léon Delagrange war in Paris bereits ein bekannter Bildhauer, als sein Interesse an der Luftfahrt durch die Segelflugexperimente der Brüder Voisin geweckt wurde. 1907 kaufte er von ihnen ein Flugzeug und brachte sich das Fliegen bei. Er startete zu einer Flugtour über Europa und flog als erster Mensch in Italien. Als sicherer, ausdauernder Pilot erzielte er mehrere Langstrecken-

rekorde. Im Dezember 1909 unternahm er in einem Blériot-Eindecker einen Flug von 200 km in 2 h und 32 min. Am 4. Januar 1910 verunglückte er mit seinem Blériot tödlich.

ARMAND DEPERDUSSIN
1869–1924

Von 1910 bis 1913 arbeiteten der reiche französische Geschäftsmann Armand Deperdussin und sein Konstrukteur Louis Béchereau an der Herstellung einer Reihe schneller, eleganter Eindecker. Der Pilot Jules Védrines gewann am 9. September 1912 in einer dieser Maschinen das Rennen um die Gordon-Bennett-Trophy mit einer Rekordgeschwindigkeit von 174 km/h. Im April des folgenden Jahres gewann eines ihrer Wasserflugzeuge das Wettrennen um die Schneider-Trophy. Ein anderes Hochgeschwindigkeitsflugzeug vom Deperdussin verteidigte am 29. September 1913 die Gordon-Bennett-Trophy im französischen Reims und stellte zugleich einen neuen Geschwindigkeitsrekord auf. Trotz dieser Triumphe und der eleganten Bauart ihrer späteren Hochgeschwindigkeitsflugzeuge mit einem Schalenrumpf, der aus geformtem Sperrholz bestand, blieben die Aufträge aus. Deperdussin beging eine Veruntreuung und wurde Ende 1913 verhaftet. Seine Firma wurde von Louis Blériot übernommen. Nach einem langen Verfahren wurde Deperdussin schließlich zu einer Bewährungsstrafe verurteilt. Er erschoss sich im Jahre 1924.

JAMES DOOLITTLE MIT EINEM CURTISS-WASSERFLUGZEUG

JAMES DOOLITTLE
1896–1993

Der amerikanische General James Doolittle ist als Kommandeur des ersten Bombenangriffs auf Japan während des Zweiten Weltkriegs in die Geschichte eingegangen. Während seiner Schulzeit baute Doolittle ein Segelflugzeug und trat 1917 als Flugkadett in das US Army Signal Corps ein. 1922 gelang ihm ein transkontinentaler Flug über die USA mit einem Zwischenstopp. J. Doolittle war ein großartiger Testpilot, Stuntman und Akrobat auf Flugzeugflügeln. 1925 errang er mit einem Curtiss-Wasserflugzeug die Schneider-Trophy für die USA und unternahm 1929, nur auf die Instrumente vertrauend, den ersten Blindflug. Neben seiner Tätigkeit seit 1930 als Manager der Flugzeugabteilung bei Shell Oil flog er weiterhin und stellte 1931 einen Geschwindigkeitsweltrekord für Landflugzeuge auf. Er kehrte 1940 in die Armee zurück und plante die Luftangriffe auf Tokio im April 1942. Später gründete er die 12. Air Force und befehligte die 8. und 15. Air Force. Nach dem Krieg kehrte Doolittle zu Shell zurück und wurde Direktor.

CLAUDE DORNIER
1884–1969

Der deutsche Flugzeugkonstrukteur Professor Claude Dornier wurde in Bayern geboren und erhielt seine Ingenieurausbildung in München. 1910 stellte ihn Graf Zeppelin ein. Er sollte die Flugtüchtigkeit der Luftschiffkonstruktionen prüfen. C. Dornier konstruierte während des Ersten Weltkriegs eine Reihe von Flugzeugen für die Firma Zeppelin – dazu gehörten mehrere riesige Wasserflugzeuge und aus Metallzellen konstruierte Flugboote. Nachdem

1922 Deutschland die Herstellung von Flugzeugen untersagt worden war, gründete C. Dornier in der Schweiz und in Italien eigene Fabriken. Dort entwickelte er seine renommierten Flugboote Wal und Do X. Während des Zweiten Weltkriegs erschienen neue Militärflugzeuge von Dornier wie die Bomber Do 17 und 217 sowie die Jagdbomber Do 335 mit Zug-und-Druck-Schraube. Nach dem Krieg entstanden die Zivilflugzeuge Do 31, der weltweit erste V/STOL-Düsentransporter sowie das Mehrzweck- und Transportflugzeug Do 228 in den Dornier-Werken.

DONALD WILLS DOUGLAS
1892–1981

Donald Douglas, der Gründer des gleichnamigen Flugzeugunternehmens, wurde in Brooklyn, New York, geboren. Er arbeitete 1915 in der Connecticut Aircraft Co. und wechselte im gleichen Jahr zur Glenn Martin Company in Kalifornien, wo er den MB-1-Bomber konstruierte. 1920 gründete er mit einem Großkredit des Sportlers David Davis die Davis-Douglas Co. zum Bau eines Flugzeugs für einen Nonstop-Transkontinentalflug über die USA. Als die Maschine abstürzte, gründet Douglas seine eigene Firma und schloss mit der US Navy einen Vertrag über die Herstellung von Torpedobombern. 1924 starteten zwei veränderte Versionen unter dem Namen DWC (Douglas World Cruisers), die zunächst für den US Army Air Service gebaut worden waren, zum ersten Flug der Geschichte rund um die Welt. Das Unternehmen war in den 1930er-Jahren mit den DC-1, den DC-2 und den DC-3/C-47-Dakota-Transportern sehr erfolgreich. Auch die späteren DC-4, DC-6 sowie der viermotorige Transporter DC-7 verkauften sich gut. Nachfolgemodelle waren die DC-8, die DC-9 und die DC-10. 1967 fusionierte die Firma mit McDonnell.

ARMAND UND HENRI DUFAUX
1883–1941, 1879–1980

1905 führten die Brüder Dufaux aus Genf einen Modell-Helikopter in Paris vor. Der Motor trieb ein Paar zweiflügeliger Rotoren an seitlichen Flügelstützkufen an. Er hob ein Ballastgewicht von 6,4 kg, wurde jedoch von vertikalen Kabeln geführt. Ihr erstes Flugzeug, eine schwere Maschine mit einem 120-PS-Dufaux-Motor, verunglückte 1907. Im folgenden Jahr konstruierten sie eine Helikopter/Flugzeug-Kombination von 100 PS, die für einen vertikalen Start und eine horizontale Landung ausgelegt war. Dieser Maschine folgte ein Doppeldecker, in dem Armand 1910 den Genfer See in voller Länge überquerte. Insgesamt wurden vier Dufaux-Doppeldecker gebaut.

FÉLIX DU TEMPLE DE LA CROIX
1823–1890

Dem französischen Marineoffizier Félix du Temple de la Croix gebührt das Verdienst, als erster Pilot einen motorisierten Start durchgeführt zu haben. In den 1850er-Jahren baute er mit seinem Bruder Louis ein Modellflugzeug, das später mit Dampf angetrieben wurde und um 1857 einige Versuchsflüge unternahm. Im gleichen Jahr ließ er sich das Original-Flugzeug mit nach vorne gerichteten Tragflächen, einziehbarem dreirädrigem Fahrwerk und einer Motorgondel patentieren. 1874 stellte man in Brest, Frankreich, einen auf dieser Konstruktion basierenden Eindecker in Original-Größe fertig, der von einem 2-Zylinder-Heißluftmotor angetrieben wurde. Zwar gelang der motorisierte Start von einer geneigten Rampe, doch der motorisierte Flug scheiterte. Zwei Jahre später montierten die Brüder einen leichtgewichtigen Dampfkessel in das Flugzeug, jedoch gibt es keinerlei Berichte über den Test eines solchen Flugzeugs.

E

AMELIA EARHART
1898–1937

Die berühmte Fliegerin Amelia Earhart wurde in Kansas, USA, geboren, arbeitete während des Ersten Weltkriegs in Kanada als Krankenschwester und studierte ab 1919 an der Columbia University in New York. Einige Flüge mit Frank Hawk, einem Piloten von Hochgeschwindigkeitsflugzeugen, im Jahre 1920 regten die Studentin an, ihren Flugschein zu machen. An Bord einer dreimotorigen Fokker überflog sie am 17./18. Juni 1927 als erste Frau den Atlantik und wurde mit diesem Flug reich und berühmt, obgleich sie nicht selbst geflogen war. Bald danach aber bewies sie sich als Pilotin und unternahm als erste Frau einen transkontinentalen Flug über die USA, stellte 1931 den Höhen-Weltrekord mit einem Autogiro auf und flog erstmals in der Geschichte die Strecken von Mexico City nach New Jersey und später von Hawaii nach Kalifornien. 1932 überquerte sie in einer Lookheed Vega als erste Frau den Atlantik. Während ihres Rundfluges um die Welt in einer Lockheed Electra verschwanden im Juli 1937 A. Earhart und ihr Navigator Fred Noonan spurlos über dem Pazifik. Die Umstände ihres Verschwindens blieben bis heute ungeklärt.

SIR GEORGE EDWARDS
Geb. 1908

Nach dem Abschluss an der London University im Alter von 20 Jahren arbeitete G. Edwards für die Vickers Aviation in Weybridge in England. Unter dem Chefkonstrukteur R. K. Pierson wirkte er an Flugzeugen wie der Wellington, Warwick und den Windsor-Bombern mit. 1940 zum Versuchsleiter befördert, wurde er fünf Jahre später Chefkonstrukteur und leitete die Entwicklung der VC.1 Viking, dem ersten britischen Transporter der

AMELIA EARHART

Nachkriegszeit, der in den Flugdienst gestellt wurde. An allen Konstruktionen der Vickers/BAC (British Aircraft Corporation) wie der Viscount, Vanguard, Valiant, VC10 und Concorde war G. Edwards beteiligt. Von 1963 bis 1975 wirkte er als Präsident der BAC.

JACOB CHRISTIAN HANSEN ELLEHAMMER
1871–1946

JACOB ELLEHAMMER

Der erfolgreiche dänische Erfinder J. C. H. Ellehammer baute 1905 in Kopenhagen sein erstes Flugzeug in Original-Größe, das von einem selbst konstruierten Motor angetrieben wurde. Ellehammer unternahm Tests auf einem kreisrunden Areal, bei denen das angeseilte Flugzeug vom Boden abhob. Danach verbesserte er die Motorleistung auf 20 PS, baute das Flugzeug zu einem »Semi-Doppeldecker« um und führte neue Flugversuche an einem Seil durch. Nachdem er seine Versuche nach Kopenhagen verlegt hatte, baute J. Ellehammer einen Dreidecker, in dem er 1907 etwa 200 »Hüpferflüge« durchführte. 1908 gewann er einen Preis von 5000 Reichsmark für den ersten motorisierten »Hüpferflug« in Deutschland in einem neuen Zugschrauben-Doppeldecker. In der Folge baute Ellehammer ein Wasserflugzeug und einen Eindecker, die jedoch nie geflogen wurden. J. C. H. Ellehammer interessierte sich auch für Helikopter und experimentierte 1911 mit einem Modellhubschrauber.

ROBERT ESNAULT-PELTERIE
1881–1957

Der erfindungsreiche französische Ingenieur Robert Esnault-Pelterie baute 1904 sein erstes Flugzeug, das eine schlechte Kopie eines Wright-Gleiters war. Er ließ bald darauf einen Gleiter mit kleinen Regelflächen an den Flügelspitzen folgen, die zusätzlich als Querruder und als Höhenruder wirkten – ein Novum bei einem Flugzeug in natürlicher Größe. Beide Maschinen waren jedoch nicht erfolgreich. Bis 1907 hatte er sein erstes Motorflugzeug entwickelt: den Eindecker R.E.P.1 mit einem selbst konstruierten Motor, der aber lediglich Probeflüge unternahm. Der R.E.P.2 von 1908 war erfolgreicher und startete in veränderter Form im folgenden Jahr zu vielen weiteren Flügen. R. Esnault-Pelterie baute schließlich konventionellere Flugzeuge, von denen einige zu Anfang des Ersten Weltkriegs in Dienst gestellt wurden. Zu diesem Zeitpunkt interessierten ihn jedoch bereits die weit größeren Herausforderungen der Raketen- und Raumfahrttechnik.

IGO ETRICH
1879–1967

Der Name des österreichischen Ingenieurs Dr. Igo Etrich wird für immer mit dem einzigartigen Eindecker »Taube« verbunden sein. Er wurde aus den leitwerkslosen Gleitern entwickelt, die Etrich und sein Landsmann Franz Wels erstmals 1904 testeten. Die Form der vogelartigen Flügel waren vom Samen der Zanoniapalme inspiriert. Die ersten erfolgreichen Maschinen erschienen 1909 und Etrich konnte bald darauf einen Vertrag mit den deutschen Rumpler-Flugzeugwerken über den Bau der »Taube« abschließen. Zahlreiche andere Flugzeughersteller kopierten in der Folge die Konstruktion. Viele Rumpler-»Tauben« wurden als Aufklärer zu Beginn des Ersten Weltkriegs eingesetzt, obgleich die Konstruktion zu diesem Zeitpunkt bereits überholt war.

HENRI FABRE
1882–1984

Dem französischen Ingenieur Henri Fabre gelang die Konstruktion des ersten Wasserflugzeugs, das direkt vom Wasser starten konnte. Er begann 1905

HENRI FABRE

mit dem Studium der Luftfahrt. Nach einer Serie von aerodynamischen Experimenten konstruierte und baute er 1909 sein erstes Wasserflugzeug, das jedoch niemals flog. Sein zweites Wasserflugzeug gehörte zu den ersten Maschinen, die den neuen Gnome-Sternmotor besaßen. Mit ihm unternahm H. Fabre am 28. und 29. März 1910 erstmals in der Geschichte Flüge, die vom Wasser aus gestartet wurden – obwohl er bis dahin nie geflogen war. Trotz zusätzlicher Veränderungen an der Maschine und weiterer Flüge bis 1911 zeigte das unkonventionelle »Entenflugzeug« wenig Entwicklungspotential. Fabre fehlte es zuletzt an Geldmitteln und so musste er seine Experimente aufgeben. Er bewahrte sein Interesse an Wasserflugzeugen, wurde aber zum erfolgreichen Konstrukteur von Schwimmern für Wasserflugzeuge anderer Hersteller.

SIR RICHARD FAIREY
1887–1957

Der britische Flugzeughersteller Sir Richard Fairey war anfangs Elektroingenieur und ein begeisterter Modellflugzeugbauer. Er begann 1911 seine Karriere in der Luftfahrt als Betriebsleiter beim Blair-Atholl Syndicate, wo solide »Entenflugzeuge« gebaut wurden. Dann wechselte Fairey zur Firma Short Brothers, wo er zum

Werkleiter und Chefingenieur aufstieg. 1915 gründete er die Fairey Aviation Company, um hauptsächlich Short- und Sopwith-Flugzeuge in Lizenz zu bauen. Nach dem Ersten Weltkrieg konzentrierte sich R. Fairey auf die Entwicklung eigener Flugzeuge. Zwischen den Weltkriegen brachte er militärische Mehrzweckflugzeuge der Serie IIID/F heraus sowie den Marinejäger Flycatcher und den Foxbomber – eine Maschine, die den Flugzeugbau in Großbritannien revolutionierte. Während des Zweiten Weltkriegs galten die Swordfish, Albacore sowie der Torpedobomber Barracuda als die bemerkenswertesten Flugzeuge aus seinen Fabriken. Zu den Maschinen der Nachkriegszeit zählten die Gannet, der konvertible Kombinationsflugschrauber Rotodyne und die F.D.2 – das erste Flugzeug, das schneller als 1000 mph (1610 km/h) flog.

HENRY UND MAURICE FARMAN
1874–1958, 1877–1964

Die Brüder Farman wurden als Söhne englischer Eltern in Frankreich geboren und übten später einen großen Einfluss auf die frühe Luftfahrt aus. 1907 kaufte sich Henry einen Voisin-Doppeldecker. Nach einigen Veränderungen zur Steigerung der Leistung gewann er mit dieser Maschine Ende 1907 einen Preis für den ersten registrierten Flug von 150 m und erhielt am 13. Januar 1908 für den ersten amtlich beglaubigten 1-km-Vollkreisflug in Europa 50 000 Franc. 1909 gewann Henry einen mit 63 000 Franc dotierten Preis beim Flugmeeting in Reims und konnte dann seine eigene Flugzeugfabrik eröffnen. Der dort hergestellte Kastendrachen-Doppeldecker war das am häufigsten benutzte und kopierte Flugzeug dieser Zeit. 1912 trat auch Maurice in den Betrieb ein und die Brüder gründeten Avions Henri et Maurice Farman. Die Firma erzielte einen frühen

FARMAN-F.16-DOPPELDECKER (1912)

Erfolg mit den Doppeldeckern MF.7 Longhorn und der MF.11 Shorthorn und florierte bis zu ihrer Verstaatlichung im Jahre 1936. Die Brüder Farman zogen sich daraufhin aus dem Geschäftsleben zurück.

SIR ROY FEDDEN
1885–1973

Roy Fedden begann seine Karriere 1906 als Autoingenieur bei der Firma Brazil-Straker. Dort wurde er schließlich zum Chefkonstrukteur. Während des Ersten Weltkriegs leitete er die Produktion von Rolls-Royce- und Renault-Motoren und war verantwortlich für die Konstruktion eines neuen Sternmotors. Der von ihm entwickelte Prototyp Jupiter war der erste einer Serie hervorragender Motoren. Als Brazil-Straker 1920 von der Bristol Aeroplane Company übernommen wurde, blieb R. Fedden Chefingenieur und leitete die Entwicklung der Mercury-, Hercules- und Centaurus-Motorenserien bis 1942. Nach dem Zweiten Weltkrieg gründete er die Roy Fedden Ltd. und konstruierte Autos und Flugzeugmotoren.

ANTON FLETTNER
1885–1961

Der deutsche Erfinder Anton Flettner gab jenem Ruder seinen Namen, das die Steuerung einer großen Regelfläche unter Aufwendung einer geringen Steuerkraft ermöglicht: dem Flettner-Ruder. Noch bekannter wurde er jedoch für seine bahnbrechenden Arbeiten an Drehflüglern. Nach Gründung der Flettner GmbH im Jahre 1935 baute er die Tragschrauber Fl 184 und 185 und entwickelte dann den Fl 265, einen Helikopter mit zwei ineinander greifenden gegenläufigen Rotoren. Sechs dieser Maschinen wurden von 1939 bis 1940 für die deutsche Marine gebaut.

Der Fl 265 wurde später vom Fl 282 Kolibri abgelöst. Es waren über 1000 Helikopter bestellt, doch wurden die Fabriken 1943 zerbombt, sodass lediglich 24 in Dienst gestellt wurden. Nach dem Zweiten Weltkrieg arbeitete A. Flettner zunächst für die US Navy und gründete 1949 seine eigene Firma in New York.

HEINRICH KARL JOHANN FOCKE
1890–1979

Dr. Heinrich Focke, der Pionier der Drehflügler in Deutschland, diente im Ersten Weltkrieg als Pilot. 1924 gründete er zusammen mit Georg Wulf die Firma Focke-Wulf und baute anfangs kommerzielle Transport- und Ausbildungsflugzeuge. Nachdem der Konstrukteur Kurt Tank in die Firma 1931 eingetreten war, stellte man eine Reihe erfolgreicher Flugzeuge her, baute aber auch die Tragschrauber Cierva C.19 und C.30. Als die Nationalsozialisten ihn 1936 aus der Firma entließen, gründete er das Unternehmen Focke-Achgelis, wo er seinen Helikopter Fa 61 baute. Ausgestattet mit zwei Quertragschrauben unternahm dieser den ersten freien Flug im Juni 1936. Der Focke-Helikopter Fa 223 Drache ging während des Zweiten Weltkriegs in Produktion, doch wurden die meisten Maschinen durch Bomben zerstört.

ANTHONY HERMAN GERARD FOKKER
1890–1939

Anthony Fokker, der Konstrukteur des erfolgreichsten deutschen Kampfflugzeugs im Ersten Weltkrieg, war der Sohn eines reichen holländischen Plantagenbesitzers. Die Flüge von Wilbur Wright in Frankreich im Jahre 1908 hatten sein Interesse an der Luftfahrt geweckt, doch musste er bis zum Ende seines Militärdienstes im Jahre 1910 warten, bevor er, unterstützt von Franz von Daum, ein eigenes Flugzeug bauen konnte. Bis zum Jahresende gelangen ihm kurze »Hüpferflüge«; im Mai 1911 erhielt er seinen Pilotenschein. Fokker konstruierte zahlreiche Eindecker vom Typ »Spinne« und gründete zum Bau seiner Maschinen die Fokker Aeroplanbau in Berlin-Johannisthal. Das Unternehmen baute für das Deutsche Reich mehr als 40 Flugzeugtypen während des Ersten Weltkriegs, unter anderem ein Flugzeug mit dem Namen »Eindecker« und den wendigen Dreidecker Dr. 1. Nach dem Krieg verlegte Fokker seine Fabrik in die Niederlande, wo sie weiterhin mit dem Bau von Eindecker-Transportern und Militärflugzeugen Erfolg hatte.

HENRY PHILLIP FOLLAND
1889–1954

Nach zehn Jahren in der britischen Autoindustrie begann Henry Folland 1912 seine einzigartige Karriere als Flugzeugkonstrukteur unter Geoffrey de Havilland in der Royal Aircraft Factory in Farnborough, England. Als de Havilland 1914 die Firma verließ,

ANTHONY
FOKKER

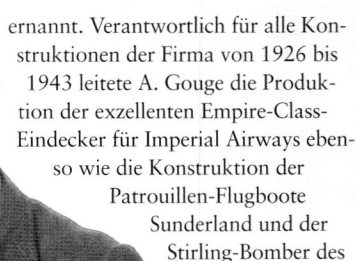

HENRY
PHILLIP
FOLLAND

übernahm H. P. Folland die Leitung des Konstruktionsteams und war für die Produktion des S.E.5-Kampfflugzeuges verantwortlich. Er trat 1920 in die Gloucestershire Aircraft Company (die spätere »Gloster«) ein, für die er eine Serie von Hochgeschwindigkeitswasserflugzeugen für die Schneider-Trophy konstruierte sowie eine Reihe von Kampfflugzeugen wie u. a. die Gauntlet, Gamecock und Gladiator. 1937 schied er aus, um seine eigene Firma Folland Aircraft zu gründen. Während des Zweiten Weltkriegs fungierte die Firma als Zulieferer und stellte nach dem Krieg die Gnat-Strahltriebjäger und -Düsentrainer her. Folland zog sich 1951 aus dem Geschäftsleben zurück.

SIR ARTHUR GOUGE
1890–1969

Arthur Gouge erwarb sich bleibende Verdienste mit der Entwicklung der klassischen britischen Wasserflugzeuge und Flugboote. Er trat 1915 als Mechaniker in die Firma der Brüder Short in Rochester, England, ein und arbeitete an dem Wasserflugzeug Type 184. Dann wurde ihm die Leitung eines Teams zur Entwicklung des ersten britischen Ganzmetallflugzeugs übertragen. Zu der Zeit, als die Brüder Short so großartige Flugboote wie die Singapore und Calcutta herstellten, wurde er 1926 zum Chefkonstrukteur

ernannt. Verantwortlich für alle Konstruktionen der Firma von 1926 bis 1943 leitete A. Gouge die Produktion der exzellenten Empire-Class-Eindecker für Imperial Airways ebenso wie die Konstruktion der Patrouillen-Flugboote Sunderland und der Stirling-Bomber des Zweiten Weltkriegs. A. Gouge schied aus der Firma der Brüder Short aus und wurde Vizepräsident und Geschäftsführer von Saunders-Roe. In Zusammenarbeit mit dem Chefkonstrukteur der Firma Henry Knowler entwickelte er das Kampf-Flugboot SRA.1 sowie das Flugboot Princess für die BOAC (British Overseas Air Corporation).

HANS GRADE
1879–1946

Hans Grade ist in die Luftfahrtgeschichte als der erste Deutsche eingegangen, der einen Motorflug ausführte. Er gründete seine eigene Motorradfabrik und kaufte sich 1908 sein erstes Flugzeug: einen einfachen Dreidecker ähnlich dem von Ellehammer. Grade testete diese Maschine in Magdeburg im Winter 1908/09. Sein bester Flug am 18. Februar 1909 schaffte eine Strecke von 400 m. Bis Ende des Jahres flog H. Grade mit Erfolg auch einen Zugschrauben-Hochdecker. 1911 gründete er die Hans Grade Fliegerwerke, um Hochdeckerflugzeuge zu bauen, und verwendete einige dieser Maschinen zur Pilotenausbildung an der Grade-Flugschule. Seine Fabrik wurde nach Beginn des Ersten Weltkriegs an die Firma Aviatik verkauft.

CLAUDE GRAHAME-WHITE
1879–1959

Der britische Unternehmer Claude Grahame-White besuchte die Fabrik von Blériot, als er 1909 anlässlich des Flugmeetings in Reims in Frankreich weilte, bestellte ein Flugzeug und brachte sich selbst das Fliegen bei. 1910 unternahm er ein unerbittliches Verfolgungsrennen mit dem französischen Piloten Louis Paulhan um den mit

10 000 £ dotierten Preis der Daily Mail für den ersten Flug von London nach Manchester. Er verlor das Rennen, unternahm aber bald darauf den ersten Punkt-zu-Punkt-Nachtflug in England. Im Ersten Weltkrieg trat er in den RNAS (Royal Naval Air Service) ein und nahm 1915 an einem Bombenangriff auf deutsche Militärstützpunkte in Belgien teil. Kurz danach quittierte C. Grahame-White den Dienst, um sich auf den Flugzeugbau zu konzentrieren. Bis 1919 produzierte seine Firma eine Serie von Eigenkonstruktionen.

DANIEL GUGGENHEIM
1856–1930

Daniel Guggenheim entwickelte sich in den 1920er-Jahren zu einem großen Wohltäter der Luftfahrt. Sein Sohn Harry, ein Pilot der US Navy, hatte ihn überzeugt, die Studien zur Aerodynamik an der New York University mit einer Spende von 500 000 $ zu unterstützen. Drei Jahre später gründete er den Daniel Guggenheim Fund zur Förderung der Luftfahrt und spendete schließlich den Betrag von 3 Mio. $. Die Stiftung half bei der Entwicklung des Blindfliegens, der Flugsicherheit und der Raketentechnik. Zu den von ihm finanzierten Wettbewerben gehörte die Guggenheim Safe Aircraft Competition.

MICHAIL GUREWITSCH
1893–1976

Michail Gurewitsch war der Mitbegründer des sowjetischen Konstruktionsbüros, das für die äußerst erfolgreiche Serie der MiG-Kampfflugzeuge verantwortlich war. Er wurde in Kursk, Russland, geboren, studierte Luftfahrttechnik an der Universität Charkow, der l'Académie de l'Aéronautique in Paris und besuchte 1923 das Technische Institut von Charkow. Er arbeitete zunächst im Zentralen Konstruktionsbüro der UdSSR und wechselte dann 1928 zum Konstruktionsbüro Richard. 1931 wurde er zum stellvertretenden Leiter des Kochjerigin-Konstruktionsbüros ernannt, wo er den Bau des gepanzerten Angriffs-Eindeckers TSh-3 leitete. Zwischen 1936 und 1938 arbeitete M. Gurewitsch in den USA am DC-3-Programm. Er kehrte danach in die UdSSR zurück und trat in das Experimentelle Konstruktionsbüro (OKO) unter Leitung von Artjom Mikojan ein, um an dem Abfangjäger Kh für große Höhen zu arbeiten. 1942 wurde aus dem OKO das Konstruktionsbüro Mikojan und Gurewitsch (MiG) gebildet, das während des Zweiten Weltkriegs und danach eine Reihe von Kampfflugzeugen produzierte. 1964 ging M. Gurewitsch in Pension.

LAWRENCE HARGRAVE
1850–1915

Lawrence Hargrave wurde berühmt für die Entwicklung des Kastendrachens. Als er am Sydney Observatory arbeitete, machte L. Hargrave 1883 eine Erbschaft, die ihm erlaubte, sich auf die Luftfahrt und andere wissenschaftliche Experimente zu konzentrieren. Er testete eine große Anzahl von Modell-Schlagflüglern sowie Flugzeuge mit einem Gummi- oder Druckluftantrieb. 1889 konstruierte und baute er einen Stern-Umlaufmotor, mit dem ihm am 2. Januar 1891 ein Flug von 39 m in 8 sec gelang. Er führte Experimente mit gewölbten Oberflächen durch und baute 1894 einen bemerkenswerten Kastendrachen-Gleiter, der 5 m vom Boden abhob. L. Hargrave gelang es aber nicht, ein Flugzeug zu bauen, das eine Person transportieren konnte.

HARRY GEORGE HAWKER
1889–1921

Harry Hawker wurde in Victoria, Australien, geboren und war bereits in frühen Jahren vom Maschinenbau fasziniert. Er brach seine Schulausbildung ab, um mit Automobilen zu arbeiten. Nachdem er den berühmten Entfesselungskünstler Harry Houdini bei einem Flug gesehen hatte, wollte er selbst das Fliegen erlernen. Mit zwei Freunden reiste er 1912 nach England und fand eine Anstellung bei Sopwith

Aviation in Brooklands, wo er fliegen lernte. Er erwies sich als talentierter Pilot und wurde Demonstrations- und Testpilot der Firma. In den Jahren vor dem und im Ersten Weltkrieg unternahm er viele Flüge, testete zahlreiche Sopwith-Prototypen und leistete zahllose wertvolle Beiträge zur Flugzeugkonstruktion. 1919 versuchten H. G. Hawker und der Korvettenkapitän Mackenzie Grieve in einer Sopwith Atlantic vergeblich, den 10 000-£-Preis der *Daily Mail* für einen Nonstop-Transatlantikflug zu gewinnen. Sie mussten auf dem Meer notlanden, wurden aber glücklicherweise von einem Frachtdampfer gerettet. Hawker blieb unbeirrt und unternahm weitere Motorflugrennen und Testflüge. Er verunglückte am 12. Juli 1921 während eines Übungsfluges für das Aerial Derby, als sein Nieuport-Goshawk-Doppeldecker abstürzte. Das Unternehmen Hawker Aircraft, das die Kampfflugzeuge Hurricane während des Zweiten Weltkriegs baute, wurde nach ihm benannt.

EDWARD H. HEINEMANN
1908–1991

Der in Michigan, USA, geborene Edward H. Heinemann arbeitete für Douglas als Konstruktionszeichner und kehrte, nach einer Arbeitsphase bei Northrop, zur Firma von Douglas zurück. Dort leitete er dann die Konstruktion einer Reihe berühmter Flugzeuge wie z. B. des Sturzkampfbombers SBD Dauntless, des Angriffsbombers A-20 Havoc, des D-558-1 Skystreak (der einen Geschwindigkeitsweltrekord aufstellte), des D-558-2 Skyrocket (das erste Flugzeug, das Mach 2 erreichte) und des Angriffsbombers A-4 Skyhawk, der als »Heinemann's Hot Rod« bekannt wurde.

HARRY
HAWKER

ERNST HEINKEL
1888–1958

Das erste von Ernst Heinkel konstruierte Flugzeug im Jahre 1911 war ein Kastendrachen-Doppeldecker. Zunächst arbeitete er für LVG und Albatros und wechselte dann zu Hansa-Brandenburg, wo er eine Serie von Wasserflugzeugen konstruierte. Nachdem ermutigend viele Bestellungen aus Schweden eingetroffen waren, konnte Heinkel 1922 seine eigene Firma gründen und produzierte in den folgenden zehn Jahren eine Reihe von einmotorigen Ausbildungs-, Militär-, Wasserflugzeugen und Flugbooten. 1935 gründete er die Ernst Heinkel AG. Zu den berühmten Militärflugzeugen des Zweiten Weltkriegs gehörten der Bomber He 111, die He 178 (das erste Flugzeug mit Turboluftstrahl-Antrieb) sowie das Kampfflugzeug He 280 mit zwei Turboluftstrahl-Triebwerken. Nach dem Krieg wurde die Firma umbenannt und schließlich 1964 von VFW übernommen.

CLAUDE GRAHAME-WHITE (RECHTS) UND EIN PASSAGIER

WILLIAM SAMUEL HENSON
1812–1888

Der Ingenieur und Erfinder William Henson wurde in Nottingham, England, geboren und führte im Jahre 1840 Experimente mit Gleitern durch. 1842 wurde sein dampfgetriebener Eindecker patentiert, der bereits viele Merkmale der 60 Jahre später entwickelten Motorflugzeuge aufwies. Als er 1843 die Aerial Steam Transit Company gegründet hatte, erschienen zahllose phantasievolle Bilder seiner fliegenden »Luftdampfkutsche«. Ein Modell dieses Flugzeuges in Original-Größe wurde mit Hilfe von John Stringfellow gebaut und 1847 getestet – es erwies sich jedoch als untauglich. Entmutigt gab W. S. Henson das Projekt auf und emigrierte nach Amerika – doch setzte J. Stringfellow das Werk fort.

HERBERT JOHN LOUIS HINKLER
1892–1933

Der australische Pilot »Bert« Hinkler wurde in Bundaberg, Queensland, geboren. Er diente von 1914 bis zum

BERT HINKLER

Ende des Ersten Weltkriegs im britischen RNAS (Royal Naval Air Service) und entwickelte sich zu einem hervorragenden Piloten. Nach dem Krieg arbeitete er als Testpilot für Avro in England und flog 1920 einen Avro-Baby-Doppeldecker nonstop von London nach Turin, Norditalien. 1921 unternahm Hinkler in derselben Maschine einen 1280-km-Nonstop-Flug entlang der australischen Ostküste von Sydney zu seinem Heimatort Bundaberg. 1927 gelang ihm der bis dahin längste, 1920 km lange Nonstop-Flug von Croydon, England, nach Riga, Lettland, in einem Prototyp des Leichtflugzeuges Avian. Anfang 1928 unternahm er einen Soloflug England–Australien in 15,5 Tagen und im Jahre 1931 den ersten Soloflug über den Südatlantik. Zwei Jahre später stürzte H. Hinkler bei dem Versuch, seinen Rekord für die Strecke England–Australien zu verbessern, über den Alpen ab.

JIRO HORIKOSHI
1903–1982

Jiro Horikoshi, der Konstrukteur einiger bemerkenswerter japanischer Kampfflugzeuge der 1930er- und 1940er-Jahre, hatte Maschinenbau an der Fakultät für Aerodynamik der Tokioter Universität studiert. 1927 begann seine Arbeit für die Mitsubishi-Verbrennungsmotoren-Werke (die späteren Nagoya-Werke der Mitsubishi Schwermaschinenbau Co.). Er arbeitete 1932 als Chefkonstrukteur an dem erfolglosen Prototyp 7 des Deckkampffliegers sowie 1934 an einem landgestützten Ganzmetall-Kampfflugzeug Prototyp 9. Das berühmteste Flugzeug von J. Horikoshi war der Prototyp 12 von 1937, der zum Mitsubishi A6M Rei-sen entwickelt wurde. Als Marine Typ 0 oder Zero war diese Maschine eines der herausragenden Kampfflugzeuge des Zweiten Weltkriegs. Der Nachfolger J2M Raiden wurde zur Verteidigung Japans gegen Bombenangriffe Ende des Krieges eingesetzt.

REIMAR UND WALTER HORTEN
1915–1993, geb. 1913

Die Schöpfer einer gefeierten Serie von Segelflugzeugen und Flugzeugen, R. und W. Horten, bauten 1931 ihre ersten Nurflügel-Liegegleiter aus Holz. Vier Maschinen ihrer zweiten Konstruktion Ho II von 1934 wurden gebaut, eine davon erhielt

1935 einen Motor. Nach einer kurzen militärischen Ausbildung nahmen die Brüder Horten 1938 ihre Arbeit wieder auf und bauten mit staatlicher Unterstützung die Segelflugzeuge Ho III und Ho IV. Für die motorisierte Ho V verwendete man verleimte Plastikmasse für den Bau während des Zweiten Weltkriegs. Die Ho VII war ebenfalls motorisiert. Eine weitere Maschine war das Nurflügel-Kampfflugzeug Ho IX mit zwei Strahlantrieben; es wurde kurz vor dem Ende des Zweiten Weltkriegs eingesetzt. Nach dem Krieg half W. Horten beim Wiederaufbau der deutschen Luftstreitkräfte; sein Bruder emigrierte nach Argentinien und konstruierte den Transporter I.A-38 ohne Höhenleitwerk für das Instituto Aerotecnico.

HOWARD ROBARD HUGHES
1905–1976

Der exzentrische und extravagante amerikanische Millionär Howard Hughes erlernte 1927 das Fliegen und erwarb sich schnell Anerkennung als professioneller Pilot. Er interessierte sich für alle Aspekte der Luftfahrt. Nachdem er im Jahr 1934 ein modifiziertes Boeing-Kampfflugzeug geflogen war, gründete er die Hughes Aircraft Company, um das Hochgeschwindigkeitsflugzeug H-1 zu bauen, in dem er dann 1935 mit 563,7 km/h einen neuen Geschwindigkeitsweltrekord für Landflugzeuge aufstellte. In einer Northrop Gamma schaffte er im Januar 1936 einen weiteren neuen Rekord – für die transkontinentale Überquerung der USA – und übertraf diesen in einer modifizierten H-1 im folgenden Jahr. 1938 gelang ihm in einer Lockheed 14 Super Electra ein neuer Weltrundflug-Rekord mit 91 Stunden Flugzeit. Während des Zweiten Weltkriegs konzentrierte Hughes sich

auf die Entwicklung des gigantischen Flugbootes H-4 – das größte Flugzeug der Welt – sowie des Foto-Aufklärers XF-11. 1946 entkam er knapp dem Tod, als die XF-11 bei einem Testflug abstürzte. Die H-4 wurde von ihm nur einmal, am 2. November 1947, geflogen; danach flog H. Hughes nur noch in recht unregelmäßigen Abständen.

SERGEJ WLADIMIROWITSCH ILJUSCHIN
1894–1977

Sergej Iljuschin wurde in Russland geboren und begann seine Luftfahrtkarriere 1916 als Mechaniker für Ilja-Muromez-Bomber. Er trat in die Armee ein, qualifizierte sich 1917 zum Piloten und studierte 1922 an der Luftfahrt-Militärakademie Shukowski, wo er auch 1926 als Konstrukteur abschloss. Danach wurde er in das wissenschaftlich-technische Komitee der Luftstreitkräfte berufen. Iljuschin wechselte 1932 zum Zentralen Institut für Aero- und Hydrodynamik, wurde hinter Andrej Tupolew stellvertretender Leiter der Abteilung für experimentellen Flugzeugbau und später Projektleiter für Langstreckenbomber im Zentralen Konstruktionsbüro. Abgesehen von einer kurzen Unterbrechung durch eine Amtszeit als Direktor der Hauptverwaltung der Luftfahrtindustrie leitete Iljuschin dieses Konstruktionsbüro, das seinen Namen trug, bis in das Jahr 1976. Der Angriffsbomber Il-2/Il-10 war die berühmteste Maschine, die Sergej Iljuschin konstruierte; der Il-2/Il-10 ist bis heute das meistproduzierte Flugzeug der gesamten Luftfahrtgeschichte.

HOWARD HUGHES GIGANTISCHES FLUGBOOT H-4 HERCULES

AMY JOHNSON

HUGO JUNKERS

J

AMY JOHNSON
1903–1941

Die in Hull, England, geborene Amy Johnson war von Beruf Stenografin, als sie 1928 dem Londoner Aeroplane Club beitrat. Sie wurde die erste lizensierte Bodenmechanikerin Englands und qualifizierte sich 1929 zur Pilotin. Im folgenden Jahr unternahm sie einen bemerkenswerten Soloflug von England nach Australien in 19,5 Tagen in einer de Havilland D.H.60 Moth. Im Juli 1933 überquerte sie mit ihrem Ehemann, dem schottischen Piloten Jim Mollison, in einer D.H.84 Dragon den Atlantik. Im folgenden Jahr startete das Paar in dem Hochgeschwindigkeitsflugzeug D.H.88 Comet beim MacRobertson-Flugrennen England–Australien und stellte Rekordzeiten für die Flugetappen England–Irak und England–Indien auf, sie mussten das Rennen jedoch später aufgeben. Ihre Ehe wurde 1937 geschieden. A. Johnson trat im Zweiten Weltkrieg der Air Transport Auxiliary bei. Im Januar 1941 verunglückte sie tödlich, als sie mit einer Maschine vom Typ Airspeed Oxford ins Wasser der Themsemündung stürzte.

CLARENCE LEONARD JOHNSON
1910–1990

Der amerikanische Flugzeugkonstrukteur »Kelly« Johnson entwickelte während seiner 40-jährigen Tätigkeit für Lookheed viele hervorragende Flugzeuge. Von der Universität Michigan erhielt er 1932 sein Diplom in Luftfahrttechnik, ging im folgenden Jahr zu Lockheed und wirkte dort bis 1938 als leitender Forschungsingenieur. Zu den 40 Flugzeugtypen, die er für die Firma konstruierte, gehören das Kampfflugzeug P-38 Lightning, das Verkehrsflugzeug Constellation, der Strahldüsenjäger P-80 Shooting Star, der Starfighter F-104 sowie die U-2, die YF-12A und der Höhenaufklärer SR-71.

HUGO JUNKERS
1859–1935

Der deutsche Flugzeughersteller Hugo Junkers kam in Rheydt zur Welt, wurde Ingenieur und gründete 1895 seine erste Firma. 1897 wurde er zum Professor für Thermodynamik an der Aachener Hochschule ernannt. 1910 ließ er ein Nurflügel-Ganzmetall-Flugzeug patentieren – zwei Motoren, Besatzung und Passagiere fanden innerhalb des Flügels Platz. Er baute 1915 das erste Ganzmetallflugzeug aus Stahl und im folgenden Jahr das erste Leichtmetallflugzeug. 1919 gründete er die Junkers-Flugzeugwerke AG und nutzte seine Erfahrung mit Militärflugzeugen während des Ersten Weltkriegs, um eine Serie von Ganzmetallflugzeugen mit der ungewöhnlichen Wellblechhaut zu produzieren; dazu gehörte auch die bekannte dreimotorige Ju 52/3m. H. Junkers eröffnete 1921 einen nationalen Luftfahrtdienst. Nach seiner Pensionierung im Jahre 1932 bauten die Junkers-Werke den Sturzkampfbomber Ju 87 Stuka, ihr wohl berühmtestes Flugzeug.

K

ALEXANDER KARTVELI
1896–1974

Der Flugzeugkonstrukteur Alexander Kartveli wurde in Russland geboren und studierte Maschinenbau an der École Supérieure d' Aéronautique in Paris. Er kehrte nach Russland zurück, emigrierte jedoch angesichts der Oktoberrevolution von 1917. Nach einer Tätigkeit bei Blériot und bei Fokker entschied er sich schließlich 1934 für Seversky in den USA. Er wurde Chefkonstrukteur der 1939 gegründeten Republic Aircraft und bekleidete den Posten bis 1960. Kartveli leitete die Konstruktion des modernen Jagdflugzeug-Eindeckers P-35 von Seversky und der Nachfolgemodelle P-43 und P-47 Thunderbolt. Nach dem Zweiten Weltkrieg war er leitender Konstrukteur mehrerer erfolgreicher Düsenjäger wie dem F-84 Thunderjet und dem F-105 Thunderchief.

SIR CHARLES KINGSFORD SMITH
1897–1935

Charles K. Smith wurde in Brisbane, Australien, geboren und begann seine Pilotenlaufbahn beim RFC (Royal Flying Corps) während des Ersten Weltkriegs. Nach dem Krieg ging er zur Western Australia Airways und unternahm 1928 den ersten Pazifikflug USA–Australien in einer Fokker F.VIIb-3m Southern Cross. Er unternahm ferner den ersten Nonstop-Transkontinentalflug über Australien sowie den ersten Flug Australien–Neuseeland. 1929 gründete er die Australian National Airways. Im folgenden Jahr flog er als Solopilot in der Rekordzeit von 10,5 Tagen von England nach Darwin, Australien. 1934 gelang Smith der erste Flug in einem einmotorigen Flugzeug über den Pazifik von Australien in die USA. Während eines England–Australien-Fluges 1935 verschwand seine Altair – Ch. K. Smith und sein Begleiter wurden nie mehr gefunden.

CHARLES KINGSFORD SMITH (ZWEITER VON RECHTS)

FREDERIK KOOLHOVEN
1886–1946

Der holländische Ingenieur »Frits« Koolhoven erlernte an der Hanriot-Schule in Frankreich das Fliegen und erhielt 1910 seinen Pilotenschein. 1912 trat »Kully« als Konstrukteur in die Firma Deperdussin unter Louis Béchereau ein. Als die Firma 1913 zusammenbrach, war er Chefkonstrukteur in ihrem britischen Tochterbetrieb. Koolhoven wechselte dann in die neue Flugzeugabteilung bei Armstrong Whitworth, wo er als Chefkonstrukteur die Aufklärer F.K.3 und die F.K.8 entwickelte. 1917 trat F. Koolhoven der British Aerial Transport bei und konstruierte mehrere Militär- und Zivilflugzeuge. Im Jahre 1920 kehrte er in die Niederlande zurück, fungierte bis 1926 als Konstrukteur für die Nationale Vliegtuigindustrie und wurde danach selbstständiger Berater. Seine 1934 gegründete Firma Koolhoven Vliegtuigen produzierte eine Vielzahl von Flugzeugen, bis sie 1940 von Bomben zerstört wurde.

FREDERICK WILLIAM LANCHESTER
1868–1946

Der britische Ingenieur und Erfinder Dr. Frederick Lanchester ist für seinen Beitrag zur Entwicklung des Autos bekannt – 1895 baute er das erste britische Fahrzeug mit Motor. Doch war F. W. Lanchester auch ein Pionier der Luftfahrt. In den 1890er-Jahren testete er zahlreiche Modellgleiter und entwickelte bereits 1894 theoretische Vorstellungen, die die Grundlage der heutigen Theorie des Auftriebs und Luftwiderstands bilden. Lanchesters Theorien wurden zwar nur von wenigen Zeitgenossen verstanden, fanden aber breitere Anerkennung, als 1907/08 von ihm zwei Bücher über den Aerial Flight (Luftflug) erschienen. Von 1909 bis 1920 war er Berater der britischen Regierung.

SAMUEL PIERPONT LANGLEY
1834–1906

Der in Roxbury, Massachusetts, geborene Astronom Samuel P. Langley war einer der bedeutendsten Luftfahrtpioniere der USA. Sein Interesse an der Luftfahrt begann, als er am Allegheny Observatory in Pennsylvania arbeitete und zum Test von Tragflügeln einen rotierenden Arm konstruierte. 1887 wurde er Sekretär der Smithsonian Institution in Washington D. C. Er konstruierte mehr als 100 Modelle mit Gummiantrieb und später sehr große Flugmodelle mit Dampfmaschinenantrieb. Seinen »Aerodromes« Nr. 5 und Nr. 6 gelangen 1896 großartige Flüge, weshalb die Regierung 50 000 $ zur Entwicklung eines bemannten Flugzeugs bereitstellte. Leider scheiterten die beiden Katapultstarts seiner Maschine von einem Hausboot auf dem Potomac River im Jahre 1903 katastrophal. Öffentlicher Spott und das nun ausbleibende Interesse der US-Regierung an seinen Projekten führten dann zu Langleys baldigem Tod.

SAMUEL P. LANGLEY

SEMJON ALEXEJEWITSCH LAWOTSCHKIN
1900–1960

Semjon Lawotschkin war für die Entwicklung einiger der besten sowjetischen Kampfflugzeuge des Zweiten Weltkriegs verantwortlich. Er wurde in Smolensk, Russland, geboren, studierte ab 1920 an der Moskauer Technischen Hochschule Maschinenbau und spezialisierte sich später auf Luftfahrttechnik. Nach einer Tätigkeit im Zentralen Konstruktionsbüro und dem Zentralen Institut für Aero- und Hydrodynamik wurde er Anfang der 1930er-Jahre Chefkonstrukteur in der Luftfahrtindustrie. Lawotschkin war damals überzeugt, dass für den Zellenbau plastikverstärkte Birkenlaminate statt Stahl und Leichtmetallen eingesetzt werden könnten. 1938 gründete er mit V. P. Gorbunow und M. I. Gudkow ein Konstruktionsbüro zum Bau von Kampfflugzeugen. Der Jäger LAGG La-5 und seine Nachfolger erwiesen sich während des Zweiten Weltkriegs als sehr schlagkräftig. 1960 wurde das Büro aufgelöst.

JEAN-MARIE LE BRIS
1809–1872

Der Franzose Jean-Marie Le Bris, ein pensionierter Schiffskapitän, testete zwei von einem Albatros inspirierte Gleiter in Original-Größe. In seinem ersten Gleiter führte er um 1857 in Trefeuntec, Frankreich, nach einem seilgezogenen Start einen kurzen Gleitflug aus. Die zweite Maschine wurde 1868 in der Nähe von Brest getestet. Le Bris hatte großen Einfluss auf spätere französische Luftfahrtpioniere.

LEONARDO DA VINCI
1452–1519

Das Universalgenie Leonardo da Vinci untersuchte als erster Wissenschaftler die Probleme des Fliegens. Die meisten seiner Flugzeugkonstruktionen waren Schwingenflügler, die die Bewegungen von Vögeln und Fledermäusen imitierten. Er entwickelte auch eine »hubschrauberähnliche« Maschine und einen (wenn auch nicht den ersten) Fallschirm. Seine Ideen zum Fliegen waren jedoch grundsätzlich durch zwei falsche Vorstellungen geprägt: (1) die Geschicklichkeit und die Muskelkraft des Menschen ermöglichen ihm, den Vogelflug zu imitieren; (2) Vögel fliegen, indem sie ihre Flügel nach unten und hinten schlagen. Leonardos produktivste »aerodynamische« Phase dauerte von 1482 bis 1499, als er eine Reihe von Schwingenflüglern für einen liegenden oder aufrecht stehenden Piloten und sogar einen Hängegleiter entwarf. Bedauerlicherweise hatten seine Arbeiten keinen direkten Einfluss auf die frühe Entwicklung der Luftfahrt, da seine Manuskripte bis zum Ende des 19. Jahrhunderts unzugänglich waren.

LÉON LEVAVASSEUR
1863–1921

Léon Levavasseur war einer der hervorragendsten frühen Flugzeugkonstrukteure Frankreichs. Er studierte zunächst Kunst und wurde dann aus Faszination für die neue Technologie Ingenieur. Gefördert von der Regierung, baute er 1903 sein erstes Flugzeug in Puteaux, Paris. Das Flugzeug versagte zwar, doch der ebenfalls von Levavasseur gebaute 80-PS-Motor Antoinette war technisch sehr fortschrittlich. 1905 baute Levavasseur eine 8- und eine 16-Zylinder-Version für bis zu 100 PS. Die von ihm mit Ferdinand Ferber im Mai 1906 gegründete Société Antoinette baute eine Reihe von Eindeckern, die Levavasseur konstruiert hatte.

OTTO LILIENTHAL
1848–1896

Der deutsche Ingenieur Otto Lilienthal hatte einen tief gehenden Einfluss auf die Entwicklung des Fliegens. Er experimentierte zunächst mit Schwingenflüglern und veröffentlichte 1889 sein Buch *Der Vogelflug als Grundlage der Fliegekunst*. Er entwickelte dann Hängegleiter mit Starrflügeln und flog erstmalig 1891. Bis 1896 baute er zwölf Gleiter – Eindecker und Doppeldecker. Sein erfolgreichster Gleiter war der »Standard«-Eindecker Nr. 11 aus dem Jahre 1894. Er war das erste mehrfach produzierte Flugzeug der Geschichte: Mindestens acht Exemplare wurden für andere Flugpioniere aus aller Welt gebaut. O. Lilienthal unternahm mehr als 1000 Flüge. Bei seinem Flug am 9. August 1896 in der Nähe von Stölln, Brandenburg, versagte sein Gleiter und stürzte ab. Lilienthal verstarb am folgenden Tag.

OTTO LILIENTHAL

CHARLES AUGUSTUS LINDBERGH
1902–1974

Der amerikanische Pilot Charles Lindbergh war der erste Mensch, der einen Nonstop-Soloflug über den Atlantik unternahm. Der Sohn eines Kongressabgeordneten aus Minnesota, USA, besuchte ein College für Maschinenbau, fand dies langweilig und ließ sich 1922 exmatrikulieren, um das Fliegen zu erlernen. Nach zwei Jahren als Pilot einer Flugstaffel trat er dem US Army Corps bei und wurde dann 1926 Postflieger. Dann interessierte ihn der mit 25 000 $ dotierte Orteig-Preis für den ersten Nonstop-Flug von New York nach Paris. Unterstützt von Geschäftsleuten aus St. Louis, Missouri, baute die Firma Ryan für Lindbergh einen speziellen Schulterdecker: The Spirit of St Louis. Am 20./21. Mai 1927 erreichte Lindbergh im Soloflug Paris und wurde weltberühmt. Trotz der Entführung und Ermordung seines kleinen Sohnes im Jahre 1932 blieben Lindbergh und seine Frau Anne Morrow der Luftfahrt verbunden. Seine politischen Ansichten schadeten später seinem Ansehen, doch gewann er nach dem japanischen Angriff auf Pearl Harbor durch aktive Teilnahme am Krieg wieder Anerkennung. Nach dem Krieg arbeitete er als technischer Berater bei PanAm.

CHARLES LINDBERGH

ALLAN HAINES LOCKHEED
1889–1969

Obwohl er mit dem Nachnamen Loughhead geboren war, wählte der amerikanische Flugzeughersteller 1926 Lockheed als Firmennamen, den er 1934 auch offiziell annahm. A. Loughhead arbeitete 1910 als Automechaniker in Chicago und brachte sich in dieser Zeit das Fliegen in einer Curtiss bei, die seinem Arbeitgeber gehörte. Damals begann er schon, seine eigenen Flugzeuge zu bauen. Nach der Rückkehr ins heimatliche Kalifornien gründete er 1913 mit seinem Bruder Malcolm die Alco Hydro-Aeroplane Co., die nur ein einziges Flugzeug baute. 1916 gründeten die Brüder die Loughhead Aircraft, die sich mühevoll bis 1921 hielt. 1926 machte Allan Loughead zusammen mit

ALEXANDER MARTIN LIPPISCH
1894–1976

Alexander Lippisch beschäftigte sich in den 1920er-Jahren in Deutschland mit dem Bau von Gleitern. Um 1928 begann er die Erforschung von Nurflügel-Flugzeugen und des Raketenantriebs. Nach einer Anstellung bei der Deutschen Forschungsanstalt für Segelflug wechselte Lippisch 1939 zu Messerschmitt und war dort verantwortlich tätig bei der Entwicklung des Abfangjägers mit Raketenantrieb Me 163 Komet, der von der Luftwaffe im Zweiten Weltkrieg eingesetzt wurde. Prof. Lippisch begann schließlich mit der Erforschung von Deltaflügeln für den Überschallflug und setzte nach dem Krieg seine Forschungen in den USA fort, u. a. an seinem Airfoil-Fluggerät X-113AM.

dem Konstrukteur John Northrop einen geschäftlichen Neuanfang, diesmal unter dem Namen Lockheed Aircraft Co., und baute Northrops imposanten stromlinienförmigen Eindecker Vega. 1932 wurde die Firma Lockheed an eine Investmentgruppe verkauft und entwickelte sich zu einem der führenden Flugzeughersteller der USA. Lockheeds eigenen Firmen erging es nicht so gut: Die 1930 gegründete Loughhead Brothers Aircraft Corp. scheiterte ebenso wie die 1937 gegründete Alcor.

GROVER CLEVELAND LOENING
1888–1976

Der amerikanische Flugzeughersteller Grover Loening absolvierte 1908 die Columbia University, New York, mit dem ersten »Master«-Abschluss in Luftfahrtwissenschaft. Ab 1911 arbeitete er für die Queen Aircraft Corp. of New York und wechselte 1913 als Manager zu Orville Wrights Werk in Dayton, Ohio. Nachdem er im Bereich Luftfahrt für die US Army tätig gewesen war, gründete er 1917 die Loening Aeronautical Corp. zum Bau von Landflugzeugen und Amphibienfahrzeugen. Als die Firma 1928 mit Curtiss-Wright fusionierte, verließ er sie und gründete die Grover Loening Aircraft Co., die bis 1936 kleine Amphibienfahrzeuge für die Marine und für den zivilen Bereich baute. Während des Zweiten Weltkriegs war Loening Berater der US-Regierung.

SIR HIRAM STEVENS MAXIM
1840–1916

Hiram S. Maxim ist der Erfinder des nach ihm benannten Maschinengewehrs. Er wurde in Maine, USA,

geboren und siedelte 1881 nach England über. Im Jahr 1888 konnte er Förderer überzeugen, ihm für fünf Jahre die Summe von 20 000 £ für die Entwicklung eines Flugzeugs zur Verfügung zu stellen. 1890 begann er den Bau eines großen Doppeldeckers in Baldwyn's Park, Kent. Zwei 180-PS-Maxim-Dampfmaschinen trieben Propeller mit einem Durchmesser von 5,5 m an. Das Steuerungssystem jedoch war nicht erprobt und unausgereift. Bei einem Test am 31. Juli 1894 hob der Doppeldecker zwar von seiner unteren Schienenbahn ab, kollidierte aber mit einem oberen Führungsgleis und wurde schwer beschädigt. Eine kurze Zusammenarbeit Maxims mit dem britischen Luftfahrtpionier Percy Pilcher 1896/97 brachte keine brauchbaren Ergebnisse; sein letzter Versuch, ein Flugzeug zu bauen, erbrachte 1910 einen unpraktikablen Doppeldecker, der niemals flog.

JAMES SMITH MCDONNELL
1899–1980

James McDonnell, der Gründer eines der erfolgreichsten amerikanischen Flugzeugunternehmen, wurde in Denver, Colorado, geboren. Er absolvierte 1921 die Princeton University, erhielt 1925 sein Diplom als Luftfahrtingenieur vom Massachusetts Institute of Technology und besaß zu diesem Zeitpunkt bereits seine Zulassung als Pilot vom Army Air Service. McDonnell arbeitete für zahlreiche Flugzeughersteller und wurde schließlich Chefingenieur für Landflugzeuge bei der Glenn L. Martin Co. 1938 gründete er die McDonnell Aircraft Corp. Seine Firma expandierte während des Zweiten Weltkriegs beträchtlich und baute eine Reihe sehr erfolgreicher militärischer Düsenflugzeuge, so den Düsenjäger FH-1 Phantom, den ersten von einem Flugzeugträger startenden Jet. 1967 fusionierte man mit Douglas Aircraft zu McDonnell Douglas Corp.

McDONNELL FH-1 PHANTOM

WILLY EMIL MESSERSCHMITT
1898–1978

Der deutsche Flugzeugkonstrukteur Willy Messerschmitt wurde in Frankfurt/Main geboren und baute 1913 mit einem befreundeten Architekten seine ersten Segelflugzeuge in Original-Größe. Wegen schlechter Gesundheit vom Militärdienst während des Ersten Weltkriegs befreit, studierte er an der Technischen Hochschule München und gründete 1923 sein eigenes Flugzeugunternehmen. Drei Jahre später schloss er mit der Bayerischen Flugzeugwerke AG (BFW) einen Vertrag zum Bau der von ihm konstruierten Flugzeuge. Der eigentliche Erfolg stellte sich mit dem Reiseflugzeug-Eindecker Bf 108 und dem Jäger Bf 109 ein – einem der besten Kampfflugzeuge des Zweiten Weltkriegs. Die BFW wurden 1938 in Messerschmitt AG umbenannt und produzierten Ende des Krieges den Düsenjäger Me 262. Nach dem Krieg ging Messerschmitt nach Argentinien, kehrte aber in den 1950er-Jahren in die Bundesrepublik zurück. 1965 kaufte Messerschmitt die Junkers-Werke und fusionierte 1969 zur Messerschmitt-Bölkow-Blohm GmbH (MBB).

ARTJOM IWANOWITSCH MIKOJAN
1905–1970

Der in Armenien geborene Konstrukteur Artjom Mikojan studierte nach seinem Dienst in der Roten Armee an

WILLY MESSERSCHMITT

der Militärakademie in Frunse, Kirgisistan, und wechselte 1930 an die Luftfahrt-Militärakademie Shukowski. Nach dem Abschluss arbeitete er in einer Gruppe unter Nikolai Polikarpow an dem Kampfflugzeug I-153 und wurde 1939 zum Leiter des Experimentellen Konstruktionsbüros (OKO) ernannt. Zusammen mit Michail Gurewitsch arbeitete er an dem Abfangjäger für große Höhen Kh und später an einer Serie von Kampfflugzeugen für den Zweiten Weltkrieg mit der Bezeichnung MiG (Mikojan und Gurewitsch). Nach dem Krieg stellte Mikojan Düsenjäger

her, insbesondere die MiG-15, -17, -19 und MiG-21. Bis zu seinem Tod war er Leiter des Büros.

MICHAIL LEONTJEWITSCH MIL
1909–1970

Michail Mil war ein führender Hubschrauber-Pionier in der UdSSR und wurde in Sibirien geboren. Nach seinem Abschluss am Luftfahrtinstitut in Nowotscherkassk, Russland, im Jahre 1931 trat er der Sektion von Alexander Isakson im Zentralen Institut für Aero- und Hydrodynamik (ZAGI) bei, in der er als leitender Konstrukteur des A-15-Autogiro-Drehflüglers arbeitete, und wurde 1936 stellvertretender Chefkonstrukteur unter Nikolai Kamow. Während des Zweiten Weltkriegs wurden die von Kamow entwickelten Autogiros A-7 an der Front eingesetzt. Mil wurde zum Leiter der Experimentellen Werkstatt für Rotorflugzeuge des ZAGI ernannt. Zwei Jahre später schied er jedoch aus, um sein eigenes Konstruktionsbüro zu gründen. Zu den von ihm hergestellten Helikoptern gehörten der Mi-1, Mi-4, Mi-10 sowie der V-12, der größte Helikopter, der je gebaut wurde.

REGINALD JOSEPH MITCHELL
1895–1937

Der in Stoke-on-Trent, England, geborene Konstrukteur Reginald Mitchell baute die Spitfire, das berühmteste britische Jagdflugzeug des Zweiten Weltkriegs. Er wechselte 1917 in die Supermarine Aviation Works in Southampton. Nur zwei Jahre später wurde er Chefkonstrukteur und entwickelte eine Reihe von erfolgreichen Flugbooten und Wasserflugzeugen. Die Wasserflugzeuge S.5 und S.6 gewannen die Schneider-Trophy. Als Vickers 1928 die Supermarine-Werke erwarb, ging es hauptsächlich um Mitchell. Die Spitfire, die erstmals 1936 flog, war sein Meisterwerk. Die von der RAF (Royal Air Force) eingesetzte Maschine erwies sich im Verlauf des ganzen Zweiten Weltkriegs als ein leistungsstarker Jäger.

JAMES ALLAN MOLLISON
1905–1959

Geboren in Schottland und an der Glasgower Akademie ausgebildet, trat »Jim« Mollison 1923 den Dienst bei

der RAF an und durchlief 1927 einen Pilotenkurs an der Central Flying School. Nach seiner Versetzung zur RAF-Reserve im Jahre 1928 wurde er Ausbilder am Australian Aero Club in Adelaide und arbeitete dann mit Kingsfort Smith bei der Australian National Airways. 1931 stellte er mit einer Moth einen Rekord im Soloflug Australien–England auf. In einer Puss Moth mit Kabine stellte er 1932 einen Rekord für die Strecke England–Kapstadt auf und war Ende des Jahres der Erste, der den Atlantik im Soloflug von Ost nach West überquerte. Nach der Heirat mit Amy Johnson im Jahre 1933 unternahm er einen Soloflug über den Südatlantik und überflog

J. A. MOLLISON

zusammen mit seiner Frau den Atlantik. Beim Soloflug von Neufundland nach Croydon, England, stellte er 1936 mit 13 h und 17 min einen Rekord für einen Transatlantikflug auf.

LÉON UND ROBERT CHARLES MORANE
1885–1918, 1886–1968

Léon Morane war zunächst für Louis Blériot tätig und gründete 1911 mit seinem Bruder und dem Konstrukteur Raymond Saulnier sowie mit Gabriel Borel eine Flugzeugfabrik. Die Fabrik Morane-Borel-Saulnier baute zwei Eindecker, dann verließ Borel die Firma im Oktober 1911. Unter dem neuen Namen Morane-Saulnier konstruierte man eine erfolgreiche Familie von Eindeckern und Doppeldeckern, von denen einige im Ersten Weltkrieg in Dienst gestellt wurden. Nach Léons Tod im Jahre 1918 konzentrierte sich die Firma auf Kampfflugzeuge und Ausbildungsflugzeuge mit Sternmotoren und produzierte

R. J. MITCHELL (VORN MITTE) MIT DEM SIEGER-TEAM DER SCHNEIDER-TROPHY 1927

Ende der 1930er-Jahre die Jäger MS.405 und 406. Nach dem Zweiten Weltkrieg baute die Firma Leichtflugzeuge.

ALEKSANDER FJODOROWITSCH MOSHAISKI
1825–1890

Der russische Luftfahrtpionier Aleksander Moshaiski beendete 1873 seinen Marinedienst als Kapitän. Als er einen zivilen Posten in der Ukraine erhalten hatte, konnte er seinem Interesse am Vogelflug und Drachensteigen nachgehen. Nach der Rückkehr nach St. Petersburg im Jahre 1876 begann er mit dem Bau eines großen Eindeckers, der von zwei in England konstruierten und gebauten Dampfmaschinen angetrieben wurde. Im Sommer 1884 startete der Eindecker in Krasnoe Selo in der Nähe von St. Petersburg von einer Rampe mit einem Mechaniker am Steuer, doch stürzte er nach einem kurzen »Hüpfer« ab. Die Arbeit an einer veränderten Version wurde 1887 abgebrochen.

ÉDOUARD DE NIEUPORT
1875–1911

Der zum Ingenieur ausgebildete Édouard de Nieuport (ursprünglich Niéport) gründete eine Firma zur Herstellung von Zündkerzen und Magneten. Nachdem er für Henry Farmans Voisin-Doppeldecker die elektrische Ausrüstung geliefert hatte, gründete er 1908 seine erste Flugzeugfabrik, um einen Eindecker zu bauen. Die Firma scheiterte, doch gründete Nieuport 1910 zum Bau von schnellen Eindeckern die Nachfolgefirma SA des Etablissements Nieuport in Issy, Paris. Im September 1911 stellte er einen Geschwindigkeitsweltrekord in einer dieser Maschinen auf. Am Ende des gleichen Monats kam er während eines Demonstrationsfluges ums Leben. Seine Firma existierte weiterhin und baute unter der Leitung von Henry Deutsche de la Meurthe einige der besten französischen Kampfflugzeuge des Ersten Weltkriegs.

JOHN DUDLEY NORTH
1893–1968

Der britische Flugzeugingenieur und -konstrukteur John North konstruierte zwischen 1912 und 1915 eine Reihe von Flugzeugen für Grahame-White und ging danach zur Luftfahrtabteilung bei der Austin Motor Co. Ende 1917 fing er als Chefingenieur und Konstrukteur bei Boulton & Paul in Norwich, England, an. Zu den vielen Flugzeugen, an deren Bau er beteiligt war, gehörten die Bomber Sidestrand und Overstrand, das Luftschiff R101 und der zweisitzige Jäger Defiant. Als North 1954 in Pension ging, war er Geschäftsführer und Präsident des Unternehmens.

JOHN KNUDSEN NORTHROP
1895–1981

Der amerikanische Flugzeughersteller »Jack« Northrop wurde in New Jersey geboren. 1916 begann er bei den Brüdern Loughhead und wechselte 1923 zu Douglas, wo er an der Konstruktion des World Cruisers arbeitete. Drei Jahre später kehrte er zu Allan Loughhead zurück und wurde Mitbegründer der Lockheed Aircraft Company. Northrop konstruierte mit Gerry Vultee den Eindecker Lockheed Vega, verließ die Firma aber 1927, um die Avion Corp. zu gründen, die sich mit dem Bau von Ganzmetallflugzeugen beschäftigte. Die 1932 mit Donald Douglas gegründete Northrop Corp. stellte eine Serie von schnellen Ganzmetall-Eindeckern her. Die Firma wurde 1937 dem Unternehmen Douglas angegliedert und J. Northrop leistete weiterhin einen wesentlichen Beitrag zu neuen Konstruktionsmethoden. 1939 gründete er seine eigene, unabhängige Firma Northrop Aircraft, konstruierte den Nurflügel-Bomber XB-35 und war bis 1952 Direktor der Firma.

DR. HANS-JOACHIM PABST VON OHAIN
1911–1998

Hans von Ohain wurde in Dessau geboren und studierte an der Universität Göttingen, wo er ein neues, auf dem Turbinenluftstrahl basierendes Antriebssystem erfand. Ernst Heinkel wurde auf seine Arbeiten aufmerksam, stellte Geldmittel sowie Ausrüstung für weitere Forschungsarbeiten bereit und beschäftigte schließlich von Ohain und seinen Assistenten Max Hahn ab 1936. Das erste Demonstrationsmodell lief im September 1937 und am 27. August 1939 flog die Heinkel He 178, angetrieben von einem HeS-3b-Motor, als erstes Flugzeug nur mit einem Turboluftstrahl-Triebwerk. Von Ohain entwickelte das neue Strahltriebwerk 011 bei BMW und Junkers, doch wurde bei Kriegsende das Projekt aufgegeben. Nach dem Krieg ging er als Forschungsmitarbeiter an die Flugbasis Wright-Patterson in die USA. Ab 1963 wirkte er als leitender Wissenschaftler des dortigen Luftfahrt-Forschungslabors und wurde 1975 leitender Wissenschaftler des Aero Propulsion Labors an dieser Flugbasis.

SIR FREDERICK HANDLEY PAGE
1885–1962

Frederick Handley Page, oft einfach »HP« genannt, wurde in Cheltenham, England, geboren und am Finsbury

SIR FREDERICK HANDLEY PAGE

Technical College in London zum Elektroingenieur ausgebildet. 1906 wurde er leitender Produktgestalter für einen großen Elektrohersteller – doch sein Herz gehörte der Luftfahrt. Er experimentierte mit Modellen, arbeitete mit José Wiess an Nurflüglern und gründete 1909 seine eigene Flugzeugfirma. Auf sein erstes wirklich erfolgreiches Flugzeug Type E vom Jahr 1911 folgten die renommierten schweren Bomber O/400 und V/1500 im Ersten Weltkrieg. Zwischen den Kriegen baute die Firma eine Reihe von Verkehrsflugzeugen und Bombern und stellte während des Zweiten Weltkriegs die Bomber Hampden und Halifax her. Nach dem Krieg entwickelte »HP« weiterhin Flugzeuge wie den Transporter Hastings und den Düsenbomber Victor. Seine Weigerung, die Firma zu fusionieren, führte 1970 zu ihrem Zusammenbruch.

JOHN KNUDSEN NORTHROPS
NURFLÜGELBOMBER XB-35

POTEZ 25

PERCY SINCLAIR PILCHER
1867–1899

Der britische Luftfahrtpionier Percy
Pilcher diente von 1880 bis 1887 in
der Royal Navy. Er fand dann Arbeit
beim Schiffsbau und als Hilfsdozent an
der Universität Glasgow.
Damals faszinierten
ihn die wagemutigen
Flüge Otto Lilienthals.
1895 baute Pilcher seinen ersten Hängegleiter Bat (Fledermaus), der einiger-
maßen erfolgreich war. Bald darauf ließ
er den Beetle (Käfer), die Gull (Möwe)
und zuletzt den Hawk (Falke) folgen.
1896 begann Pilcher eine Zusammenarbeit mit Miriam Maxim in Eynsford,
Kent. Pilcher flog den mit dem Schlepp-
seil gezogenen Hawk bis 1897, doch
konstruierte er, beeinflusst von Octave
Chanuts Mehrdecker-Gleiter, 1898
einen Dreidecker, in den er einen kleinen Benzinmotor einbauen wollte. Kurz
nachdem die Maschine fertig gestellt
war, brach die Hawk am 30. September
1889 bei einer Vorführung zusammen,
noch bevor sie geflogen wurde. Pilcher
wurde dabei schwer verletzt und starb
zwei Tage später.

RHEINHOLD PLATZ
1886–1966

Der in Brandenburg geborene Reinhold
Platz spielte eine entscheidende Rolle
beim Erfolg der Fokker-Flugzeugwerke.
R. Platz erlernte 1904 die Technik des
autogenen Schweißens in einer Berliner
Sauerstofffabrik, unterrichtete dieses
Verfahren in vielen europäischen Fabriken und ging 1912 zu Fokker. Er
überzeugte Anthony Fokker schließlich
davon, eine Rumpfbauweise aus Stahlrohr zu verwenden, die größere Festigkeit, Leichtigkeit und einfachere
Herstellung mit sich brachte. Beide
Männer entwickelten eine enge Arbeits-
beziehung und produzierten im Ersten
Weltkrieg eine bemerkenswerte Serie
von Kampfflugzeugen. Die meiste Zeit
des Krieges war R. Platz für Herstellung
und Tests von Flugzeugteilen zuständig.
1916 stieg er zum Konstrukteur auf,
blieb bei Fokker bis zum Jahr 1931 und
war maßgeblich an der Entwicklung
von Fokkers Passagier-Eindeckern in
der Zeit zwischen den Weltkriegen
beteiligt.

NIKOLAI NIKOLAJEWITSCH
POLIKARPOW
1892–1944

Der Konstrukteur fast aller sowjetischen Kampf-, Ausbildungs- und Aufklärungsflugzeuge bis 1941 war Nikolai
Polikarpow. Er absolvierte das Polytech-
nische Institut von St. Petersburg 1916
als Luftfahrtingenieur, arbeitete bis
1918 am Ilja-Muromez-Bomber und
trat den früheren Duks-Werken als
Chefingenieur bei. 1926 wurde er
Direktor der Abteilung für experimentellen Flugzeugbau im staatlichen
Luftfahrtwerk Nr. 25. 1929 klagte ihn
Stalin der Sabotage des Luftfahrtpro-
gramms an. Mitsamt seiner gesamten
Arbeitsgruppe verhaftet, schuf er das
Kampfflugzeug I-5 in der Konstruk-
tionsabteilung eines Gefängnisses, das
zum staatlichen Flugzeugwerk Nr. 39
gehörte. Nach seiner Freilassung 1933
baute Polikarpow als Chefkonstrukteur
für das Zentrale Konstruktionsbüro ein
Landflugzeug und gründete 1937 sein
eigenes Konstruktionsbüro. Zu den von
Polikarpows Büro konstruierten Maschinen gehörten das Eindecker-Kampf-
flugzeug I-16 und der Bomber NB.

WILEY POST
1898–1935

Der erste Mensch, der einen Soloflug
rund um die Welt unternahm, war
Wiley Post aus Texas, USA. Bei der
Arbeit auf einem Ölfeld verlor er durch
einen Unfall ein Auge und verwendete
die Versicherungsprämie zum Kauf
eines Flugzeugs. Nachdem er das Fliegen erlernt hatte, wurde Post persönlicher Pilot des reichen Ölproduzenten
F. C. Hall, der ihm 1931 anbot, den
Versuch zu einem Weltrundflug zu
finanzieren. In der Lockheed Vega
Winnie Mae seines Sponsors Hall

startete W. Post am 23. Juni 1931 mit
seinem Navigator Harold Gatty und
vollendete die Umrundung in acht
Tagen, 15 Stunden und 51 Minuten.
Post unterbot diese Zeit 1933 bei
seinem Soloflug in derselben Maschine.
Im folgenden Jahr begann er mit Über-
druckanzügen und Kompressormotoren
zu experimentieren, um Flüge in großer
Höhe machen zu können. Wiley Post
kam 1935 bei einem Flugunfall in
Alaska ums Leben.

HENRY CHARLES ALEXANDRE
POTEZ
1891–1981

Geboren in Meaulte, Frankreich, konstruierte Henry Potez sein erstes Flugzeug 1911, nachdem er die École Supérieure d'Aéronautique absolviert hatte.

Als technischer Assistent von französischen Luftfahrtoffizieren während des
Ersten Weltkriegs traf er Marcel Bloch,
den späteren Gründer von Avions
Marcel Dassault. Potez und Bloch
konstruierten und vermarkteten einen
verbesserten Propeller und gründeten
1916 die Société d'Études Aéronautiques (SEA) zum Bau von Flugzeugen.
Die Fabrik scheiterte 1919 an ihrer
Finanzlage, doch gründete Potez später
Aéroplanes Henry Potez, die viele
erfolgreiche Konstruktionen baute, so
das zweisitzige Militärflugzeug Potez
25. Das Unternehmen wurde 1936
verstaatlicht und der Société Nationale
de Constructions Aéronautiques du
Nord angegliedert, mit Potez als Leiter.
1953 gründete er die Société des Avions
et Moteurs Henry Potez, die 1967 von
der Sud-Aviation übernommen wurde.

WILEY POST MIT DER LOCKHEED VEGA *WINNIE MAE*

ZYGMUNT PULAWSKI
1901–1931

Der in Lublin, Polen, geborene Zygmunt Pulawski konstruierte sein erstes Flugzeug, den S.L.3-Gleiter, während er noch an der Technischen Universität Warschau studierte. Er reichte 1924 die Entwürfe für einen zweisitzigen Armeetransport-Doppeldecker bei einem Wettbewerb des polnischen Kriegsministeriums für Kampfflugzeuge ein und erreichte den vierten Platz. Das ermöglichte ihm nach dem Abschluss 1925, seine technische Ausbildung in Frankreich zu vervollkommnen, wo er für Louis Bréquet arbeitete. Nach Polen zurückgekehrt, absolvierte er die staatliche Schule für Militärpiloten und trat 1928 in die neue Panstwowe Zaklady Lotnicze (PZL), die staatlichen Luftfahrtwerke ein. Sein erstes Flugzeug für die PZL war der sehr fortschrittliche Abfangjäger-Eindecker P.1 mit einem neuartigen Flügeldesign. Weitere Verbesserungen dieses Flugzeugs führten zu einer erfolgreichen Serie von Kampfflugzeugen, die ihren Höhepunkt im sehr manövrierfähigen P-11 fanden, mit denen die polnische Luftwaffe 1939 der deutschen Luftwaffe entgegentrat. Pulawski kam am 21. März 1931 beim Test eines leichten Amphibienflugzeugs ums Leben.

SIR ALLIOTT VERDON ROE
1877–1958

Alliott Roe, der britische Flugzeughersteller und Gründer der Avro begann als Lehrling bei den Lancashire and Yorkshire Railway Locomotive Works. Nach einem Studium am King's College, London, arbeitete er als Ingenieur für die British and South African Royal Mail Co. und in der Autoindustrie. 1906 nutzte er die Chance zur Mitarbeit am »Gyropter«-Projekt für die G. L. O. Davidson. 1907 begann Roe mit dem Bau eines Doppeldeckers in Originalgröße, der auf einem seiner Modelle basierte. Der Maschine gelangen kurze,

zaghafte »Hüpfer«, als sie in Brooklands getestet wurde, richtige Flüge in einem selbst konstruierten Dreidecker schaffte Roe erst 1910. In diesem Jahr gründete er die Firma A. V. Roe & Co., die bald in Avro umbenannt wurde. Mit dem Erscheinen des Avro 504 im Jahre 1913, der als Bomber und Ausbildungsflugzeug eingesetzt wurde, begann das Unternehmen zu florieren und entwickelte sich schließlich zu einem der größten britischen Flugzeughersteller. Nachdem Armstrong Siddeley 1928 eine Mehrheitsbeteiligung an Avro erworben hatte, kaufte sich Roe in das Unternehmen S. E. Saunders ein. Unter dem Namen Saunders-Roe errang das Unternehmen mit der Konstruktion von Flugbooten hohes Ansehen. A. V. Roe blieb Präsident der Firma bis zu seinem Tod im Jahre 1958.

ADOLF KARL ROHRBACH
1889–1939

Der deutsche Konstrukteur und Pionier von Ganzmetallflugzeugen Adolf Rohrbach erwarb ein Diplom als Schiffsbauer an der Technischen Universität Darmstadt, arbeitete für die Blohm-&-Voss-Werften in Hamburg und beschäf-

SIR
ALLIOTT
VERDON
ROE

tigte sich dann mit der Luftfahrt. Ab 1914 arbeitete er für die Zeppelin-Werke in Friedrichshafen und traf dort Claude Dornier. 1917 wurde er an die Zeppelinfabrik in Staaken als Konstrukteur versetzt und löste 1919 Prof. Alexander Baumann als Chefkonstrukteur ab. In dieser Funktion war er für die Produktion des bemerkenswerten viermotorigen Ganzmetall-Eindeckers E.4/20 verantwortlich. Nachdem er 1921 promoviert hatte, gründete er 1922 die Rohrbach Metallflugzeugbau. Um die Einschränkungen zu umgehen, die durch das Versailler Abkommen für den Flugzeugbau in Deutschland festgelegt worden waren, gründete er die Rohrbach Metall-Aeroplan Co. A/S in Kopenhagen, Dänemark. Seine Firmen produzierten bis 1934 eine Reihe von Landflugzeugen und Flugbooten. Nach der Übernahme durch Weser blieb Rohrbach Technischer Direktor.

S

ALBERTO SANTOS-DUMONT
1873–1932

Alberto Santos-Dumont, ein Pionier bei der Entwicklung von Luftschiffen und Flugzeugen, wurde in Brasilien geboren, führte aber seine Experimente in Frankreich durch. Angeregt von fliegenden Gasballons, die er während eines Besuches mit der Familie im Jahre 1891 in Paris gesehen hatte, begann er 1897 mit dem Ballonfliegen und der Konstruktion von steuerbaren Modellen. Bis 1907 baute er mindestens zwölf Flugmaschinen »leichter als Luft«. 1901 gewann er den mit 100 000 Franc dotierten Deutsch-Preis, als er mit seinem Luftschiff Nr. 6 im Pariser Vorort St-Cloud startete und den Eiffelturm umkreiste. 1905 begann er zudem mit der Konstruktion von Motorflugzeugen »schwerer als Luft«. Am 12. November 1906 unternahm er die ersten motorisierten Flüge in Europa in seiner Nr. 14*bis*, einem schwerfälligen Entenflugzeug-Doppeldecker. Seine erfolgreichsten Flugzeuge waren zwei kleine Schulterdecker, die Nr. 19 und deren Weiterentwicklung Nr. 20 Demoiselle – die ersten Leichtflugzeuge der Welt. Im Alter von 37 Jahren erkrankte Santos-Dumont 1910 an Multipler Sklerose und war gezwungen, das Fliegen

ALBERTO SANTOS-DUMONT

aufzugeben. Enttäuscht über die Entwicklung von Flugzeugen als Waffen für den Krieg in Europa kehrte er nach Brasilien zurück, gab die Luftfahrt vollends auf und beging 1932 Selbstmord.

RAYMOND SAULNIER
1881–1964

Raymond Saulnier, einer der hervorragendsten französischen Flugzeugkonstrukteure, verließ 1905 die École Centrale in Paris als Ingenieur und wurde zur Artillerie eingezogen. Nach seinem Militärdienst und einer Reise nach Brasilien trat er der Firma Blériot 1908 als Ingenieur bei. Er arbeitete an mehreren Flugzeugkonstruktionen mit, zu denen auch der Blériot-Eindecker XI gehörte, in dem Louis Blériot 1909 seinen epochalen Flug über den Ärmelkanal unternahm. Im gleichen Jahr verließ Saulnier Blériot, gründete die Société des Aéroplanes Saulnier und konstruierte und baute einen eigenen Eindecker. Seine Firma ging 1910 in Konkurs. Nach einer kurzen Zusammenarbeit mit Gabriel Borel gründete er 1911 mit den Brüdern Morane die Firma Morane-Saulnier. Diese Firma produzierte eine Reihe leistungsstarker, von Saulnier konstruierter Eindecker, die im Ersten Weltkrieg eingesetzt wurden.

LOUIS UND LAURENT SEGUIN
1869–1918, 1883–1944

Seit 1895 beschäftigten sich die Brüder Seguin gemeinsam mit der Konstruktion von Motoren. In diesem Jahr hatte Louis Seguin in Paris einen Betrieb zur Motorherstellung gegründet. Zehn Jahre später, nachdem auch der Stiefbruder Louis zur Firma gestoßen war, reorganisierten sie die Firma, um kleine Automotoren zu bauen, und nannten sie nunmehr Société des Moteurs Gnôme. Laurent schlug im gleichen Jahr Louis vor, sie sollten einen »Umlaufmotor« für die sich entwickelnde Luftfahrt« bauen. Obgleich ähnliche Umlaufmotoren, in denen sternförmig angeordnete Zylinder eine feste Kurbelwelle antrieben, bereits in Automobilen und Motorrädern Anwendung gefunden hatten, waren sie noch nie in einem Originalflugzeug eingesetzt worden. 1908 bauten die Brüder Seguin ihre ersten Umlaufmotoren; im folgenden Jahr gingen die 7-Zylinder-50-PS-Gnome-Motoren in Produktion. Die Motoren waren äußerst erfolgreich, da sie ein für diese Zeit ungewöhnliches Kraft-Gewicht-Verhältnis aufwiesen und keine Kühler benötigten. Sie wurden während des Ersten Weltkriegs weiterentwickelt.

ALEXANDER PROKOFIEW DE SEVERSKY
1894–1974

Alexander de Seversky wurde in einer reichen russischen Familie in Tiflis, Georgien, geboren. Er absolvierte 1914 die Marineakademie des Russischen Reiches und studierte dann Maschinenbau an der Militärschule für Luftfahrt in Sewastopol. 1915 trat er in den russischen Marineluftfahrtdienst an der Ostsee ein und verlor ein Bein, als er

mit einem defekten Flugzeug notlanden musste. Er bekam eine Prothese und kehrte innerhalb eines Jahres an die Front zurück. De Seversky stieg zum Kommandanten auf und wurde 1917 als Vizepräsident der Kommission der Russischen Marineluftfahrt in die USA geschickt – und entschied sich, angesichts der russischen Oktoberrevolution in den USA zu bleiben. 1921 entwickelte er ein neues Bombensichtgerät und benutzte die 50 000 $, die die US-Regierung für die Patentrechte gezahlt hatte, zur Gründung seiner Seversky Aero Corp. – aus ihr sollte sich später die Republic Aviation entwickeln. Als Präsident und Geschäftsführer leitete er die Produktion des Kampfflugzeugs P-35, aus dem später die P-47 Thunderbolt entwickelt wurde. Das 1942 veröffentlichte Buch von de Seversky *Victory Through Air Power* (Sieg durch Beherrschung der Luft) war ein Bestseller; 1945 wurde de Seversky zum Sonderberater des amerikanischen Kriegsministers ernannt.

HORACE LEONARD, ALBERT EUSTACE UND HUGH OSWALD SHORT
1872–1917, 1875–1932, 1883–1969

Die Brüder Short, Hersteller einer ganzen Reihe erfolgreicher britischer Flugzeuge, zeigten bereits 1897 Interesse an der Luftfahrt, als Eustace und Oswald einen Ballon kauften und das Fliegen erlernten. Die beiden Brüder konstruierten bis 1900 Ballons in einer Pariser Fabrik, die Éduard Surcouf gehörte. Sie kehrten nach England zurück und gründeten ihre eigene Ballonfabrik. Als 1908 ihr dritter Bruder Horace in die Firma eintrat, begannen die Brüder mit dem Bau von Flugzeugen. 1909 erhielten die Brüder

Short den Auftrag, sechs Wright-Doppeldecker in Lizenz zu bauen. Als der Erste Weltkrieg begann, hatte sich die Firma gut etabliert und baute eigene Flugzeuge. Die bekanntesten waren das Wasserflugzeug Type 184 von 1915–1918 und die Flugboote Empire, die für Imperial Airways Ende der 1930er-Jahre gebaut wurden. Die Firma der Brüder Short existiert auch heute noch.

IGOR IWANOWITSCH SIKORSKY
1889–1972

Der bedeutende Pionier des Drehflügelfluges Igor Sikorsky wurde in Kiew in der Ukraine geboren, die damals zum Russischen Reich gehörte. Nach Abschluss des Polytechnischen Institutes Kiew baute er 1908 und 1910 seine ersten Helikopter. Als diese versagten, wandte er sich dem Flugzeugbau zu. Mit seinem S-6 von 1911/12 gewann er den ersten Preis bei einem von der russischen Armee geförderten Wettbewerb und wurde Konstrukteur in der neuen Luftfahrtabteilung der Russisch-Baltischen Waggonwerke. 1911 entwickelte Sikorsky das große viermotorige Flugzeug Bolshoi Baltiiskiy, das erstmals 1913 flog und ein Vorläufer der Ilja-Muromez-Bomber des Ersten Weltkriegs war. Nach der Oktoberrevolution 1917 emigrierte Sikorsky in die USA, wo er 1923 die Sikorsky Aero Engineering Corp. gründete. Er baute mehrere erfolgreiche Amphibienflugzeuge und Flugboote und kehrte 1939 zur Konstruktion von Helikoptern zurück. Mit seinem VS-300 gelangen überzeugende Flüge, sodass man aus diesem Typ eine bedeutende Familie von Helikoptern entwickeln konnte. Sikorsky ging 1957 in Pension, wirkte aber noch bis zu seinem Tod als Technischer Berater in seinem Unternehmen.

SIR THOMAS OCTAVE MURDOCH SOPWITH
1888–1989

SIR THOMAS SOPWITH

Der britische Pilot und Firmengründer »Tom« Sopwith wurde in London geboren. Als Bauingenieur ausgebildet, begann er 1906 mit dem Ballonfliegen und brachte sich 1910 das Fliegen mit Flugzeugen bei. Bis zum Ende dieses Jahres hatte er in einem Howard-Wright-Doppeldecker britische Streckenrekorde aufgestellt. Nachdem er sich einen Ruf als exzellenter Sportpilot verschafft hatte, gründete er 1912 die Sopwith Flying School in Brooklands. Er begann dann mit dem Entwurf und Bau von Flugzeugen und gründete die Sopwith Aviation Company, die 1913 ihr erstes Flugzeug produzierte. Auf den Sieg einer Sopwith Tabloid bei der Schneider-Trophy von 1914 folgte die Produktion einer Reihe berühmter Kampfflugzeuge im Ersten Weltkrieg: die 1½-Strutter, die Pup und die Camel. Nach dem Krieg wurde die Firma aufgelöst. Sopwith gründet dann die H. G. Hawker Engineering Co. (1933 in Hawker Aircraft Ltd. umbenannt) und war einer der Geschäftsführer. Als die Firma 1935 zu Hawker Siddeley Aircraft wurde, hatte er die Gesamtleitung der Firma inne. Als T. Sopwith 1963 in Pension ging, war er Präsident der Firma und verblieb weiterhin ihr Ehrenpräsident.

IGOR IWANOWITSCH SIKORSKY FLIEGT SEINEN VS-300

SUKHOI SU-24 MIT SCHWENKFLÜGELN

DR. ELMER UND LAWRENCE BURST SPERRY
1860–1930, 1892–1923

1913 entwickelte der amerikanische Ingenieur Elmer Sperry einen Kreisel-stabilisator für Flugzeuge. Im gleichen Jahr nahm sein Sohn Lawrence eine Stelle an der Curtiss-Flugschule an und leitete dort als Projektingenieur die Installation des Kreiselstabilisators seines Vaters. 1914 demonstrierte er das System in Paris, indem er ein Curtiss-Flugboot freihändig flog. Der Erfolg dieser Versuche veranlasste E. Sperry,

LAWRENCE SPERRY

die Arbeit fortzusetzen – er erfand anschließend den Kurskreisel, den künstlichen Horizont und einen Wende-zeiger. Sein Sohn wurde ebenfalls ein anerkannter Konstrukteur. Während des Ersten Weltkriegs konstruierte er ein einziehbares Fahrwerk und eine Flug-bombe. Nach dem Krieg entwickelte er den Doppeldecker Messenger. Während einer Verkaufsreise in Europa stürzte seine Maschine 1923 über dem Ärmel-kanal ab. Das Flugzeug konnte man bergen, der Pilot wurde nie gefunden.

WILLIAM BUSHNELL STOUT
1880–1956

»Bill« Stout studierte Maschinenbau an der University of Minnesota. Er wurde 1912 Redakteur für Luftfahrt bei der Chicago Tribune und gründete dann die Zeitschrift Aerial Age. Während des Ersten Weltkriegs wirkte er als Berater für die US-Regierungsbehörde Air-craft Production Board. Nach dem Ersten Weltkrieg konstruierte seine Firma Stout Engineering Laboratories den freitragenden Eindecker Batwing. W. Stout entwickelte dann einen zweimotorigen Ganzmetall-Eindecker für die US Navy und bat etwa 100 Geschäftsleute, jeweils 1000 $ für die Gründung seiner Stout Metal Airplane Co. zu spenden. 1925 erwarb Henry Ford die Firma. Stout verließ die Firma, noch bevor die ersten Ford-Tri-Motor-Eindecker 1928 auf den Markt kamen, und erweckte die Stout Engineering Laboratories durch die Produktion des Eindeckers Sky Car zu neuem Leben.

JOHN STRINGFELLOW
1799–1883

John Stringfellow wurde in der Nähe von Sheffield, England, geboren und beteiligte sich zwischen 1840 und 1850 an William Hensons Luftfahrtexperi-menten. Als Hersteller von Spitzen hatte er ein breites technisches Wissen, so konstruierte und baute er praktikable leichte Dampfmaschinen für Hensons große Flugmodelle. In der Nähe von Chard, Somerset, testeten sie 1847 einen dieser Flugapparate. Obgleich das Modell nicht flog und Henson danach in die USA auswanderte, führte String-fellow die Arbeit weiter. Er baute und testete 1848 einen verbesserten Ein-decker nach Hensons Vorbild sowie 1868 das Flugmodell eines Dreideckers, die beide aber keinen andauernden motorisierten Flug ausführen konnten. Der Motor des Dreideckers gewann jedoch 1868 einen Preis bei der Luft-fahrtausstellung im Londoner Crystal Palace als »der im Verhältnis zu seiner Leistung leichteste Dampfmotor«.

PAWEL OSIPOWITSCH SUKHOI
1898–1975

Pawel Sukhoi wurde in Weißrussland geboren und studierte an der Univer-sität sowie der Technischen Hochschule in Moskau. Er war verantwortlicher Konstrukteur einer Reihe bemerkens-werter sowjetischer Flugzeuge. Nach der Oktoberrevolution von 1917 diente er in der Roten Armee und arbeitete ab 1920 im Zentralen Institut für Aero- und Hydrodynamik. Er war dort Assistent des Konstrukteurs Andrej

Tupolew und leitete später ein Team zur Konstruktion des Kampfflugzeugs ANT-5. 1932 wurde er Leiter der Gruppe 3 der Abteilung für experimen-tellen Flugzeugbau, als der er mehrere ANT-Typen konstruierte. Ab 1936 leitete er die Konstruktion an der Fabrik für Experimentelle Konstruk-tion. Sukhoi gründete 1939 sein eigenes Konstruktionsbüro und entwickelte eine Reihe von Kampf- und Langstrecken-flugzeugen, die neue Rekorde auf-stellten. Das Büro wurde 1949 von Stalin geschlossen, doch wurde es nach Stalins Tod im Jahre 1953 von Sukhoi wieder eröffnet. Es folgte eine Serie erfolgreicher Düsenjäger, zu der auch der Su-24 mit Schwenkflügeln gehörte.

KURT WALDEMAR TANK
1898–1983

Der deutsche Flugzeugkonstrukteur Kurt Tank wurde in Schwedenhöhe (heute Bromberg), Ostpreußen, gebo-ren. Er verließ die Schule mit 17 Jahren, um im Ersten Weltkrieg zu kämpfen, und arbeitete nach dem Krieg in den Ohrenstein-&-Koppel-Lokomotiv-werken. Dann studierte er Elektro-technik an der Technischen Hochschule Berlin, wo er Mitbegründer der Berliner Akademischen Fliegergruppe »Aka-flieg« war, die Segelflugzeuge konstru-ierte, baute und flog. 1924 arbeitete er für Rohrbach als Konstrukteur und erlernte im folgenden Jahr den Motor-flug. Ende 1929 schied er aus der Fabrik aus, um bei Willy Messerschmitt

PULQÚI II DÜSENJÄGER, KONSTRUIERT VON KURT TANK

an den BFW zu arbeiten, blieb jedoch nur 18 Monate und wechselte zum Focke-Wulf Flugzeugbau in Bremen. Dort wurde er 1933 zum Technischen Direktor ernannt. Als bemerkenswerte Konstruktionen von Tank gelten die Fw 200 Condor und die FW 190, die zu den besten Kampfflugzeugen des Zweiten Weltkriegs gezählt wurden. 1942 war Tank Direktor der Focke-Wulf. Nach dem Krieg emigrierte er nach Argentinien, wo er die Pulqúi-II-Düsenjäger konstruierte, die erstmals 1950 geflogen wurden. Mitte der 1950er-Jahre ging er nach Indien und leitete die Konstruktion des Überschalljägers Hindustan Aeronautics HF-24 Marut.

JUAN TERRY TRIPPE
1899–1981

Juan Trippe, der Gründer von PanAm, verließ die Yale University, um Bomberpilot bei der US Navy zu werden, kehrte nach dem Ersten Weltkrieg zurück und beendete 1922 sein Studium. Nach einer Anzahl von Tätigkeiten für Luftverkehrsgesellschaften wurde er Direktor der AVCO (Aviation Corporation of America), die auf der Key West–Havanna-Route flog. Er konnte jedoch mit

der kubanischen Regierung einen Exklusivvertrag über den Luftposttransport abschließen und gründete 1927 die Pan American Airways (die spätere PanAm) als Betriebsgesellschaft der AVCO. Bis 1968 wirkte er als Präsident von PanAm. Das schnelle Wachstum seines Unternehmens war im Wesentlichen der Führung durch J. Trippe und seinem cleveren Geschäftsstil zu verdanken.

ANDREI NIKOLAJEWITSCH TUPOLEW
1888–1972

Der russische Konstrukteur Andrei Tupolew besuchte ab 1908 die Technische Hochschule Moskau, wo er Maschinenbau unter Nikolai Zhukowski studierte. 1911 wegen revolutionärer Aktivitäten verhaftet, setzte er seine Studien 1914 fort und begann im folgenden Jahr als Ingenieur in den Duks-Werken. 1918 wurde er Mitbegründer des Zentralen Instituts für Aero- und Hydrodynamik. Er leitete 1922 das staatliche Komitee für Metallflugzeug-Konstruktion und gründete 1924 die Abteilung für Luftfahrt, Wasserluftfahrt und Experimentelle Konstruktion. 1931 er-

nannte man ihn zum Chefingenieur der Hauptverwaltung für Luftfahrtindustrie. A. Tupolew wurde 1937 im Zuge der stalinschen Säuberungen verhaftet und musste bis zu seiner Freilassung im Jahre 1943 als Konstrukteur in »Sondergefängnissen« arbeiten. Ab 1944 leitete er die Konstruktion einer sowjetischen Kopie der Boeing B-29. Seit dem Zweiten Weltkrieg – und bis zum heutigen Tag – produzierte sein Konstruktionsbüro eine große Anzahl Militär- und Zivilflugzeuge.

ALFRED VICTOR VERVILLE
1890–1970

1914 ging »Fred« Verville zu Curtiss in Hammondsport, New York. Dort arbeitete er an den frühen Flugzeugen mit, wie z. B. dem berühmten Ausbildungsflugzeug Jenny. Nach seiner Rückkehr nach Detroit arbeitete er für die Fisher Body Co., doch wurde er nach dem Eintritt der USA in den Ersten Weltkrieg an die US Air Service Engineering Division der Flugbasis McCook Field, Ohio, »ausgeliehen«. Das Bureau of Aircraft Production versetzte ihn dann zur Lockhart Mission, die zur Untersuchung von geeigneten Kampfflugzeug-Programmen der Alliierten nach Frankreich entsandt wurde. Beeindruckt von der Arbeit des SPAD-Konstrukteurs Louis Béchereau kehrte Verville an die Flugbasis McCook Field zurück und konstruierte das

VCP (Verville Chasse Plane), aus dem das VCP-R-Flugzeug entwickelte wurde, der Gewinner des Pulitzer-Rennens von 1920. Verville ließ 1922 den Eindecker R-3 mit einem niedrigen, freitragenden Flügel und einem einziehbaren Fahrwerk folgen, der im Pulitzer-Rennen von 1924 siegte. 1925 wurde die Buhl-Verville Aircraft Co. gegründet, die die Verkehrsflugzeuge Airster und CW-3 herstellte. Verville gründete 1927 die Verville Aircraft, doch ging dieses Unternehmen 1932 in Konkurs. Daraufhin kehrte Verville in den Staatsdienst zurück.

GABRIEL UND CHARLES VOISIN
1880–1973, 1888–1912

Gabriel Voisin studierte zunächst Architektur und wandte sich dann dem Maschinenbau zu. Sein Interesse an Drachen führte ihn schließlich zur Luftfahrt. 1904 erlernte er das Fliegen. Er flog den Gleiter des französischen Luftfahrtförderers Ernest Archdeacon und wurde dann Ingenieur in dessen Firma Le Syndicat de l'Aéronautique. 1906 gründete er mit seinem Bruder Charles in Billancourt, Paris, die erste Flugzeugfabrik der Welt: Les Fréres Voisin. Die ersten motorisierten Voisin-Doppeldecker waren schwerfällige Kastendrachen ohne Querruder, doch entwickelte die Firma dann eine Familie von Druckschrauben-Doppeldeckern. Nach dem Tod von Charles Voisin im Jahre 1912 gründete Gabriel die Aéroplanes G. Voisin. Während des Ersten Weltkriegs lieferte die Firma mehr als 10 000 Flugzeuge, überwiegend robuste und einfache Druckschrauber. Das letzte Flugzeug der Firma war 1920 der Nachtbomber BN4.

RICHARD TRAVIS WHITCOMB
geb. 1921

Der amerikanische Erfinder Richard Whitcomb absolvierte 1943 das Worcester Polytechnic Institute in Massachusetts. Danach wurde er vom NACA (National Advisory Committee for Aeronautics) angestellt, um am Langley Laboratory an Problemen des Überschallfluges zu arbeiten. 1954 erhielt er die Collier-Trophy für die Entdeckung und Verifizierung der Flächenregel der aerodynamischen Strömung. Eine

PAN AM BOEING 727 (SIEHE JUAN TRIPPE)

entsprechend umgebaute F-102 von Convair wurde zum ersten einsatzfähigen Überschallflugzeug der US Air Force. In den 1960er-Jahren entwickelte er für die NASA einen überkritischen Tragflügel, der Flugzeugen eine Steigerung der Geschwindigkeit ohne höhere Triebwerksleistung bzw. eine höhere Nutzlast bei gleicher Geschwindigkeit erlaubte. Er erfand weiterhin die seither als »winglets« bezeichneten Hilfsflügel, die an den Tragflügelspitzen die Wirbelströmungen behindern und den induzierten Widerstand des Flügels um ca. 14 % vermindern.

SIR FRANK WHITTLE
1907–1996

Frank Whittle war ein Pionier des Düsenfluges. 1923 trat er als Lehrling in die RAF (Royal Air Force) ein. 1926 wurde er zum Piloten ausgebildet. Zwei Jahre später schrieb er seine Doktorarbeit über Propeller mit Raketenantrieb und Gasturbinen. Whittle blieb als Pilot bei der RAF und wurde Testpilot. 1934 ging Whittle an die Cambridge University und schloss mit Bestnote in Mechanik ab. 1936 gründete er die Firma Power Jets, um eine von ihm entwickelte Turbine zu bauen. Trotz finanzieller Schwierigkeiten und lange währender Nichtbeachtung ließ er den WU-Motor 1939 testen. Dieser wurde in eine Gloster E.28/39 eingebaut, die am 15. Mai 1941 als erstes britisches Düsenflugzeug zu ihrem Jungfernflug startete.

ORVILLE WRIGHT (IM DOPPELDECKER) UND WILBUR WRIGHT

WILBUR UND ORVILLE WRIGHT
1867–1912, 1871–1948

Inspiriert von den bahnbrechenden Flügen Otto Lilienthals begannen die Brüder Wright, die bis dahin Fahrräder gebaut hatten, 1899 mit Luftfahrtexperimenten. Sie machten Flüge mit Gleitern und Tests im Windkanal und entwickelten schließlich ihren Flyer – das erste wirklich erfolgreiche Flugzeug der Welt. Mit dem Flyer gelang am 17. Dezember 1903 der erste motorisierte, stationäre und gesteuerte Flug in Kitty Hawk, North Carolina. Die Brüder Wright verbesserten die Konstruktion immer weiter und starteten 1905 mit dem Flyer III – dem ersten vollständig steuerbaren Motorflugzeug, das wiederholt längere Flüge unternehmen konnte. Wilburs Flugdemonstrationen in Frankreich im Jahre 1908 revolutionierten die europäische Luftfahrt, doch sollte sich die Vermarktung der Erfindung schwieriger erweisen als das Erfinden selbst. Zudem behinderten langwierige Patentstreitigkeiten vor Gericht weitere Entwicklungen. Nachdem Wilbur 1912 an Typhus gestorben war, verkaufte Orville 1915 seine Produktions- und Patentrechte, wirkte jedoch weiterhin als Berater und Experimentator.

ALEXANDER SERGEJEWITSCH YAKOVLEV (JAKOWLEW)
1906–1989

Alexander Jakowlew baute schon Anfang der 1920er-Jahre seine eigenen Gleiter und erhielt dann eine Anstellung in den Werkstätten der Luftfahrt-Militärakademie bei Zukowski. 1934 gründete Jakowlew sein eigenes Konstruktionsbüro. Während des Zweiten Weltkriegs baute die Firma 37000 Kampfflugzeuge; 1940 wurde Jakowlew Stellvertreter des Volkskommissars für Luftfahrtindustrie. Nach dem Krieg stellte sein Konstruktionsbüro eine Vielzahl von Flugzeugen her, unter anderem Erdkampfdüsenjäger, Helikopter und Düsentransporter.

CHARLES ELWOOD YEAGER
geb. 1923

Einer der bedeutendsten Testpiloten der Welt ist »Chuck« Yeager. Er wurde in West Virginia, USA, geboren, schloss 1941 die High-School ab und meldete sich freiwillig beim US Army Air Corps. Er wurde der 357. Fighter Group der 8. Air Force zugeteilt und flog P-51 Mustangs. 1943 schoss er 13 deutsche Flugzeuge ab, zu denen auch eine Me-262 gehörte. 1945 wurde er Testpilot an der Flugbasis Wright Field in Dayton, Ohio, und nahm zwei Jahre später am Überschallflugzeug-Projekt beim Stützpunkt Rogers Dry Lake, Kalifornien teil, wo er eine luftgestartete Bell XS-1 mit Raketenantrieb flog. Am 14. Oktober 1947 erreichte Yeager als erster Mensch Überschallgeschwindigkeit mit Mach 1,06. 1953 stellte er mit der X1-A einen weiteren Geschwindigkeitsrekord mit Mach 2,44 auf. Zu seinen weiteren Stationen bei der Air Force gehörten die Leitung einer Schule für Astronautenausbildung sowie die Leitung der 405. Fighter-Wing-Staffel im Vietnamkrieg. General Yeager zog sich 1975 aus dem aktiven Dienst bei der Air Force zurück und wurde Flugberater an der Flugbasis Edwards Air Force Base.

AIR COMMODORE SIR FRANK WHITTLE

GLOSSAR

ABDRIFTANZEIGER Instrument, das den Abdriftwinkel des Luftfahrzeugs, d.h. die Seitenkomponente seiner Bewegung aufgrund von Seitenwind, anzeigt

ABGASSAMMELRING Ringförmiges Rohr, das die Ausströmöffnungen der Zylinder bei Sternmotoren verbindet. Sammelt die Abgase und leitet sie in ein gemeinsames Abgasrohr

AERODYNAMIK Die Lehre von der Bewegung der Körper in Luft oder Gas

AERONAUT Der Pilot eines Luftfahrzeugs, das leichter ist als Luft, z. B. eines Ballons

ALCLAD Handelsbezeichnung für eine korrosionsbeständige Aluminium-/Duraluminium-Legierung

ALLIIERTE Die Länder, die sich im Ersten Weltkrieg gegen die deutsche und österreichisch-ungarische Armee und im Zweiten Weltkrieg gegen die Achsenmächte verbündet haben

AMPHIBIENFAHRZEUG Luftfahrzeug, das sowohl vom Wasser aus als auch auf dem Land starten und landen kann

AMRAAM (ENGL. ADVANCED MEDIUM RANGE AIR TO AIR MISSILE) Weiterentwickelte Luft-Luft-Mittelstreckenrakete

ANSTELLWINKEL Winkel, mit dem die anströmende Luft auf den Tragflügel trifft; nicht zu verwechseln mit dem Einstellwinkel

ASTROKUPPEL Transparente Kuppel im Luftfahrzeugrumpf, durch die ein Navigator mittels Sextanten nach den Sternen navigieren kann

AUSGEKREUZT (ENGL. CROSS-BRACED) Drahtverspannungen, die sich in der Mitte kreuzen

AUSLEGER Verspannte Trägerkonstruktionen vor oder hinter den Tragflächen, die vordere oder hintere Teile des Flugzeugs tragen

AUTOGIRO, TRAGSCHRAUBER Durch ein horizontales Antriebssystem, z.B. Propeller, angetriebener Drehflügler, der durch einen nicht angetriebenen, frei laufenden Rotor seinen Auftrieb erhält

AUTOPILOT Elektronisches Bordsystem, das das Luftfahrzeug automatisch um seine drei Achsen stabilisiert und nach Störungen die ursprüngliche Fluglage und den Soll-Kurs wieder aufnimmt. Bei modernen Ausführungen kann der gewünschte Flugweg vorgewählt werden.

AVIATIKER Vor dem Zweiten Weltkrieg Bezeichnung für Piloten von aerodynamischen Luftfahrzeugen

BACKBORD die linke Seite eines Luftfahrzeugs, von hinten betrachtet

BALLONET Elastische, gasdichte Abteilung innerhalb einer Luftschiffhülle, die aufgeblasen wird, um die Volumenschwankungen des Traggases auszugleichen und den Druck aufrechtzuerhalten

BEPLANKTER FLÜGEL Auf Ober- und Unterseite mit einer festen Beplankung (z.B. Sperrholz oder Blech) versehene Tragfläche

BLIMP Luftschiff, bei dem die Form der Hülle durch den Gasdruck oder die Ballonets im Inneren aufrechterhalten wird

BODENWINKEL Winkel zwischen der Längsachse des Rumpfes eines Flugzeugs im geparkten Zustand und dem Boden

BOWDENZUG Steuerseil, das in einer stabilen Führung gleitet (Übertragung von Zug- und Druckkräften möglich)

BRANDSCHOTT Feuerbeständiges Schott, beispielsweise hinter dem Triebwerk; Abgrenzung, die ein Übergreifen eines Triebwerksbrands auf die Zelle verhindert

BREMSKLAPPE Eine Widerstandsfläche, die per Hand oder durch Hydraulikkraft in den Luftstrom gebracht wird, um die Vorwärtsgeschwindigkeit eines Luftfahrzeugs zu verringern

BUNGEE (ENGL.) Gebündeltes elastisches Seil in einer geflochtenen Schutzhülle

COCKPIT Raum zur Beherbergung des Piloten und anderer Besatzungsmitglieder (z.B. des Bordschützen)

CONSTANT SPEED PROPELLER (VERSTELLPROPELLER MIT KONSTANTER DREHZAHL) Propeller, dessen Steigung mittels Fliehkraftregler und Rückkopplung automatisch so eingestellt wird, dass eine bestimmte Propeller-Drehzahl beibehalten wird, unabhängig von der Gasstellung

DELTA-FLÜGEL Tragfläche mit dreieckigem Grundriss; benannt nach dem ähnlich geformten griechischen Buchstaben

DIREKTEINSPRITZMOTOR Motor, bei dem der Kraftstoff direkt in die einzelnen Zylinder eingespritzt wird

DOPPELDECKER Starrflügler mit zwei übereinander liegenden Tragflügeln

DOPPEL-DELTA-TRAGFLÄCHE Delta-Tragfläche mit zwei verschiedenen positiven Pfeilwinkeln entlang der Vorderkante

DRAHTVERSPANNT Bezeichnung für sämtliche Konstruktionen, bei denen Spanndrähte zur Aufrechterhaltung der Steifigkeit eingesetzt werden, z.B. beim einfachen Holzträger-Rumpf, einer Doppelholm-Tragfläche oder bei zwei übereinander liegenden Tragflächen beim Doppeldecker

DRAUFSICHT Form eines Objektes bei Betrachtung von oben

DREHFLÜGLER Oberbegriff für alle Luftfahrzeuge, die ihren Auftrieb durch Rotoren beziehen, einschließlich Hubschrauber und Autogiros

DREIDECKER Flugzeug mit drei übereinander liegenden Tragflügeln

DRUCKANZUG Overallartiger Anzug für Piloten und Besatzung von Luftfahrzeugen ohne Druckkabine, der auf den Körper des Trägers den für die lebenswichtigen Funktionen erforderlichen Druck ausübt

DRUCKKABINE Kabine oder Cockpit, in denen ungeachtet der Flughöhe des Luftfahrzeugs ein bestimmter für die dort befindlichen Personen verträglicher Druck aufrechterhalten wird

DRUCKPROPELLER-LUFTFAHRZEUG Luftfahrzeug, bei dem sich der Propeller am hinteren Ende des Rumpfes oder der Zelle(n) befindet, wodurch der Eindruck entsteht, dass das Luftfahrzeug eher geschoben als gezogen wird. Siehe auch Zugpropellerluftfahrzeug

DÜPPEL (ALU-STREIFEN) Radarstrahlung reflektierendes Streumaterial. Größe richtet sich nach den bekannten oder zu erwartenden feindlichen Wellenlängen. Wird zur Täuschung des feindlichen Radarsystems abgeworfen.

DURALUMINIUM Aluminiumknetlegierung mit geringen Anteilen an Kupfer, Magnesium und Mangan, abgekürzt auch: Dural

EFIS (ENGL. ELECTRONIC FLIGHT INSTRUMENTATION SYSTEM) Elektronische Flugüberwachungsanlage. Liefert primäre Flug- und Navigationsinformationen über farbige Kathodenstrahl-Bildröhren

EINDECKER Ein Starrflügler mit einem einzelnen Tragflügel

EINFACH WIRKENDE STEUERFLÄCHEN Nur in einer Richtung ausschlagend. Einfach wirkende Querruder bewegen sich nur abwärts, wenn der Pilot das Ruder betätigt, und bleiben ansonsten vom Luftstrom und durch elastische Seile gerade ausgerichtet.

EINSEITIG BEPLANKTER FLÜGEL Eine Tragfläche, bei der nur die Oberseite beplankt ist. Die meisten Tragflächen sind doppelseitig beplankt.

EINSTELLWINKEL Winkel zwischen der Profilsehne einer Tragfläche oder einer Höhenflosse und der Flugzeuglängsachse; nicht zu verwechseln mit dem Anstellwinkel

ENTEISUNGSANLAGE Vorrichtung zur Entfernung von Eisansatz an den Vorderkanten von Tragflächen oder Propellern. Das mechanische System arbeitet mit aufblasbaren Gummischläuchen, die so pulsieren können, dass das Eis abplatzt. Es gibt außerdem thermische und chemische Systeme.

ENTENFLUGZEUG Luftfahrzeug, bei dem das Höhenleitwerk vor dem Hauptflügel sitzt

FAIRING (VERKLEIDUNG) (ENGL. FILLET) Aerodynamische Ausrundungen z.B. am Flügel-Rumpf-Übergang oder am Übergang von der Seitenflosse zum Höhenleitwerk

FANGHAKEN Starker Haken an einigen landgestützten und sämtlichen flugzeugträgergestützten Kampfflugzeugen zum Erfassen eines Fangseils und somit zur Verkürzung der Landestrecke

FIBRELAM Handelsbezeichnung eines vorgehärteten Verbundstoffs für Bodenflächen in Passagierflugzeugen und anderen Bereichen in großen kommerziellen Luftfahrzeugen

FLAMMENDÄMPFER Schirmblech oder Verlängerung eines Abgasrohrs, um die Entdeckung des Luftfahrzeugs bei Nacht zu verhindern

FLAPERONS (ABSENKQUERRUDER) Querruder, die sich zur Erhöhung des Auftriebs und zur Aufrechterhaltung der seitlichen Steuerbarkeit mit absenken, wenn die Klappen ausgefahren werden

FLATTERN Gefährliches hochfrequentes Schwingen einer Konstruktion infolge der Wechselwirkung von aerodynamischen und aeroelastischen Kräften. Wird die Flatterneigung konstruktiv nicht verhindert, kann die Flugzeugstruktur zerstört werden.

FLETTNER-RUDER Zusätzliche bewegliche Fläche an einer Steuerfläche, die den Kraftaufwand für den Piloten beim Bewegen der Hauptfläche reduziert

FLIGHTDECK In großen Luftfahrzeugen der Raum, in dem die Flugbesatzung arbeitet

FLIR (ENGL. FORWARD-LOOKING INFRARED) Infrarot-Suchsystem für den Betrieb bei schwachem Licht oder bei Nacht

FLUGBOOT Flugzeug, das im Wasser starten und landen kann

FLÜGELFLÄCHE Fläche der Tragflügel

FLÜGELPROFIL Querschnitt durch eine Tragfläche, einen Rotor oder Propeller, der bei der Bewegung durch die Luft Auftrieb oder Vortrieb erzeugt

FLÜGELSTREBE Bei Mehrdeckern außen liegende vertikale Streben, die die Hauptholme der Tragflächen miteinander verbinden

FLÜGELSTRECKUNG Verhältnis der Spannweite eines Flügels zu seiner mittleren Profiltiefe; ein Flügel mit großer ~ ist lang und schmal, ein Flügel mit geringer ~ ist kurz und breit.

FLÜGELVERWINDUNG Roll-Steuerung eines Luftfahrzeugs durch Verdrehung der äußeren Flügelhinterkante anstatt Querruder-Einsatz. Die Wirkung ist identisch.

FLUGLAGE Lage des Luftfahrzeugs zu einem bestimmten Zeitpunkt

FLÜSSIGKEITSGEKÜHLT Allg. für Motor mit Flüssigkeits- einschließlich Wasserkühlung, jedoch meist beschränkt auf Kühlung mit Wasser-Alkohol- oder -Glycol-Gemisch

FLY-BY-WIRE Flugsteuerungssystem, das mit elektrischen Signalen anstelle von mechanischen Steuerverbindungen arbeitet

FORMLEISTE Leichtes nichttragendes Bauteil, das vor dem Bespannen des Rumpfes auf der Tragstruktur befestigt wird, um die aerodynamische Form zu verbessern

FREITRAGENDER FLÜGEL Flügelkonstruktion, bei der keine Streben oder Stützdrähte erforderlich sind. Die Flügel sind nur am Rumpf starr befestigt.

FUG BOOTS Pelzgefütterte oberschenkelhohe Lederstiefel der Piloten im Ersten Weltkrieg, verdanken ihren Namen der »miefigen« Atmosphäre (fug = Mief) in den Stiefeln

»G« Gewichtskraft

GEGENLÄUFIGKEIT Propeller oder Rotoren, die gegensinnig um dieselbe Achse rotieren

GEODÄTISCHE BAUWEISE Fachwerkartige Metallrahmenbauweise, bei der keine tragende Verkleidung erforderlich ist. Entwickelt von Dr. Barnes Wallis (Vickers-Werke)

GESCHÜTZKAMERA Wie ein Geschütz geformte Kamera zur Gefechts- und Luftkampfausbildung von Piloten und Bordschützen

GIEREN Drehung eines Luftfahrzeugs um die vertikale Achse (Hochachse)

GLAS-COCKPIT Cockpit mit Bildschirmgeräten mit elektronischen Displays anstelle der traditionellen Anzeigeinstrumente

GLASKANZEL Transparente, tropfenförmige Cockpitverglasung, die dem Piloten aufgrund minimaler Rahmenkonstruktion ungehinderte Rundumsicht gewährt

GLATT (CLEAN) Bezeichnet die Abwesenheit von Widerstand erzeugenden Befestigungen oder Vorsprüngen an Fläche oder Rumpf

GONDEL Unter dem Luftschiff hängende Zelle zur Aufnahme von Passagieren oder Triebwerken

GRENZSCHICHT-ZAUN Eine senkrecht von vorn nach hinten auf der Oberseite der Tragfläche aufragende Fläche, die den Luftstrom über den Flügel lenkt

GROSSKREISENTFERNUNG Kürzeste Entfernung zwischen zwei Punkten auf einer Kugel, gemessen auf einem Kreisbogen, dessen Mittelpunkt im Erdmittelpunkt liegt

HALBSCHALENBAUWEISE Konstruktion, bei der die Belastungen teils von Spanten und Stringern und teils von der Außenhaut getragen werden

HALBSTARRES LUFTSCHIFF Luftschiff mit einem starren Längskiel, der die Aufrechterhaltung der Hüllenform unterstützt und die Belastung verteilt

HANGAR Flugzeughalle

HEAD-UP-DISPLAY (ENGL.) (ABK. HUD) Frontscheibenanzeige. Elektronisch-optisches System, bei dem Leistungsdaten und Fluglageinformationen des Luftfahrzeugs sowie der Gefechtsstatus in das Blickfeld des Piloten projiziert werden und der Pilot den Blick nicht ins Cockpit richten muss

HEISSLUFTMOTOR Mit Heißluft arbeitender Kolbenmotor

HILFSTRIEBWERK (ENGL. APU – AUXILIARY POWER UNIT) Eine zusätzliche Turbine im Luftfahrzeug, unabhängig von den Vortrieb erzeugenden Triebwerken, die die Energie für die Bordanlagen wie z. B. Elektrik, Hydraulik, Klimaanlagen, Avionik, Hauptstarter, Drucksystem usw. liefert

HINTERKANTE Hintere Kante eines Tragflügels

HOCHDECKER Flugzeug, bei dem die Tragfläche über dem Rumpf angebracht ist

HÖHENFLOSSE Feststehende Stabilisierungsfläche am Ende des Rumpfes, die zur Längsstabilität beiträgt und an der oft die Höhenruder befestigt sind

HÖHENMESSER Instrument zur Messung der Flughöhe des Luftfahrzeugs

HÖHENQUERRUDER (ELEVON) Steuerflächen an den Tragflächen mit den kombinierten Funktionen von Höhen- und Querruder, besonders bei schwanzlosen Luftfahrzeugen und Delta-Flüglern

HÖHENRUDER Bewegliches Ruder zur Regulierung des Anstellwinkels des Luftfahrzeugs (also aufwärts/abwärts)

HOLM Hauptbauteil einer Tragfläche in Spannweitenrichtung, das die Rippen und andere nichttragende Bauteile trägt, an denen die Verkleidung befestigt ist

HORNAUSGLEICH Nach vorn über die Scharnierkante hinausragende Ausgleichsfläche an einer Steuerfläche

HÜLLE Beim Luftschiff der Behälter, der das Traggas enthält

HYPERSCHALL Größer als Mach 5

INEINANDER KÄMMENDE ROTOREN Hubschrauber-Rotoren mit unabhängigen Achsen, deren Rotationsebenen sich überlappen: müssen mechanisch synchronisiert werden, um Kollisionen der Blätter zu vermeiden.

INTEGRALTANK In die Flugzeugstruktur integrierte abgedichtete Tanks

JET Allgemeine Bezeichnung für Luftfahrzeuge mit Turbinenluftstrahl-Triebwerken. Im Englischen auch anwendbar auf alle Arten von durch Rückstoß angetriebenen Flugkörpern, z.B. Raketen

KASTENDRACHEN Drachen mit zwei oder mehr übereinander liegenden Flächen, die durch seitliche Stabilisatoren verbunden sind; auch bei frühen Doppeldeckern ähnlicher Bauart zu finden

KASTENHOLM Holm bestehend aus vorderen und hinteren Holmstegen, oben und unten durch Träger oder Platten zu einer stabilen Kastenkonstruktion verbunden, an der die Flügelvorder- und Flügelhinterkanten-Konstruktionen befestigt werden

KIPP- ODER SCHWENKPROPELLER Luftfahrzeug mit Rotoren, die einen Senkrechtstart ermöglichen und danach für den Antrieb im Horizontalflug um 90° geschwenkt werden

KLAPPE Bewegliche Fläche, Teil der Vorder- oder Hinterkante eines Tragflügels, wird an Scharnieren abwärts oder an Schienen nach hinten ausgefahren, um Wölbung, Querschnitt und Fläche eines Flügels zu verändern und Auftrieb und Widerstand beim Langsamflug zu erhöhen und dadurch die Anflug- und Landegeschwindigkeit zu verringern.

KNICKFLÜGEL Flügel mit starker Änderung der V-Stellung

KOAXIAL Um eine gemeinsame Achse rotierend

KRAFTVERSTÄRKTE STEUERUNG System, bei dem die manuelle Steuerkraft beispielsweise hydraulisch verstärkt wird

KRUEGER-KLAPPE Vorderkantenklappe. Bildet einen Teil der Flügelunterseite. Wird durch Scharniere nach unten und vorn bewegt, um einem Hochgeschwindigkeitsflügel eine stumpfe Vorderkante zu verleihen

KÜHLERKLAPPEN Verstellbare Schwenkklappen zur Regulierung der Kühlluftströmung

KÜNSTLICHER HORIZONT (KREISEL-HORIZONT) Primärfluginstrument im Cockpit, das die Fluglage des Luftfahrzeugs im Verhältnis zum wahren Horizont anzeigt

LADER Ein durch eine Kurbelwelle, ein Übersetzungsgetriebe oder eine Abgasturbine angetriebener Verdichter, der die Dichte der Luft oder des Gemisches für die Zylinder eines internen Verbrennungsmotors erhöht, besonders zur Erhöhung der Leistung in großen Höhen

LANDESCHEINWERFER Lampen an Nase oder Tragflächenvorderkanten des Luftfahrzeugs für Nachtlandungen oder Landungen bei schlechter Sicht

LANDFLUGZEUG Für Einsatz vom Land aus entwickeltes oder ausgerüstetes Luftfahrzeug

LEADING-EDGE ROOT EXTENSIONS (LERX) (ENGL.) Bei Kampfflugzeugen Fortsätze an der Vorderkante der Tragflächenwurzel, die die Wendigkeit und Steuerbarkeit des Luftfahrzeugs verbessern

LENKBAR Auf Luftschiffe bezogen. Ursprünglich: lenkbarer Ballon

LOOK-DOWN SHOOT-DOWN Die Möglichkeit, tiefer fliegende feindliche Flugzeuge aus großer Höhe zu zerstören, wenn sie vor dem Hintergrund der Erdoberfläche oder über sonstigen radarstörenden Hintergründen erfasst werden müssen

MACHZAHL Verhältnis der wahren Fluggeschwindigkeit zur Schallgeschwindigkeit in der umgebenden Luft. Ändert sich je nach Höhe, Dichte und Umgebungstemperatur

MITTELDECKER Luftfahrzeug, bei dem die Tragflächen in der Mitte des Rumpfes angebracht sind

MITTELSTÜCK Mittelteil an Rumpf oder Tragfläche

MITTLERER BOMBER Eine Bomberkategorie, die von den diversen Luftstreitkräften leider unterschiedlich nach Bombenlast oder Reichweite definiert wurde. Der Typ wurde zwischen 1920 und 1950 so weiterentwickelt, dass die Zahlenangaben bedeutungslos wurden.

MOTORHAUBE (ENGL. COWLING) Verkleidung des Triebwerks oder anderer Teile des Luftfahrzeugs. Meist schwenkbares oder abnehmbares Paneel

MOVING-MAP DISPLAY (ENGL.) Cockpit-Anzeige, bei der eine topografische, Radar-, Infrarot-, Festziel- oder sonstige Karte auf den Bildschirm projiziert wird, während die Position des Luftfahrzeugs gleich bleibt

NACA National Advisory Committee for Aeronautics (USA, 1958 in NASA umbenannt)

NACA-COWLING Besonders widerstandsmindernde Motorhaube für Sternmotoren

NACELLE (ENGL.) Heute Triebwerksverkleidung, früher Gondel. Konstruktion aus Gewebe, Holz oder Metall, meist stromlinienförmig, zur Aufnahme von Besatzung, Motoren, Geschützstellungen oder sonstigen widerstanderzeugenden Teilen eines Luftfahrzeugs

NACHBRENNER (ENGL. AFTERBURNER) Aggregat, das zur Erzeugung einer höheren Schubkraft zusätzlich Treibstoff in eine speziell geformte Schubdüse eines Turbojets spritzt

NASA NATIONAL AERONAUTICS AND SPACE ADMINISTRATION (USA) (ENGL.) Zivile Luft- und Raumfahrtbehörde der USA

NATO North Atlantic Treaty Organization (engl.), dt. Nordatlantikpakt, westliches Verteidigungsbündnis

NEGATIVE BESCHLEUNIGUNG Meist ausgedrückt in negativen Vielfachen der Erdbeschleunigung »g«, z.B. bei einem Luftfahrzeug im fortgesetzten Rückenflug (−1g) oder bei einem abrupten Wechsel vom Steigflug zum Sinkflug

NEGATIVE V-STELLUNG Abwärtsneigung einer Tragfläche oder Höhenflosse von der Flügelwurzel zur Spitze

NURFLÜGLER Flugzeug, das hauptsächlich aus einer Tragfläche besteht, mit kleinem oder gar keinem Rumpf

ORNITHOPTER (SCHLAGFLÜGLER) Luftfahrzeug, das durch die schlagende Bewegung seiner Tragflächen angetrieben wird

PARKBANK-QUERRUDER An Streben über der Flügelhinterkante montierte Querruder, die ihren Namen der Ähnlichkeit mit kleinen Parkbänken verdanken

PENDELHÖHENRUDER Eine im Ganzen verstellbare Höhenflosse, Hauptruder zur Regulierung des Anstellwinkels, Alternative zum »gedämpften« Höhenruder, bestehend aus fester Flosse und beweglichem Ruder

PFEILUNG, RÜCKWÄRTSPFEILUNG Eine von der Wurzel zur Spitze nach hinten geneigte Tragfläche eines Flugzeugs

PITOTROHR Staurohr. Ein Rohr mit dem offenen Ende in Flugrichtung, das mittels Luftdruck auf einem Cockpit-Instrument die Fluggeschwindigkeit anzeigt

PITOTSONDE Ein Fühler an Nase oder Tragfläche eines Luftfahrzeugs, in dem sich das Pitot- oder Staurohr befindet

PLEXIGLAS Handelsbezeichnung für eine Gruppe speziell transparenter Acrylharzkunststoffe, die für geblasene Formteile wie Cockpitverglasungen und -hauben sowie Geschützkuppeln verwendet werden

POD Befestigungspunkte für abnehmbare Außenlasten am Rumpf oder an der Tragfläche eines Luftfahrzeugs

PORT (ENGL.) Öffnungen, z.B. Geschützöffnungen

PRATT-TRUSS System von diagonalen Versteifungsträgern im Bauwesen, besonders im Brückenbau. Von Octave Chanute beim Bau von Segelflugzeugen angewendet. Wurde später zum Standardverstrebungssystem bei Doppeldeckern und Mehrdeckern

PROPELLER Rotierende Nabe mit radial angeordneten Propellerblättern, die den Schub zum Antrieb eines Luftfahrzeugs erzeugen

PRÜFGERÜST Vorrichtung am Boden oder am Luftfahrzeug, an der ein Gerät zu Prüfzwecken befestigt wird. Ein Luftfahrzeug, das so eingesetzt wird, wird häufig »Fliegender Prüfstand« genannt.

PYLON (ENGL.) 1. Pyramidenartige Konstruktion aus zwei oder mehr Masten zur

Verankerung von Verspannungen oder Steuerseilen, 2. Verkleidete Strebe als Halterung für externe Triebwerke oder Bewaffnung

QUERRUDER An der Hinterkante des Flügels (bei einigen frühen Doppeldeckern zwischen den Flügelspitzen) befindliche Steuerfläche zur Steuerung des Luftfahrzeugs beim Rollen um die Längsachse

QUERSTEUERUNG Steuerung der Rollbewegung eines Luftfahrzeugs

RADOM Aerodynamische Schutzverkleidung von Radar- und anderen Antennen, meist mit mechanischer Abtastung; Zusammensetzung aus »Radar« und »Dome« (engl. für Kuppel)

RADVERKLEIDUNG (ENGL. SPATS) Tropfenförmige windschlüpfrige Radverkleidung um die Lauräder nicht einziehbarer Fahrwerke

RAFWIRES (ENGL.) Spanndrähte aus gezogenem Stahl mit stromlinienförmigem Querschnitt zur Verspannung von Doppeldeckern und Mehrdeckern. Entwickelt von der Royal Aircraft Factory in England, daher der Name

RAMP DOORS (ENGL.) Einlaufklappen, bewegliche Luftklappen innerhalb der Ansaugkanäle von Strahlflugzeugen, die den Luftstrom zu den Triebwerken regulieren

REIHENMOTOR Ein Motor, bei dem die Zylinder in einer oder mehreren Reihen hintereinander angeordnet sind (V- oder W-Anordnung)

RIPPE Bauteil an der Tragfläche, meist in Längsrichtung angebracht, das Vorder- und Hinterkante verbindet und das korrekte Flügelprofil aufrechterhält

ROTOR Ein System rotierender Tragflügel (»Blätter«), dessen Hauptzweck die Erzeugung von Auftrieb ist

ROTORKOPF Rotornabe eines Drehflüglers, an der die Rotorblätter befestigt sind

RÜCKSTOSS-STEUERDÜSEN Kleine Düsen am Rumpf- und an den Flügelenden von Senkrechtstartern, die mit Zapfdruckluft der Strahltriebwerke versorgt werden und zur Regelung von Fluglage und Flugbahn bei niedriger Geschwindigkeit dienen

RUDDERVATORS (V-LEITWERK) Bewegliche Steuerflächen, die die Funktionen von Seitenruder (engl. rudder) und Höhenruder (engl. elevator) in sich vereinen

RUMPF Zentralkörper eines Luftfahrzeugs zur Aufnahme der Nutzlast

RUMPFKANTE (ENGL. CHINE) 1. Seitliche, annähernd parallel zum Kiel verlaufende Abschlussleiste am Flugbootkörper oder am Schwimmer eines Wasserflugzeugs. 2. Beim Überschallflugzeug eine scharfe Kante, die den seitlichen Rand des Rumpfes formt und in den Flügel übergeht

RUMPFKIEL Haupt-Längsträger eines Rumpfes oder eines Luftschiff-Gerippes

SCHALENBAUWEISE (MONOCOQUE) Dreidimensionale Konstruktion, bei der alle Belastungen von der formgebenden Schale aufgenommen werden

SCHOTT Große Querwand in Rumpf oder Tragkörper zur Abtrennung von Abteilungen, z. B. Druckkammern von drucklosen Sektionen

SCHUBVEKTORSTEUERUNG Beeinflussung der Flugbahn eines Luftfahrzeugs durch Drehen der Achse des Antriebsstrahls, meist mittels schwenkbarer Düsen am Strahltriebwerk

SCHULTERDECKER Flugzeug, bei dem die Tragflächen oben seitlich am Rumpf angebracht sind

SCHULUNGSFLUGZEUG Luftfahrzeug, das zur Ausbildung von Piloten genutzt wird und dazu mit Doppelsteuerung ausgerüstet ist.

SCHUSSFOLGEREGLER Gerät, das das Feuer aus einem fest montierten Maschinengewehr unterbricht und verhindert, dass Schüsse abgegeben werden, wenn sich die Rotorblätter vor der Mündung befinden

SCHWENKFLÜGLER Bezeichnung für Flugzeuge, bei denen der Pfeilungswinkel im Flug je nach Geschwindigkeit von vorn oder hinten verändert werden kann. Auch variable geometry (engl.) = variable Flügelpfeilung genannt

SCHWIMMSÄCKE Aufblasbare Polster in oder an einer Flugzeugzelle, die sie schwimmend über Wasser halten

SCOUT Bezeichnung für ein einsitziges Kampfflugzeug im Ersten Weltkrieg

SEGELSTELLUNG (VOLL AUF ~ VERSTELLBARER PROPELLER) Propeller, dessen Blätter bei Motorausfall mit den Vorderkanten voll in Flugrichtung gestellt werden können, wodurch sich der Widerstand auf das absolute Minimum verringert und eine eventuelle weitere Beschädigung des Motors durch den im Fahrtwind mitdrehenden Propeller (Windmühleneffekt) verhindert wird

SEITENFLOSSE Senkrecht stehende, nach hinten geneigte Fläche an der Hinterseite oder am Randbogen, die die Richtungsstabilität erhöht

SEITENRUDER Bewegliche Steuerfläche zur Regulierung der Bewegung um die Hochachse

SICHELFLÜGEL Tragfläche, die im Grundriss dem zu- oder abnehmenden Mond ähnelt

SIDCOT-ANZUG Warmer einteiliger Fliegeranzug, erfunden vom britischen Piloten Sidney Cotton. Später weit verbreitet

SIDE-CURTAINS (ENGL.) Feste vertikale Flächen zwischen den Tragflächen von frühen Doppeldeckern und Dreideckern

SIDE-SLIP (ENGL.) 1. Schieben, die Tendenz des Einwärtsgleitens von Flugzeugen im nicht korrekt ausbalancierten Kurvenflug. 2. Slippen, ein absichtlich eingeleitetes Manöver zur Reduzierung der Höhe ohne größeren Geschwindigkeitsverlust

SINKGESCHWINDIGKEIT Abstiegsgeschwindigkeit

SKIDS (ENGL.) Sporn, Kufen, die anstelle von Laufrädern oder zusätzlich zu diesen am Fahrwerk angebracht sind, gelegentlich zur Vermeidung von Schäden an den Tragflächenspitzen

SPALT-VOR-FLÜGEL (SLAT) Lücke zwischen Haupttragflügel und Vorflügel, durch den sich der Luftstrom bei hohem Anstellwinkel beschleunigt, um Strömungsabriss oder Verlust von Auftrieb zu verhindern

SPANNLACK Meist Flüssigkeit auf Nitrozellulose- oder Zellulose-Azetat-Basis, die auf Gewebe aufgetragen wird, um es zu spannen, zu verstärken und luftdicht zu machen

SPIEGELREFLEX-GESCHÜTZAUFSATZ Geschützaufsatz, bei dem die Zielmarkierungen als helle Punkte auf einen Glasschirm projiziert werden, durch den der Pilot oder Geschützbediener das Ziel anvisiert

SPINNER Kuppelförmige windschlüpfrige Verkleidung der Propellernabe

SPLITTER PLATE (ENGL.) Platte zwischen Rumpf und Luftansaugöffnung von Strahltriebwerken, die den angesaugten Luftstrom vor dem Triebwerk glättet

SPOILER (ENGL.) Störklappen, schwenkbare oder anderweitig bewegliche Flächen auf der hinteren Oberseite einer Tragfläche, die im geöffneten Zustand den Auftrieb verringern und den Widerstand erhöhen

SPONSON (ENGL.) 1. Schwimmerstummel. Ausladender Teil am Rumpf eines Flugbootes in Form eines kurzen schwimmfähigen dicken Flügels, der anstelle von Schwimmern an den Tragflächenspitzen Stabilität auf dem Wasser verleihen soll. 2. Fahrwerksgehäuse am Außenrumpf von Transportflugzeugen

SPREIZGESTÄNGE Festes Bauteil, das die Hauptfahrwerksbeine verbindet

SPURWEITE Abstand der Mittelpunkte der Laufräder oder Tandemfahrgestelle des Hauptfahrwerkes

STAFFELUNG Relative Anordnung der Tragflächen bei Mehrdeckern, sodass sich die oberen Tragflächen entweder vor oder hinter den unteren Tragflächen befinden. Letzteres heißt »Backstagger« oder Staffelung.

STARR-LUFTSCHIFF Luftschiff, dessen Hülle durch eine innere Rahmenkonstruktion geformt wird

STAUSTRAHL-TRIEBWERK Strahltriebwerk ähnlich einem Turbojet, jedoch ohne mechanischen Verdichter oder Turbine. Die Verdichtung der eintretenden Luft erfolgt nur durch die Geschwindigkeit, mit der sich das Luftfahrzeug durch die Atmosphäre bewegt. Das Luftfahrzeug kann nicht aus dem Ruhezustand starten, sondern muss durch andere Mittel, wie z. B. durch unterstützten Start von Bord eines anderen Luftfahrzeugs, auf die Betriebsgeschwindigkeit des Staustrahl-Triebwerks beschleunigt werden.

STEIGUNG (ENGL. PITCH) 1. Längsneigung (Bewegung in der Senkrechten). 2. Steigung eines Propellers (die Strecke, die ein Propellerblatt bei einer Umdrehung in der Luft zurücklegen würde)

STERNMOTOR Motor, bei dem die Zylinder radial um eine Kurbelwelle angeordnet sind

STEUERBORD Die rechte Seite eines Luftfahrzeugs, von hinten betrachtet

STRAHLUMLENKUNGSFLUGZEUG (SCHWENKDÜSENFLUGZEUG/VEKTORSTEUERUNG) Flugzeug, bei dem der Antriebsstrahl umgelenkt werden kann, um die Flugbahn des Luftfahrzeugs zu beeinflussen

STRAK Lange stromlinienförmige Fläche, die nach dem Luftstrom aerodynamisch günstig ausgerichtet ist

STREBE 1. Ein starres Bauteil zur Verspannung der Rahmenkonstruktion, z. B. zwischen den Längsträgern im Rumpf oder zwischen den oberen und unteren Tragflächen beim Doppeldecker. 2. Das Bein beim Fahrgestell

STRESSED-SKIN-BAUWEISE Semi-Monocoque-Schalenbauweise, bei der die Außenhaut (meist aus Metall) wesentlich zur Steifheit der Konstruktion beiträgt und einen großen Teil der Belastungen im Flug trägt

STRÖMUNGSABRISS (ENGL. STALL) Abreißen der Strömung am Tragflügel und Verlust des Auftriebs aufgrund eines veränderten Winkels der Fläche zum Luftstrom. Kann auch bei den Kompressorblättern eines Gasturbinen-Triebwerks vorkommen

SUPERKRITISCHE TRAGFLÄCHE Spezialentwicklung der NASA, die es Flugzeugen erlaubt, mit einer bestimmten Leistung schneller oder mit derselben Geschwindigkeit, jedoch mit einer größeren Nutzlast zu fliegen

SURGE (ENGL.) Totaler Abriss des Luftstroms im Verdichter eines Turbinenstrahl-Triebwerks

TACHOMETER Instrument zur Anzeige der Geschwindigkeit einer rotierenden Welle, z. B. der Kurbelwelle eines Motors

TANDEMFAHRGESTELL (ENGL. BOGIE) Fahrwerk mit mind. zwei Radpaaren

TETRAEDER-DRACHEN Aus vielen kleinen Tetraedern (dreieckigen Pyramiden) zusammengesetzte Drachen, bei denen zwei Seiten als Auftriebsflächen dienen und die anderen sich in verschiedenen Kombinationen öffnen

THERMOGRAFIE System zur Messung und elektronischen Aufzeichnung der Wärmeabstrahlung von Objekten, meist im Infrarotbereich, und der Darstellung auf Anzeigegeräten oder Ausdrucken

TIEFDECKER Lfz., bei dem die Tragflächen weit unten am Rumpf angebracht sind

TORQUE Drehbewegung, ausgelöst durch die Beschleunigung eines sich drehenden Bauteils, z. B. Propeller, Rotor, Sternmotor

TORSIONSKASTEN Hauptbauteil einer Tragfläche, bestehend aus vorderen und hinteren Holmen, die durch starke obere und untere Außenhäute verbunden werden

TOW MISSILE Aus einem Rohr gefeuerte, sichtgesteuerte, kabelgeführte Lenkrakete

TRACK-WHILE SCAN (ENGL.) Gleichzeitige, meist senkrechte und waagerechte Abtastung eines Zieles durch Radar/ECM von zwei Luftfahrzeugen aus. Ermöglicht die exakte Flugbahnverfolgung des Zieles

TRÄGERFLUGZEUG Kampfflugzeug, das von einem großen Schiff aus operiert (z. B. vom Flugzeugträger, Kreuzer oder von einem mit Katapultstartsystem ausgerüsteten Schiff)

TRANSSONISCH Im Übergangsbereich vom Unterschall- zum Überschallflug

TRIEBWERKSANLAGE Die fest installierten Antriebsmaschinen einschließlich eventuell vorhandener Propeller und sonstiger Antriebstechnik zur Erzeugung von Vortrieb

TRIMMFLOSSE Kleine bewegliche Fläche an der Hinterkante einer Steuerfläche, die verstellt wird, um die Hauptfläche in der beim ausgetrimmten Flug angestrebten neutralen Lage zu halten

TROUSERS (ENGL.) Hosen; windschlüpfrige Verkleidungen um die Streben und Laufräder nicht einziehbarer Fahrwerke

TURBOJET Gasturbine, bestehend aus Verdichter, Verbrennungskammer und einer Turbine, die nur so viel Energie erzeugt, dass der Verdichter angetrieben wird. Die meiste Energie verbleibt im Gas, welches mit hoher Geschwindigkeit durch eine Düse ausgestoßen wird, um das Flugzeug anzutreiben.

TURBOPROP Gasturbinen-Triebwerk, bei dem ein Teil der Turbinenleistung untersetzt und zum Antrieb eines Propellers genutzt wird. Ursprünglich Propellerturbine genannt

TWIN-BOOM (= Doppelleitwerkträger); Bezeichnung für Luftfahrzeug, dessen Heckflächen an zwei Leitwerkträgern hinter den Flächen angebracht sind

ÜBERSCHALL Schneller als die Schallgeschwindigkeit

UMKEHRBARE LUFTSCHRAUBE Propeller, dessen Blätter zur Unterstützung des Abbremsens der Maschine am Boden auf negative Steigung gestellt werden können.

UMLAUFMOTOR Eingebauter Verbrennungsmotor, bei dem das Kurbelgehäuse und die Zylinder um die feststehende Kurbelwelle rotieren und sich dabei selbst kühlen, wodurch sich Schwungrad und Wasserkühler erübrigen. Der Propeller ist am Kurbelgehäuse befestigt oder angehängt.

VARIABLE GEOMETRY (ENGL.) Abk. VG, Variable Geometrie. Siehe Schwenkflügler

VARIABLE GEOMETRY INTAKE/INLET (ENGL.) Lufteinlauf mit veränderlicher Geometrie, d. h. mit Luftklappen und anderen Vorrichtungen zur Regulierung des angesaugten Luftstroms

VERDICHTER Aggregat an der Vorderseite von Turbojetmotoren, das die angesaugte Luft verdichtet

VERGASER Aggregat, in dem Luft mit Treibstoffdampf für Verbrennung im integrierten Verbrennungsmotor vermischt wird

VERKLEIDUNG Leichtes Bauteil zur Glättung von vorspringenden Teilen und Übergängen an der Flugzeugzelle, wodurch der Widerstand verringert wird. Alle so verdeckten Teile werden als »verkleidet« bezeichnet.

VORDERFLÜGEL Waagerechte Fläche auf der Nase oder dem vorderen Rumpf eines Flugzeugs zur Verbesserung des Flugverhaltens bei Start oder Langsamflug; fest oder einziehbar, unbeweglich oder verstellbar, kann mit Vorflügel, Klappen oder Höhenruder versehen sein

VORDERKANTE Vordere Kante bei Tragfläche, Rotor, Heck oder sonstigem Tragflügel

VORFLÜGEL Beweglicher Teil an der Tragflächenvorderkante, der im Reiseflug von der Hauptfläche leicht zurückgesetzt ist und sich bei hohem Anstellwinkel durch aerodynamische Kräfte oder hydraulisch anhebt und nach vorn abwärts bewegt, sodass ein Spalt zwischen dem Vorflügel und der Fläche entsteht. Auch als fester Teil eines Tragflügels möglich

V-STELLUNG Winkel der Aufwärtsneigung von Tragflächen oder Höhenflossen von der Wurzel zur Spitze bei Betrachtung von vorn zur Erzeugung von Seitenstabilität

WANDELFLUGZEUG Luftfahrzeug, das auf mindestens zwei verschiedene Arten fliegt, z. B. Senkrechtstart mittels Rotor und Vorwärtsflug mittels Tragflächen, und zwischen beiden Arten im Flug wechseln kann

WARREN GIRDER Versteifungsart, bei der obere und untere Holme durch symmetrisch-diagonale Träger verbunden werden, die von der Seite gesehen ein Zickzackmuster bilden

WASSERFLUGZEUG Mit Schwimmern ausgerüstetes Flugzeug, das auf dem Wasser starten und landen kann

WIDEBODY (ENGL.) Großraumflugzeug. Kommerzielles Transportflugzeug mit einer großen Innenkabine, die Passagierbestuhlung in drei mehrsitzigen Blöcken gestattet

WIDERSTAND Die am Luftfahrzeug im Flug angreifende bremsende Luftkraft

WINDKANAL Anordnung, in der eine Strömung (z. B. Luftströmung) durch einen Kanal geleitet wird und dort ein Prüfobjekt umströmt, um dessen aerodynamisches oder sonstiges Verhalten zu beurteilen

WINGLETS Nach oben gerichtete Tragflächenspitzen oder zusätzliche Hilfstragflügel über bzw. unter einer Flügelspitze, die die Wirksamkeit des Flügels im Geradeausflug erhöhen

WÖLBUNG Die Krümmung eines Flügelprofils

WPS Wellen-Pferdestärke. Die an der Abtriebswelle des Motors gemessenen Pferdestärken

ZELLE (ENGL. AIRFRAME) Gesamtkonstruktion des Luftfahrzeugs einschließlich aller Bestandteile, die die Festigkeit, Integrität oder Form des Luftfahrzeugs bestimmen

ZENTRALKÖRPER Stromlinienförmiger Körper im Zentrum einer runden oder halbrunden Überschallansaugöffnung

ZUGPROPELLER-LUFTFAHRZEUG Ein Luftfahrzeug, bei dem sich der Propeller am vorderen Ende des Rumpfes oder der Zelle(n) befindet und das Luftfahrzeug »zieht«. Daher auch Zugschraubenmotor. Siehe auch Druckpropeller-Luftfahrzeug

REGISTER

Kursive Seitenzahlen verweisen auf Abbildungen ohne begleitenden Text.

DANK

DANK DES AUTORS
Bei folgenden Personen möchte ich mich für ihre Unterstützung und Mitarbeit an diesem Buch bedanken:
Michael Oakey, Tony Harmsworth und Lydia Matharu von *Aeroplane Monthly*; Michel Ledet vom *Avions* Magazin; Bill Gunston; Kim Hearn von der *Flight* Collection; Alex Imrie; Carol Reed und Debra Warburton von *Flight International*; Richard Simpson vom RAF Museum; Alex Revell; und den Mitarbeitern von TPR Photographic Laboratories Ltd. Und schließlich möchte ich ganz besonders meiner Copilotin Marilyn Bellidori danken für ihre außergewöhnliche und oft beanspruchte Geduld gegenüber meiner Leidenschaft zur Luftfahrt. Sie war es auch, die stets zur Stelle war, wenn die Gefahr bestand, dass die Dinge einmal an Auftrieb verloren.

Einzelne Fotos von Mark Hamilton, Dave King, Mike Dunning, Peter Chadwick, Peter Anderson, Martin Cameron, James Stevenson und Dave Rudkin.

DANK DES VERLAGS
Dorling Kindersley bedankt sich bei:
Peter Adams, Mary Lindsay und Nicola Munro für die Redaktionsassistenz; Emma Ashby, Christine Lacey und Adam Powers für die Designassistenz; Melanie Simmonds für die Bildquellenrecherche; Tyrone O'Dea und Simon Pentelow für die Fotoassistenz; Christopher Gordon für die Organisation; Hilary Bird für die Erstellung des Registers. Und schließlich einen besonderen Dank an Philip Jarrett für den Zugang zu seiner umfangreichen Fotosammlung.

BILDNACHWEIS
Der Verlag dankt Nachfolgenden für ihre Hilfe bei den Fotografien:

Vern Blade und Robert Pepper von der Holloman Air Force Base, New Mexico; Tracy Curtiss-Taylor von der Fighter Collection, Duxford Air Field; Steve Maxham, Direktor des US Army Aviation Museum, Fort Rucker, Alabama; Katie McGuigan und Tom Coe von Qantas; Sean Penn und die Mitarbeiter des Royal Air Force Museum, Hendon; Elly Sallingboe; Russell C. Sneddon und Dolly vom Air Force Armament Museum, Eglin Air Base, Fort Walton Beach; Mike Stapley; Chris Thornton vom *Flight International* Magazin.

Dorling Kindersley dankt ebenso Nachfolgenden für ihre freundliche Erlaubnis zum Abdruck ihrer Fotografien:

o = oben; u = unten; M = Mitte; l = links; r = rechts; t = oberer Teil
Aviation Picture Library: Austin Brown 2*tr*, 31*Mr*, 34*tr*, 39*u*, 40*ur*, 41*ur*, 42*Ml*, 86*ur*, 94*tr*, 94*Ml*, 97*tr*, 97*ul*, 103*Mro*, 103*ul*, 104*tr*, 104*Mr*, 105*tr*, 105*M*, 108–9, 115*tr*, 118–19, 119*Mu*, 122*u*, 123*uM*, 127*Mru*, 127*t*, 130*Ml*, 131*tl*, 131*Mr*, 132*ur*, 164*ul*, 164*ul*; John Stroud Collection 88*tr*; Stephen Piercey 101*M*, 101*ur*; Derek Cattani 130–1*M*; **Aviation Images:** Mark Wagner 1, 17*tM*, 105*ur*, 126*Ml*, 127*ur*, 137*Mr*, 138*Ml*; **Defence Picture Library:** 123*Mru*; **Paolo Franzini:** 76*u*; **Imperial War Museum:** 39, 78; **Lockheed Martin:** 139*tr*; **Photo Link:** Mike Vines 59*tl*; **Popperfoto:** 54–5*t*; Reuters 124*tr*; **Quadrant Picture Library:** 140*tr*, 140–1, 141*tl*, 141*ur*; NASA 141*Mr*; **RAF Official © Crown Copyright Reserved:** 115*Ml*, 122–3; **Skyscan:** Colin Smedley 118–19; Peter W Richardson 55*ur*; **Society of British Aerospace Companies Ltd:** 120; **TRH Pictures:** 86–7, 112*t*; Northrop 133*Mr*; Tim Senior 86*ul*, 132*ul*. Umschlag: **Aviation Images Mark Wagner** (Rückseite unten); © 1986 **Mark Meyer** (Buchrücken); **Dan Patterson** (Vorderseite). Alle anderen Fotos: Philip Jarrett.

BILD AUF DER VORDEREN UMSCHLAGSEITE: NORTH AMERICAN MUSTANG F-6D, AUFKLÄRERVERSION DER P-51D